高等学校制药工程专业规划教材

制药工程生产实习

张 珩 王 凯 主编

徐绍红 高友智 副主编

U0285620

化学工业出版社

·北京·

《制药工程生产实习》共七章，内容包括：生产实习及其流程、入厂安全与环保教育、制药典型单元操作及流程、制药常用设备及其原理、制药工程工艺管线及设计、制药生产实习图纸绘制及医药技术经济与管理。全书既能满足制药工程专业本科教学质量国家标准的要求，又能满足与国际实质等效的国家工程教育专业认证的新理念，有助于培养学生解决复杂工程问题的能力。

《制药工程生产实习》可作为高等学校制药工程、药学专业及相关专业（如化工、药物制剂、农药学等）的实践教学教材，也可供制药领域的技术和管理人员阅读参考。

图书在版编目（CIP）数据

制药工程生产实习/张珩，王凯主编. —北京：化学
工业出版社，2019.8
高等学校制药工程专业规划教材
ISBN 978-7-122-34334-5

Ⅰ.①制… Ⅱ.①张… ②王… Ⅲ.①制药工业-化学
工程-生产实习-高等学校-教材 Ⅳ.①TQ46-45

中国版本图书馆 CIP 数据核字（2019）第 071259 号

责任编辑：马泽林 杜进祥　　　　　　　　　　装帧设计：关　飞
责任校对：宋　玮

出版发行：化学工业出版社（北京市东城区青年湖南街 13 号　邮政编码 100011）
印　　刷：三河市航远印刷有限公司
装　　订：三河市宇新装订厂
787mm×1092mm　1/16　印张 13　插页 2　字数 329 千字　2019 年 8 月北京第 1 版第 1 次印刷

购书咨询：010-64518888　　售后服务：010-64518899
网　　址：http://www.cip.com.cn
凡购买本书，如有缺损质量问题，本社销售中心负责调换。

定　　价：36.00 元

序 言

    生产实习在工科专业整个教学环节中占有十分重要的地位。通过实习，要达到两个目的：一是巩固所学的理论知识，并使理论紧密结合实践，为专业课学习打下必要的基础；二是培养学生独立观察、思考、分析问题和解决问题的能力，开阔学生工程视野，与社会接轨。因此，生产实习是工科学生理论联系实际的纽带，是学生从学校走向社会的桥梁，是培育学生工程实践能力、团队协作能力和创新能力的重要途径。生产实习效果，不仅关系到学生实际工程能力的培养，同时也直接影响到工程人才的培养质量。2017年2月以来，教育部积极推进新工科建设，2018年颁布实施《普通高等学校本科专业类教学质量国家标准》，对制药工程专业的教学改革与人才培养提出了新的定位，对于制药工程专业的教材编写提出了新的要求。

    鉴于此，国务院政府津贴获得者、全国工程教育专业认证专家、教育部高等学校药学类专业教学指导委员会制药工程专业教学指导分委员会委员、武汉工程大学张珩教授多年来将CDIO（Conceive、Design、Implement、Operate）工程教育模式融汇于制药工程专业教学之中，科学合理构建实践教学标准化操作流程，同时根据30多年从事制药工程领域教学与科研的工作经验，与湖北大学、新乡学院等单位的专家们编写了《制药工程生产实习》。

    阅读之后，我认为本书国内急需，具有很好的可教性和可学性。本书内容包括生产实习及其流程、入厂安全与环保教育、制药典型单元操作及流程、制药常用设备及其原理、制药工程工艺管线及设计、制药生产实习图纸绘制及医药技术经济与管理。内容衔接流畅，文字通顺，注重基础，关注应用，重点突出，深度、广度适中，教材系统性强，体系设置科学、完整，非常方便教师教学和学生学习使用。

    期望通过学习本教材，结合实践教学，能够延展实践育人平台，着力提升学生解决复杂工程问题的能力，强化学生工程伦理意识与职业道德，培养以造福人类和可持续发展为理念的现代工程师。

教育部高等学校药学类专业教学指导委员会
制药工程专业教学指导分委员会主任委员

宋恭华

2019年5月于华东理工大学

前　言

　　生产实习作为制药工程、化学工程与工艺、生物工程等工科专业的实践课程，长期以来缺乏专属性的理论指导教材。虽然生产实习课程是必修课，但其具体实施的深度与广度千差万别，缺乏科学性、合理性和规范性。2018 年，教育部颁布了《普通高等学校本科专业类教学质量国家标准》，倡导工科专业的"新工科"发展，尤其是突出实践性教学环节。为了将制药工程等工科专业核心实践课程——生产实习教学进行内涵式建设，作者根据长期从事制药工程领域教学与科研工作的经验，主编了《制药工程生产实习》教材，从而弥补生产实习教材的缺憾。制药工程专业目前已经成为了一个对医药行业发展具有强大高新技术支撑的工科专业，同时还在持续发展。本书作为制药工程生产实习中理论知识和实际应用部分的理论支撑，是制药工程专业人才实践培养的指导教材，《制药工程生产实习》必定能伴随制药工程专业学生的工程能力培养而不断修订成长，从而使得它本身会有广泛的使用者和读者群。

　　由于各个学校在实施生产实习这一课程时，存在教学学期不同、实习时间长短不同和实习药厂类型不同问题，为本教材的编写深度和内容把握增加了一些难度。因此，作者试着采取抛砖引玉的方法编写本教材，编写原则是坚持工科生产实习的教学内容主要体现在：①制药工程专业生产实习核心内容与任务——对生产实习教学流程进行新规范。②生产实习中的教学重点——对实习车间的流程操作和设备原理进行新补充。③生产实习中的教学难点——对实习车间的工艺管线和图纸绘制进行新强化。④生产实习中的教学薄弱点——对实习车间的技术经济与管理进行新调整。从教学流程到产品流程、从产品流程到组织流程、从组织流程到绘图流程，实习的药物生产全部过程一气呵成、遥相呼应，希望通过对制药工程生产实习的学习使学生们在实践教学理论上有新的提高。

　　本书由武汉工程大学、湖北大学和新乡学院等单位的专家共同编写。全书由张珩、王凯主编，徐绍红、高友智副主编。编写的人员分工为：第一章高友智、张珩、王凯；第二章刘慧、刘子维、王凯；第三章葛燕丽、刘根炎；第四章丰贵鹏、徐绍红、张珩；第五章张秀兰、赵一玫；第六章徐绍红、原平方、张珩；第七章姜军、赵一玫、王凯。

　　由于编者水平有限，加之时间仓促，书中疏漏之处恐难避免，热切希望行业专家和广大读者不吝赐教，批评指正。

张　珩　王　凯

2019 年 1 月于武昌

目 录

第1章

生产实习及其流程

生产实习是制药工程专业人才培养中实践教学的重要组成部分，是理论知识和实际应用相互融合的不可缺少的实践环节。其流程的规范性直接影响生产实习的教学效果，关系到学生工程能力的提高。本章从生产实习的工科实践意义出发，从毕业要求、操作流程和质量监控等方面对生产实习的操作进行翔实叙述，为生产实习教学提供具有一定指导意义的实施指南。

1.1　生产实习的意义

1.1.1　实践教学与生产实习的关系

未来新兴战略产业和新经济发展需要的是工程实践能力强、创新能力强、具备国际竞争力的高素质应用型人才。实践教学是提升工程教育实践效果和工科学生工程能力培养的重要基础。通过实践教学，能够强化学生创新创业能力，延展实践育人平台，强化教学实验、科学实践、实习实训，拓宽学生的知识面，增加学生的感性认识，把所学的知识条理化、系统化，学到从书本中学不到的专业知识，并获得本专业国内外科技发展的最新信息，激发学生向实践学习和探索的积极性。

高等学校工科教育的发展趋势决定了工科应用型专业本科教育的主要功能是培养具有扎实的理论基础、较强的实践能力、良好的科学态度和创新精神，理论与实践相结合的后备人才。工科专业的本科教育必须突出实践教学，其在工科应用型专业的整个教学体系中处于极其重要的地位，对于提高教学质量和实现人才培养目标具有极其重要的作用。

生产实习是普通高等学校工科实践教学体系中的一门主要的实践性课程，是学生将理论知识同生产实践相结合的有效途径，是增强学生的工程观以及培养工程意识的必要途径。生产实习在整个本科教学体系中具有全局性意义，是一项系统工程，发挥着制约性作用，向前制约着教学，向后制约着就业，关系到育人质量和专业的可持续发展。

1.1.2　生产实习与课堂教学的比较

生产实习是与课堂教学完全不同的教学方法。在教学计划中，生产实习与课堂教学相互关联，是课堂教学的重要延伸和有益补充。课堂教学中，教师讲授知识，学生领会吸收所学内容，而生产实习则是在教师的指导下，由学生自己主导向生产和实际学习的一种方法。

通过现场的产品讲授、实习参观、座谈讨论、分析研究、作业、考核等多种形式，一方面，学生将所学的理论知识运用于实践当中，进一步巩固深化已经学过的理论知识，锻炼自己的动手能力，培养独立思考解决复杂工程问题的能力，加强对生产过程的实践认识。另一方面，学生能更广泛地直接接触社会，了解社会需要，加深对社会的认识，增强对社会的适应性，将自己融合到社会中去，缩短从学生到工程技术人员之间的思想与专业距离，为今后进一步走向社会打下坚实的基础。

1.1.3　制药工程专业生产实习的意义

制药工程是综合运用化学、药学、化学工程与技术、生物工程等相关学科的原理与方法，研究解决药品规范化生产过程中的工艺、工程、质量与管理等问题的工学学科。药品生产包括原料药和药物制剂的制造。制药工程专业是适应医药工业生产需求，以培养从事药品制造的高素质工程技术人才为目标的工科专业。

制药工程专业生产实习是制药工程专业本科人才培养方案中非常重要的实践性教学环节，是制药工程专业学生通过实践提高工程能力的重要环节。学生在生产实习中的主要任务是：熟悉药品剂型品种的名称、成分、质量标准、用途、包装规格等；熟悉车间的技术安全措施、卫生要求、生产组织和技术管理形式；了解实习车间存在的问题及曾采取或打算采取的改进措施；了解相关技术经济指标、生产规模和主要原料消耗定额，车间的布置要符合药品生产质量管理规范（GMP）的要求；掌握不同药品剂型的生产工艺，了解其在国内外有工业生产价值的生产路线；掌握实习车间的生产工艺流程、控制点及主要操作工序和操作条件；掌握各主要设备的结构、尺寸、性能及工作原理，能源条件，节能措施；掌握不同药品的质量标准；熟悉相关的"三废"防治与综合利用。

通过生产实习，对制药企业一个或几个特定的制药车间的产品进行深入了解并参加实际的生产劳动，初步了解制药工业 GMP、药事管理、环境保护等方面的政策与法规。以产品为载体，使学生在掌握化学制药、中药制药和生物制药基本原理的基础上，了解制药企业中制药工艺学、制药工艺设计、工程制图、电工与电子技术、工业药剂学、药物化学等课程的联系与应用，加深学生对理论知识的理解和掌握，培养学生认识、了解、观察、分析生产工艺与工程的能力，着重培养学生理论联系实际及解决实际问题的意识和能力，从而显著提高学生的综合素质，为后续的专业课程学习、毕业设计和就业打下良好基础。

1.2　生产实习与毕业要求的关系

培养目标是专业人才培养的方向，是与毕业要求互为关联的。对于制药工程专业而言，其培养目标大致可以分为以下 6 个方面。

目标 1：具有较好的人文素养、社会责任感及职业道德；

目标 2：拥有系统和扎实的基础理论、基本技能和专业知识；

目标 3：具备一定的医药生产、产品研发、过程控制、质量管理和工程设计的专业素养及分析问题、解决问题的能力；

目标 4：熟悉医药行业中有关安全生产、环境保护、职业健康等方面的政策和法规；

目标 5：在新药研发、工艺改进、工程设计等方面，具有一定的创新意识；

目标 6：具有一定的专业认知能力和不断学习的能力以及团队意识。

结合工程教育认证标准，可将 12 条毕业要求与 6 个培养目标支撑和关联起来，具体支撑关系矩阵，见表 1-1。

表 1-1　制药工程专业毕业要求与培养目标的支撑关系矩阵

培养目标 毕业要求	目标 1	目标 2	目标 3	目标 4	目标 5	目标 6
1. 工程知识		√	√	√		
2. 问题分析		√	√		√	
3. 设计/开发解决方案		√	√	√	√	
4. 研究		√	√		√	√
5. 使用现代工具			√		√	√
6. 工程与社会	√		√	√		
7. 环境与可持续发展	√			√		
8. 职业规范	√					√
9. 个人与团队						√
10. 沟通			√			√
11. 项目管理			√			
12. 终身学习	√			√	√	√

毕业要求是由课程体系来支撑的，每条毕业要求是与具体课程相对应的，生产实习也是制药工程专业课程体系中不可缺失的重要实践课程。制药工程专业生产实习与毕业要求的关联具体体现在以下方面。

（1）与毕业要求 2 的关联　毕业要求 2 主要涉及问题分析部分的内容，即能够应用自然科学和工程科学的基本原理，识别、表达并通过文献研究分析制药工程中涉及的复杂问题，以获得有效结论。

通过生产实习，获得生产实践知识，按照药物生产的工艺路线及流程，结合专业知识分析复杂工程问题，并能理解药物生产过程，为今后解决复杂工程问题提供手段和方法。

（2）与毕业要求 6 的关联　毕业要求 6 主要涉及工程与社会部分的内容，即能够基于工程相关背景知识进行合理分析，评价专业工程实践和制药工程中涉及的问题解决方案对社会、健康、安全、法律以及文化的影响，并理解应承担的责任。

通过生产实习，了解医药产品的生产全过程，包括从原料药制造到药物制剂生产，能有效地结合专业知识，评价生产工艺、流程设计、车间布置、设备选型、安全环保等工程实践活动对社会生态、职业健康、生产安全的影响，从而为医药企业可持续发展提供源动力。

（3）与毕业要求 9 的关联　毕业要求 9 主要涉及个人与团队部分的内容，即能够在多学科背景下的团队中承担个体、团队成员以及负责人的角色。

生产实习通常是以小组为单元来进行的，个人与小组之间存在必然的联系。如何在团队中发挥个人或负责人的作用是今后制药工程专业人才培养的一个必要内容。实习期间能积极主动与同组同学相互讨论和交流，并能在实习过程中遇到问题产生分歧时，能有效地、耐心地交换意见，结合问题或现象做出一些判断，并达成新的认识。通过生产实习，培养和锻炼自身良好的团队合作能力或领导力，为今后从事专业工作奠定良好的协作基础。

（4）与毕业要求 10 的关联　毕业要求 10 主要涉及沟通部分的内容，即能够就制药工业的问题与业界同行及社会公众进行有效沟通和交流，包括撰写报告和设计文稿、陈述发言、清晰表达或回应指令，并具备一定的国际视野，能够在跨文化背景下进行沟通和交流。

生产实习中，能发挥主观能动性，有礼地、主动地与企业相关人员交流，讨论并能主动提出问题。与企业指导老师就一些生产问题能进行愉快交谈并能提出自己的见解，同时获取相关的专业信息和知识。通过生产实习，培养具有就复杂制药工程问题与业界同行及社会公众进行有效沟通和交流的能力，有效地实施工作层面的沟通与交流。

（5）与毕业要求12的关联　毕业要求12主要涉及终身学习部分的内容，即具有自主学习和终身学习的意识，有不断学习和适应发展的能力。

通过生产实习，不断完善和丰富自己的实践知识，在实习过程中，加强自身工程实践能力，能够在今后有工作单位或工作岗位的变更时，具有较好的适应能力，以及能够通过不断学习进而提升专业素养和知识，从而适应制药行业的变化和发展。

1.3　生产实习的教学管理机制

1.3.1　生产实习的工作机制

良好的生产实习工作机制能更好地实施生产实习，结合生产实习的具体情况，提出实习工作的"三同四段式"工作机制。

"三同"为教师与学生在实习中同吃、同住、同实践，特别是同实践才能抓住工程能力培养的主动权。"四段"即四段式提问，包括：学生学习提问、教师交流提问、教师与学生讨论式提问与教师考核提问。标准化实习教学管理法见成效的关键是现场提问，按照认识论循循善诱理念，初期学生学习提问是启迪理论性探讨，中期教师交流提问是进行理论性引导，末期教师与学生讨论式提问是注重理论性思考，最后教师考核提问是追求理论性升华，这样可确保工程能力培养取得可量化的制度化保证。

1.3.2　生产实习的教学管理方法

依据生产实习工作机制，提出实习环节的"一二三四五"（一个主题、二条主线、三个要点、四种能力、五项制度）标准化实习教学管理方法，规范实习教学过程，提供实施指南。主要内容如下。

（1）一个主题　以提高工程能力作为生产实习的主题和根本出发点。为使学生受到良好的工程师素质的训练，主题思想强调生产实习作为工程能力培养的科学训练方法具有不可取代性。

（2）二条主线　狠抓工艺和设备两条主线是提高工程能力的科学训练方法。以工艺为依据和中心，以设备为线索和环境，实习按工艺和设备两大主线展开，采用的是整体-部分-整体普遍联系的工程教学训练。

（3）三个要点　突破重点、难点和薄弱点是提高学生工程能力的关键。制药工程专业实习的重点是物料、能量衡算，设备、车间、管道布置。难点是热力学数据收集等。薄弱点是公用工程等。生产实习通过三点突破、二条主线展开，突出了提高工程能力的主题思想。

（4）四种能力　培养动手、观察、分析、综合这四种能力可促使工程能力的提高落到实处，通过多看、多想、多问、多学、多讲、多写，培养学生收集实习资料的能力；让学生收集定量数据培养其观察能力，教会学生发现、提出、解释问题；将实习资料比较分类、分析提炼，以培养其分析问题的能力，使学生学会对事物融会贯通；对资料的提炼概括和应用以培养其综合能力，使学生工程能力提高中包含更多创新思维成分。

（5）五项制度　落实五项制度（调研提纲、跟班顶岗、现场提问、实习笔记、实习报告）是强化工程能力培养的重要制度保证。调研提纲解决实习中做什么、怎么做和什么时候做；跟班顶岗从形式与时间上培养学生动手与观察能力；现场提问了解实习进度与深度，扩大学生视野与思维空间，培养其综合能力；实习笔记使实习时间和空间得以延伸和扩展；实习报告是评估学生工程能力的质量检验。

1.4　生产实习的操作流程

制药工程生产实习是制药工程专业人才培养的一个重要环节，是教学计划中一个综合性的实践教学环节，是学生对所学知识和技能进行实践运用、总结和深化的重要过程，对于锻炼及提高学生的社会适应能力，顺利完成后续课程学习具有重要意义。生产实习操作流程见图1-1。

1.4.1　实习动员

实习之前，实习带队老师要组织学生召开实习动员大会。实习带队老师对实习时间、实习单位、实习内容、实习要求和实习岗位等方面的情况进行布置，号召学生在校外实习期间要按照统一的安排，深入实际，了解和熟悉制

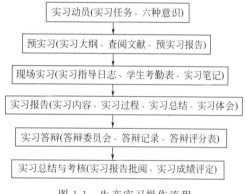

图1-1　生产实习操作流程

药企业的组织结构、管理过程、管理方法、各职能部门的管理业务以及行为规则，按时按质按量全面完成实习任务。

现场实习之前，实习带队老师要教育学生牢固树立六种意识。

首先是安全意识。学生应提高安全防范意识，提高自我保护能力，注意人身和财产安全，说话和做事要谨慎，坚决守住安全底线。

其次是纪律意识。严守纪律，一切行动听指挥。既要遵守国家的法律法规、学校的校纪校规，又要遵守实习企业的各项规章制度。认真履行岗位职责，严格遵守安全操作规范，严格遵守实习单位的作息时间和请假制度，不得迟到、早退，如需请假须带队老师或实习单位领导批准。

第三是机遇意识。生产实习是拓展素质、准备就业的重要途径，是今后就业的一次预演；实习又是接触社会、适应社会的良好开端，是联结学校和社会的桥梁。学生应倍加珍惜实习机会，以主人翁的态度参与到实习中去，倍加认真、倍加努力、倍加刻苦，多看、多听、多想、多问、多学。

第四是吃苦锻炼意识。同学们不同程度地对在实习中从事基层工作和克服可能面临的困难没有充分的心理准备，对实习意义的认识不到位，心理承受和调节能力较差，对实习岗

位、工作生活条件、人际环境和劳动强度等期望值过高，在实习中往往不能妥善处理学习本领与施展才华、展示业务技能和管理技能等之间的重要关系。学生进行生产实习，是去锻炼、去学习的，学生们要自觉培养吃苦精神、锻炼精神，从基层做起、从一线做起、从小事做起。

第五是合作意识。团结就是力量，通力合作就会出成绩。合作内容主要包括：与实习单位领导和一线员工的合作，与实习指导老师的合作，同学们之间的相互合作等，这是团队协作意识培养的基础工作。在实习过程中，应完善多层次的信息沟通协调和反馈机制，保持信息畅通，以便及时发现和解决实习期间遇到的各种问题。团结一致，互帮互助，共同完成实习任务。

最后是形象意识。在整个实习过程中，要始终牢记自己是一名高校学生，一言一行都代表着学校、学院和个人的形象，要明礼诚信、团结友善、举止文明、热情大方、敬业自强，始终展现当代大学生的精神面貌。

1.4.2 预实习

制药工程生产实习教学是制药工程能力培养的重要环节。实习教学包括：预实习、现场实习、实习报告及实习答辩三个部分，简称"三段式"实习。

预实习过程中，实习带队老师组织学生学习制药工程生产实习教学大纲（附录1），明确生产实习目的与任务，了解生产实习的基本内容与要求，掌握生产实习教学方式、实习时间安排和实习考核方式与评分办法等。

实习带队老师按照制药工程生产实习教学大纲的要求，结合制药企业及制药工程专业特点，认真做好生产实习准备，制订生产实习教学实施计划（附录2），主要内容包括实习单位名称、实习时间、实习内容和要求、实习日程安排、实习纪律要求、实习考核方式与评分办法和实习经费预算等。

制药工程生产实习任务书是根据制药工程专业培养目标，结合制药企业的具体情况，统一拟定的规范化的实践教学文件。实习带队老师要根据制药工程生产实习教学大纲及生产实习教学实施计划，编写生产实习任务书（附录3），内容包括实习名称、实习地点、实习任务、实习要求和实习进度等。生产实习任务书的内容要具体、细致，有可操作性，其内容、要求和格式对同一实习单位和同一班级应完全一致。由实习带队教师统一填写后下发给学生，做到组织实习有条有理，指导层次分明、重点突出。

制药工程专业学生在预实习过程中应认真学习制药工程生产实习教学大纲及生产实习教学实施计划，明确生产实习任务。通过收集查阅相关文献资料，了解实习单位的基本情况，熟悉实习单位主导产品的生产原理、制药工艺流程以及当前制药生产工艺的国内外发展动态，在实习带队老师指导下完成预实习报告（附录4），内容包括实习名称、实习时间与地点、实习目的与任务、实习总体安排、实习内容以及实习过程中需要解决的主要问题、实习期望和参考文献等。预实习报告由学生独立完成，格式规范，内容充实，同时含有文字和相关图表，反映实习单位的主要生产情况，特别是制药工艺流程的文字描述和制药行业规范化的工艺流程图。预实习报告是实习工作的一部分。

1.4.3 现场实习

制药工程生产实习带队老师全程负责学生的现场实习教学环节。在制药企业现场实习过程中，带队老师要根据实习单位的实际情况和制药工程专业的特点提出实习安排建议，将整个生产实习任务分解细化，使学生带着问题去现场，帮助学生安全、有目的地开展实习工作。

现场实习过程中，实习带队老师指导学生初步了解制药工业 GMP、药事管理、环境保护等方面的政策与法规；使学生在掌握化学制药、中药制药和生物制药基本原理的基础上，了解制药企业中会涉及的专业课程及其联系和应用；熟悉药品生产工艺流程（从原料到成品），学习各车间物料流程，加强安全知识的学习，将理论与实践相结合；培养学生的社会实践能力，提高学生的综合素质。

实习带队老师应坚守岗位，不得擅自离开生产实习单位，不得擅自组织与生产实习教学无关的活动。实习带队老师应严格遵循制药工程生产实习教学大纲的规定，按照制药工程生产实习教学实施计划及任务书的安排，认真开展实习教学工作，加强对学生的业务指导，与学生进行交流、探讨，并不定期现场提问，让学生回答；学生也可就生产过程中的实际问题向企业技术人员请教。

实习带队老师负责处理实习过程中的各种问题，认真填写制药工程生产实习指导日志，详细记录实习教学内容，并做好学生实习考勤记录。实习带队老师每天检查学生的生产实习笔记，实习笔记必须体现出实习过程提问（疑问）和作答内容，从中掌握学生的实习情况，引导学生及时总结，培养学生观察问题及现场收集资料并进行归纳、整理的能力。

现场实习期间，学生应严格遵守实习单位的工作纪律，按时上下班，服从调动，听从安排。严格遵守制药企业的规章制度及保密规程，进行安全操作。实习过程中，学生必须按照生产实习教学大纲及生产实习任务书要求，完成各项实习任务，尊重带队老师和企业技术人员的指导。详细记录实习笔记（附录 5），明确每天实习内容，对每天实习工作进行总结。

现场实习过程中，学生应了解企业的概况及生产的主要情况、企业生产组织及构成、生产品种及规模等；熟悉某一种药品的生产工艺流程与生产设备及其制药原理，理解工艺操作规范或条件，并与所学理论知识进行联系、比较；掌握实习车间的布置，主要设备的结构、性能及工作原理，详细了解实习车间的生产工艺流程图、工艺操作规范，理解各工序的操作方法，关键控制点和控制方法；熟悉实习车间的生产组织和技术管理情况；认识实习车间防火、卫生管理措施；了解实习单位的"三废"防治和综合利用。

1.4.4 实习报告

实习结束时，学生要对实习内容、实习过程、实习过程中存在的问题、实习收获及心得体会进行总结，撰写实习报告。实习报告是衡量学生实习成绩好坏的主要依据。

实习报告内容主要包括实习单位简介；主要产品及质量标准；主要产品的生产原理及工艺流程；实习所在车间的带控制点工艺流程图及设备布置图；实习所在岗位的任务、管辖范围、原理、工艺条件、设备参数及作用；安全生产措施和"三废"综合处理；实习总结〔包含：实习计划的执行完成情况；实习质量评价（实习主要成绩、存在问题及分析）；主要工作经验及建议等〕；主要的心得体会等内容。

实习成果由实习报告和图纸（工艺流程框图、带控制点的工艺流程图和车间平面布置图）组成，图纸可手绘，也可用 AutoCAD 软件绘制。实习报告由学生独立完成，要条理清晰，充分体现内容的完整性、数据的准确性、绘图的规范性。从专业的角度总结实习的收获与体会，要对生产流程、操作控制、技术管理等的先进性、合理性以及存在的问题提出自己的见解。

1.4.5　实习答辩

制药工程生产实习答辩是生产实习的最后一个教学环节，是衡量制药工程专业学生实习教学质量和效果的重要手段。为了加强生产实习的指导，更好地检验学生生产实习效果，规范实习成绩认定，实习带队老师将在实习单位现场组织学生进行生产实习答辩，主要是考查生产实习过程是否全面达到实习教学大纲和实习任务书规定的基本要求，培养学生运用理论知识解决工程实际问题的能力，培养学生对实习成果进行归纳、提炼和口头表达的能力，提供校企之间、师生之间以及学生之间交流实习成果的平台。

答辩委员会由实习企业具有丰富经验和较高专业水平的专家、实习带队老师及本专业其他相关老师共3～5人组成。实习带队老师指导学生做好答辩前的准备工作，包括熟悉答辩程序，答辩中应知应会的内容和要求，如何写好、讲好答辩报告，如何回答提问，应设计好答辩时使用的PPT、图表和其他辅助工具、材料等。答辩时先由学生对实习内容、实习过程、实习所在岗位的任务、管辖范围、原理、工艺条件、设备参数及作用、实习收获及心得体会进行简单汇报，然后答辩委员会老师根据学生的讲解进行提问，一般为3～5个问题，采用由浅入深的顺序提问，学生当场回答，以培养和评价学生的口头表达能力和应变能力，同时考查学生实习报告的真实性、合理性、准确性及学生在实习中的收获等，并记录到实习答辩记录表中。此外，答辩的评分标准依据实习答辩评分表的相关内容。

对于参加生产实习的学生来说，实习答辩具有重要意义。实习答辩是考查学生综合能力的过程。它不仅考查学生的知识结构、基础理论、专业知识，也考查学生的学习能力、表达能力和应变能力等。实习答辩是增长知识、交流信息的过程。在答辩过程中，答辩委员会的专家会对实习过程中的某些问题阐述自己的观点或提供有价值的信息，学生可以从答辩专家中获得新的知识。同时，实习报告中的独创性见解及学生在答辩中提供的最新资料也会使答辩专家及师生们得到启迪。实习答辩是同学们向有关专家学习、请求指导的过程。答辩委员会的专家具有不同的学术背景、研究方向和学术环境，所有在场的同学都可以向专家咨询相关的专业知识和问题，专家们特有的个性和独到的见解将使同学们受益匪浅。

1.5　生产实习的考核与评价

制药工程生产实习教学是制药工程专业人才培养的重要环节，是培养学生创新精神，增强实践能力和独立工作能力，获得本专业生产技术和管理能力的重要过程。为了加强和完善生产实习教学管理，使其科学化、规范化、制度化，进一步提高实习教学质量，学校应制定切实可行的实习教学管理文件，对生产实习的全过程进行统一管理和评价考核。

1.5.1　生产实习的过程评价

（1）实习准备

生产实习由学校根据人才培养方案下达实习教学任务，学院接到实习教学任务后，及时组织安排实习带队老师，联系实习单位，做好实习前的各项准备工作。

生产实习必须有完善的实习教学大纲。根据实习教学大纲的要求，结合实习基地的实际由实习带队老师于实习前会同实习单位的有关人员制订实习教学实施计划。同时，实习带队教师根据实习教学大纲及实习教学实施计划，编写实习任务书。实习前，要进行实习动员，明确实习时间、地点、目标、任务、内容及要求，并对学生进行安全教育，签订"生产实习安全责任协议书"。

（2）实习指导

生产实习原则上每30名学生配备2名带队老师，生产实习带队老师的资格要求如下。

① 有两年以上本专业实践教学经历。

② 有两次以上参与本专业生产实习指导的经验，对生产实习指导工作有正确的认识和较强的责任心。

③ 至少有一名教师有中级以上职称，有丰富教学实践经验、熟悉现场情况并有较强的组织管理能力。

实习带队老师全程负责学生的实习环节。在实习过程中，带队老师要根据制药工程专业特点提出实习安排建议，帮助学生安全、有目的地开展实习工作。

实习过程中对带队老师的要求如下。

① 坚守岗位，在校外实习的带队老师，要与学生同吃同住同活动，不得擅自离开实习单位，不得擅自组织与实习教学无关的活动。

② 按照实习计划安排，认真开展实习工作，加强对学生的业务指导，保质保量完成实习任务。

③ 负责处理实习过程中的各种问题，并及时向学院反馈情况，通报信息。带队老师应认真填写《实习指导日志》（或周志）、做好实习考勤记录，实习结束后，及时做好实习工作总结。

（3）实习过程

学生在校进行实习准备和动员期间，查阅有关资料，在教师指导下完成预实习报告。预实习报告内容不能过于简略，要反映实习单位的主要生产情况，特别是工艺流程的文字描述和相应规范化的工艺流程图。

学生在校外实习期间，要严格遵守实习单位的工作纪律，按时上下班。对实习工作安排有不同意见时，应首先向带队老师反映，由带队老师与实习单位进行沟通和协调。学生实习期间必须如实做实习笔记，明确记录每天的实习内容，对每天的实习工作进行总结。

（4）实习报告

实习结束时，学生要对实习内容、实习过程、实习收获以及实习过程存在的问题及心得体会进行总结，撰写实习报告。实习报告内容应与实习任务书要求一致。

（5）实习成绩

实习结束后，实习带队老师要现场组织学生进行实习答辩。答辩重点在于了解学生分析、解决实际问题的能力，检查学生实习工作的参与情况。实习答辩按照实习大纲要求进行。答辩内容应在实习大纲范围之内，每个学生应回答3～5个答辩问题，对学生回答问题情况应如实做好答辩记录。

学生实习成绩应结合答辩情况、实习报告、实习笔记、实习表现等综合评定。实习成绩＝预实习报告成绩×20％＋实习报告成绩×40％＋实习答辩成绩×30％＋实习笔记和考勤成绩×10％。

（6）总结与归档

实习结束后，带队老师要提交实习总结，对实习效果、实习任务完成情况、实习过程存在的问题及工作经验进行总结，对实习教学提出改进意见和建议。

1.5.2　生产实习的评分标准

预实习报告是学生在校期间通过收集查阅相关文献资料撰写的。预实习报告由学生独立完成，格式应规范，内容要充实，必须同时含有文字和有关图表。预实习报告部分的成绩占实习成绩的 20%。

学生实习结束后，应按时完成符合要求的实习报告。实习报告是衡量学生实习成绩好坏的主要依据。实习报告由学生独立完成，要条理清晰，要体现内容的完整性、数据的准确性、绘图的规范性，从专业的角度总结实习的收获与体会，要对生产流程、操作控制、技术管理等的先进性、合理性以及存在的问题提出自己的见解。实习报告的成绩占实习成绩的 40%。

实习答辩采用实习企业现场答辩的方式进行。答辩时先由学生进行简单陈述，然后老师进行提问，以培养和评价学生的口头表达能力和应变能力，并考查学生实习报告的真实性、合理性、准确性及学生在实习中的收获等。凡答辩中发现学生实习报告存在抄袭现象的，该学生的实习成绩为不合格。实习答辩成绩占实习成绩的 30%。

现场实习期间，学生应严格遵守实习单位的工作纪律，按时上下班，服从调动，听从安排。实习过程中，学生必须按照生产实习教学大纲及生产实习任务书的要求，完成各项实习任务，尊重带队老师和企业技术人员的指导。详细记录实习笔记，明确每天实习内容，对每天实习工作进行总结。实习笔记与考勤的成绩占实习成绩的 10%。

1.6　生产实习的质量监控

为保证生产实习教学效果，提高实习教学质量，进一步完善实习教学质量监控体系，根据工程教育认证标准制定系列的生产实习教学管理文件，制定了生产实习教学监控体系和生产实习教学质量评估指标体系（附录 6），对生产实习全过程进行教学管理和质量监控。

1.6.1　质量要求要点

生产实习的质量要求是实习效果好坏以及保质保量的一个具体要求，它对稳定教学秩序、规范教学过程、提高教学质量、完善教学管理起到了重要作用。同时，生产实习考核质量的责任者是带队老师、系主任、督导专家组以及企业导师，质量考核数据源自实习课程教学大纲、实习过程文件、实习报告及答辩记录和学生反馈意见。质量要求的要点如下。

（1）实习地点的选择要与专业特色和工程实际相结合。应积极与专业有关的企事业单位合作，建立稳定的实习基地，并结合专业特色，确定化学药物、中草药和生物药物的实习企业。实习计划在实习前一个月交学院教务办公室，经过主管教学院长批准后执行。实习计划一经批准，必须认真执行。

（2）指导过程的深度和广度要与毕业要求相适宜。正确综合运用本专业的基础知识和方法参与生产实际，较好地解决实际问题。分析问题正确、全面，具有一定深度，专业综合实践成果对实际应用有一定现实意义。有组织、管理、表达、交流的能力训练。

（3）指导老师（带队老师）配备要与需求紧密关联。一般的自然班配 2 名校内实习指导教师和 1 名校外企业导师。负责组织和指导学生完成实习任务，解答实习教学过程中遇到的问题，审阅学生的实习、实训报告，评定学生的实习、实训成绩并做好总结工作。实习、实训中遇到重大问题应由指导老师及时向院、系汇报。

（4）指导老师的职责要与学生的任务相关联。实习过程中，指导老师要以身作则、言传身教、精心指导并督促学生全面完成实习任务，校内指导老师现场指导的时间不能低于实习时间的四分之三。学生出勤率＞95％，无违纪违规情况，实习结束，学生应及时做好实习报告，撰写的实践总结报告结构规范，层次分明，逻辑清楚，文笔流畅。指导老师要认真评阅实习报告，并根据学生实习中的表现和实习报告的质量，评定实习成绩并写出实习鉴定语。指导老师要及时上报学生实习成绩并做好实习总结等各项工作，学生实习成绩要列入学籍档案。

1.6.2　质量监控手段与反馈机制

了解生产实习教学中存在的问题，发现问题及时解决，及时全面地掌握生产实习教学情况，必须建立质量监控手段和反馈机制，为生产实习教学的顺利进行保驾护航。质量监控手段体现如下。

（1）实习检查　生产实习开始后，学校、学院通常会组织实习检查组，进入企业了解学生实习和老师指导情况，并对实习教学任务的实施提出一些意见和建议，有效地监控实习过程，保障实习能按照质量要求顺利进行。

（2）实习单位调查　实习完毕后，实习单位就学生表现以及实习效果，以书面形式给学院进行反馈，同时也会对实习组织和校内指导老师的指导情况给予评价。这样有利于改进生产实习教学工作的方式和方法。

（3）学生座谈会　生产实习结束以后，通常由教务处、校督导组、学院领导、专业负责人联合召开实习学生座谈会，就生产实习的安排情况、指导老师的工作表现、生产实习的经费使用情况等问题展开交流与讨论。明确生产实习过程中存在的问题，并就如何持续改进生产实习提出需要采取的措施。

（4）学生评教　学生对实习指导老师在教学形式、教学内容的深度与广度、理论联系实际、教学方法与手段等方面进行评价。教学管理人员可通过学校评教管理系统了解评价结果，并随时通过网络的评价平台对专业课程的教学质量及时进行评估。而教师从评教系统中，既可以了解学生评教的打分情况，也可以看到学生提出的关于课程的意见与建议，并在以后的教学中对课程进行改进，对教学能力的提高也有帮助。

同时，对于质量监控的反馈渠道，生产实习教学质量反馈机制具体体现如下。

（1）生产实习检查组反馈机制。校、院两级实习检查组通过到实习企业现场的形式，检查和监督生产实习教学质量，并及时将实习教学结果反馈给老师本人或以教务处渠道告知本人。

（2）学生信息员反馈机制。学生信息员可与教学院长、教学秘书建立 QQ 群，实时反馈实习指导老师的教学情况，并在每学期结束前，对实习指导老师进行满意度评价并给出意见或建议，学院将此信息反馈给老师本人。

（3）座谈会反馈机制。每学期学院会召开 1 次实习学生代表座谈会，向教学主管领导反馈有关老师教学质量和教学状态等信息，现场听取学生的意见和建议，并对有关老师进行教学反馈。

（4）学生评教反馈机制。每学期学生都要对实习指导老师进行相应的评教打分。

教学质量的实时反馈有利于及时发现和解决教学质量问题，监控并持续改进教学质量，及时反映生产教学质量现状，为进一步改进和提高教学质量提供依据。充分发挥各信息渠道的双向性特点，使生产实习教学质量改进措施能及时反馈到有关教师，使实习教学质量管理始终处于监控状态。

因此，根据《普通高等学校本科专业类教学质量国家标准》（制药工程专业），制药工程专业的生产实习既不能简单等同于药学实践，也不能完全按照工科院校的模式进行，而应将药学的知识灵活地应用在工程中，把制造技术、质量意识、工业安全、市场竞争、制药行业需求以及满足 GMP 等政策法规的内容联系起来，充分发挥药学和工程学的传统特色和成果，为生产实习持续改进提供源动力。

习　题

1. 制药工程专业生产实习的意义是什么？
2. 制药工程专业生产实习与毕业要求的关系是如何体现的？
3. 简述制药工程生产实习的操作流程。
4. 什么是"三段式"实习？
5. 简述实习报告的具体内容。
6. 简述制药工程生产实习过程评价的具体内容。
7. 生产实习教学质量监控手段具体体现在哪些方面？
8. 生产实习教学质量反馈机制具体体现在哪些方面？

第2章

入厂安全与环保教育

2.1 生产安全

2.1.1 安全教育的意义

"安全第一，预防为主。"安全教育的意义主要是提高学生的安全素质，预防和减少各种安全事故的发生。安全素质包括三个方面，即安全意识、安全知识、安全技能。

只有掌握了这些安全内容，才能进一步提高学生的安全素质，时刻绷紧头脑中安全这根弦，做到居安思危，警钟长鸣。同时，在实习过程中，需要每一位学生通过安全教育学习并掌握安全知识。只有掌握了安全知识，才能在实习车间或岗位得心应手地进行制药产品的实习，减少和避免各种安全事故的发生。另外，安全教育还能让学生掌握安全技能。安全技能是为了安全地完成实习任务，经过训练而获得的规范化、自动化的行为方式。只有掌握了安全技能，才能在实习中进行正确的操作，有效避免盲目蛮干现象；掌握的安全知识越多，安全技能越高，安全事故的发生概率就越低。必须强调：制药生产过程的安全知识与技能也是学生实习必须掌握的工程知识的重要组成部分。

2.1.2 安全教育的内容

学生进入企业实习，必须接受"三级"安全教育，"三级"即入厂教育、车间教育、班组教育。

（1）入厂教育 实习学生到厂后，由劳动或人事部门及培训部门负责组织安排入厂教育，学生考试合格后才可以分配到车间实习。教育内容包括安全生产方针政策、法律法规，实习企业生产特点和安全生产正反两方面的经验教训，企业的安全通则、安全生产责任制等制度，防火、防爆、防毒、防尘、急救常识和消防、防护器材的使用等知识。

（2）车间教育 实习学生分配到车间后，由车间主任或主管安全的负责人安排安全教育，考试合格后才可以分配到班组实习。教育内容包括车间生产（工作）的特点、工艺与设备状况、预防事故的措施以及车间的事故教训、安全生产，还有规章制度和安全技术规程等。

（3）班组教育 实习学生分配到班组后，由工段班组长或班安全员负责进行教育，考试合格后方可上岗实习操作。教育内容包括岗位的生产特点、工艺设备情况、物质安全数据表（Material Safety Data Sheet，MSDS）和安全注意事项，安全装置、工具、器具及个人防护用品使用方法，本岗位发生过的事故及其教训，本岗位的安全规章制度和安全操作规程、操作方法等。

通过"三级"安全教育培训，提高生产技能，防止误操作，使实习学生掌握一般职工必须具备的、起码的安全技术知识，以适应对工厂危险因素的识别、预防和处理。

2.1.3 车间防火防爆要求

现行《建筑设计防火规范［2018 版］》（GB 50016—2014）根据使用或产生的物质，将火灾的危险程度分为五个等级（表 2-1），其划分主要是综合生产过程中所使用、产生及存储的原料、中间体和产品的物理化学属性、数量及其火灾爆炸危险程度和生产过程的性质等情况来决定的。

表 2-1 物质危险性分类

生产的火灾危险性类别	使用或产生下列物质生产的火灾危险性特征
甲	1.闪点低于 28℃的液体 2.爆炸下限小于 10％的液体 3.常温下能自行分解或在空气中氧化能导致迅速自燃或爆炸的物质 4.常温下受到水或空气中水蒸气的作用,能产生可燃气体并引起燃烧或爆炸的物质 5.遇酸、受热、撞击、摩擦、催化以及遇有机物或硫黄等易燃的无机物,极易引起燃烧或爆炸的强氧化剂 6.受撞击、摩擦或与氧化剂、有机物接触时能引起燃烧或爆炸的物质 7.在密闭设备内操作温度不低于物质自燃点的生产
乙	1.闪点不低于 28℃但低于 60℃的液体 2.爆炸下限不小于 10％的气体 3.不属于甲类的氧化剂 4.不属于甲类的易燃固体 5.助燃气体 6.能与空气形成爆炸性混合物的浮游状态的粉尘、纤维及闪点不低于 60℃的液体雾滴
丙	1.闪点不低于 60℃的液体 2.可燃固体
丁	1.对不燃烧物质进行加工,并在高温或熔化状态下经常产生强辐射热、火花或火焰的生产 2.利用气体、液体、固体作为燃料或将气体、液体进行燃烧作他用的各种生产 3.常温下使用或加工难燃烧物质的生产
戊	常温下使用或加工不燃烧物质的生产

根据使用或产生物质危险性等级的不同，对应生产车间的防火间距、防爆等级也不同，表 2-2 列出了防火规范的具体要求。同时，使用或产生物质的危险性等级还对设备、仪表、消防器材的选用和操作方式也起到决定性的作用。

危险区域等级划分是用于衡量生产车间引燃的风险等级（表 2-3），主要基于区域内易燃混合物存在的可能性。而影响危险区域范围的划定元素则包括易燃或易爆物质的可用性、操作温度和压力、闪点、自燃温度、物质蒸气密度、粉尘或纤维的电阻、爆炸压力、粉尘层引燃温度、开放或密封管道和通风情况等。

表 2-2　厂房的耐火等级、最多允许层数和每个防火分区的最大允许建筑面积

生产的火灾危险性类别	厂房的耐火等级	最多允许层数	每个防火分区的最大允许建筑面积/m²			
			单层厂房	多层厂房	高层厂房	地下或半地下厂房（包括地下室或半地下室）
甲	一级	宜采用单层	4000	3000	—	—
	二级		3000	2000	—	—
乙	一级	不限	5000	4000	2000	—
	二级	6	4000	3000	1500	—
丙	一级	不限	不限	6000	3000	500
	二级	不限	8000	4000	2000	500
	三级	2	3000	2000	—	—
丁	一、二级	不限	不限	不限	4000	1000
	三级	3	4000	2000	—	—
	四级	1	1000	—	—	—
戊	一、二级	不限	不限	不限	6000	1000
	三级	3	5000	3000	—	—
	四级	1	1500	—	—	—

表 2-3　危险区域等级划分

爆炸性物质	区域定义	中国标准	北美标准
气体（Ⅰ级）	在正常情况下,易燃气体混合物连续或长时间存在(大于 1000h/年)的区域	0 区	Div. 1
	在正常情况下,易燃气体混合物有可能产生或存在(10～1000h/年)的区域	1 区	
	在正常情况下不存在易燃气体,且即使偶尔发生,其存在时间也很短;仅在不正常情况下,偶尔或短时间出现(0.1～10h/年)的区域	2 区	Div. 2
粉尘或纤维（Ⅱ/Ⅲ级）	在正常情况下,可燃粉末或易燃纤维与空气的混合物可能连续、短时间频繁地出现或长时间存在的区域	20 区	Div. 1
	在正常情况下,可燃粉末或易燃纤维与空气的混合物可能周期性或偶尔出现的区域	21 区	Div. 2
	在正常情况下,可燃粉末或易燃纤维与空气的混合物不能出现,仅仅在不正常情况下,偶尔或短时间出现的区域	22 区	

注：Div. 1 为 1 区，Div. 2 为 2 区。

2.1.3.1　化学合成制药车间

化学合成制药是通过化学反应将原辅料转化成具有生物活性的原料药的过程。化学合成制药的特点是合成路线长，生产步骤多，原辅料种类丰富。在化学合成制药车间，易燃液体、蒸气和气体，可燃粉尘，易燃纤维是常见的物质，它们是制药过程的必需品、产品或不可避免的副产品。这些物质遇到明火、高温、电弧等，与空气混合后，达到爆炸浓度就会发生燃烧或者爆炸，生产车间自然就成了易燃易爆危险区域。

表 2-4 列出了常用有机溶剂的燃烧属性，只要化学合成中涉及的物料满足表 2-1 中危险性特征的一种，都应采取规定的防火防爆措施。其中，甲、乙类生产车间属于引燃风险较高的建筑，对应的耐火等级、层数、占地面积、安全疏散和防火间距要求如下。

（1）高层厂房，甲、乙类厂房的耐火等级不应低于二级，建筑面积不大于 $300m^2$ 的独立甲、乙类单层厂房可采用三级耐火等级的建筑。

（2）甲、乙类厂房和甲、乙、丙类仓库内的防火墙，其耐火极限不应低于 4.0h。

表 2-4　常用有机溶剂的燃烧属性

物质名称	分子量	闪点 /℃	自燃点 /℃	可燃下限 (体积分数) /%	可燃上限 (体积分数) /%	沸点 /℃
丙酮	58	−20	465	2.5	12.8	56.5
氨	17	气体	651	16	25	−33.5
苯	78	−11.1	498	1.2	7.8	80.1
甲苯	92	4.4	552	1.1	7.1	110.6
二硫化碳	76	−30	100	1.3	50.0	46.3
乙酸乙酯	88	−4	426	2.1	11.5	77.2
四氢呋喃	72	−13.0	230	1.8	11.8	66
环己烷	84	−20	245	1.3	8.0	81.7
正庚烷	100	−3.9	204	1.0	6.7	98.4
正己烷	86	−21.7	225	1.1	7.5	68.7
甲烷	16	气体	540	5	15	−162
乙烷	30	−171	515	3.0	12.4	−88.6
丙烷	44	−104	450	2.1	9.5	−42.1
甲醇	32	12	436	5.5	36.0	64.7
乙醇	46	12	422	3.5	19.0	78.3
正丙醇	60	15	425	2.2	13.7	97.2
正丁醇	74	35	343	1.4	11.2	117.5
汽油	混合物	<28	510~530	1.4	7.6	30~205

（3）一、二级耐火等级单层厂房（仓库）的柱，其耐火极限分别不应低于 2.5h 和 2.0h。

（4）一、二级耐火等级厂房（仓库）的上人平屋顶，其屋面板的耐火极限分别不应低于 1.5h 和 1.0h。

（5）甲、乙类生产场所（仓库）不应设置在地下或半地下。

（6）变、配电站不应设置在甲、乙类厂房内或贴邻，且不应设置在爆炸性气体、粉尘环境的危险区域内。

（7）甲类厂房与重要公共建筑的防火间距不应小于 50m，与明火或散发火花地点的防火间距不应小于 30m。

（8）有爆炸危险的甲、乙类厂房应独立设置，并宜采用敞开或半敞开式。其承重结构宜采用钢筋混凝土或钢框架、排架结构。

（9）有爆炸危险的厂房或厂房内有爆炸危险的部位应设置泄压设施。

（10）散发密度较空气小的可燃气体、可燃蒸气的甲类厂房，宜采用轻质屋面板作为泄压面积。顶棚应尽量平整、无死角，厂房上部空间应通风良好。

（11）散发密度较空气大的可燃气体、可燃蒸气的甲类厂房和有粉尘、纤维爆炸危险的乙类厂房，应符合下列规定：

① 应采用不发生火花的地面。采用绝缘材料作整体面层时，应采取防静电措施。

② 散发可燃粉尘、纤维的厂房，其内表面应平整、光滑，并易于清扫。

③ 厂房内不宜设置地沟，确需设置时，其盖板应严密，地沟应采取防止可燃气体、可燃蒸气和粉尘、纤维在地沟积聚的有效措施，且应在相邻厂房连通处采用防火材料密封。

（12）有爆炸危险的甲、乙类厂房的生产部位，宜布置在单层厂房靠外墙的泄压面或多层厂房顶层靠外墙的泄压面附近。有爆炸危险的设备布置时宜避开厂房的梁、柱等主要承重构件。

（13）使用和生产甲、乙、丙类液体的厂房，其管、沟不应与相邻厂房的管、沟相通，下水道应设置隔油设施。

（14）厂房内每个防火分区或一个防火分区内的每个楼层，其安全出口的数量应经计算确定，且不应少于2个。当符合下列条件时，可设置1个安全出口：

① 甲类厂房，每层建筑面积不大于 $100m^2$，且同一时间的作业人数不超过5人。

② 乙类厂房，每层建筑面积不大于 $150m^2$，且同一时间的作业人数不超过10人。

（15）高层厂房和甲、乙、丙类多层厂房的疏散楼梯应采用封闭楼梯间或室外楼梯。建筑高度大于32m，且任一层人数超过10人的厂房，应采用防烟楼梯间或室外楼梯。

2.1.3.2 中药前处理和提取车间

中药的前处理是将中药材进行水洗、切制、干燥、炮制，需要粉碎的再进行粉碎混合，获得洁净可直接使用的药材的过程。中药的提取则是将经过前处理的中药材（饮片）用一定量的适宜溶剂（主要是水、乙醇）通过煎煮、浸渍、渗滤、蒸馏、萃取、浓缩等方法，得到药材的有效成分或有效成分粗品（浸膏、颗粒、挥发油等）的过程。

中药的提取是中药制备过程的基础操作，涉及使用乙醇的工序如醇提、渗滤、醇沉等，溶剂使用量大。其中，甲类生产区占提取车间面积小于5％时，厂房划分为丙类；甲类生产区占提取车间面积大于5％时，厂房划分为甲类。对应厂房的耐火等级、最多允许层数和每个防火分区的最大允许建筑面积参见表2-2。

中药前处理的工序如取样、筛选、称重、粉碎、混合等，存在大量粉尘，会在生产车间形成危险区域，按照表2-3的危险区域等级划分，应当采取有效措施。为了选择适用于爆炸性气体、可燃粉末/纤维环境的电气设备，我国和欧洲及世界上大部分国家和地区采用国际电工委员会（International Electrotechnical Commission，IEC）的标准（IEC 60079-14/ISH1-2017），根据最大试验安全间隙（MESG）或最小点燃电流（MICR），将爆炸性气体等级划分为ⅡA、ⅡB、ⅡC（表2-5）。

表2-5 爆炸性气体等级划分

防爆等级	温度组别			
	T1	T2	T3	T4
ⅡA	乙烷、丙烷、苯乙烯、二甲苯、苯、一氧化碳、丙酮、乙酸乙酯、乙酸、氨、吡啶	甲醇、乙醇、丁烷、乙苯、丙烯、乙酸丁酯、氯乙烯、氯乙醇、环戊烷	戊烷、戊醇、己烷、环己醇、松节油、石油（包括汽油）、戊醇四氯	乙醛、三甲胺
ⅡB	丙炔、丙烯腈、甲醚、焦炉煤气	丁二烯、乙烯、环氧乙烷、呋喃	乙醚、丙烯醛、四氢呋喃、硫化氢	丁醚、四氟乙烯
ⅡC	氢气、水煤气	乙炔		二硫化碳

2.1.3.3 生物发酵车间

生物制药是利用自然界存在的微生物，或用传统方法（如辐照或化学诱变）或使用基因技术改造的微生物的发酵制药。产品通常是小分子如抗生素、氨基酸、维生素和糖类；而生物技术是指用重组 DNA、杂交瘤或其他技术修饰或产生的细胞、组织来生产蛋白质和多肽这类大分子物质，虽然发酵原理与传统发酵是一样的，但是它们的控制程度不同。

生物发酵类药物的生产是从菌株库取得用于生产的微生物菌种开始，经微生物培养/发酵、收集分离，最后纯化得到小分子产品，其一般生产流程见图 2-1。

保存管(孢子或菌丝形式)──→斜面或摇瓶种子培养──→种子罐种子培养(一级或多级)──→主发酵罐发酵 ──→固液分离──→目的产物提取纯化

图 2-1　生物发酵类药物生产流程

生物发酵车间在发酵和提取过程中会使用氨水、盐酸、液碱等酸碱来调节 pH 值，氨水还能作为发酵的氮源。有些菌种的培养和发酵在生产过程中需要硝酸钾、氯化钴等试剂。提取工序还会涉及有机溶剂如乙醇、甲醇、丁醇、乙酸乙酯、草酸等。参考表 2-1 对车间分类后采取对应的防火防爆措施。

2.1.3.4　药物制剂车间

药物制剂是将具有生物活性的原料药与辅料混合，为满足临床使用需求，加工和制造成不同给药形式的生产过程，其中主要分为固体制剂、注射剂和其他制剂三个类别。

固体制剂包括片剂、胶囊剂、颗粒剂等剂型，其中片剂是应用最广、产量最大的一种剂型。片剂主要采用制粒压片的工艺制备，涉及的单元操作包括粉碎、过筛、混合、制粒、干燥、压片、包衣等，此外还有直接压片。其中大量生产工序会产生易爆粉尘，包括粉碎、过筛、混合、制粒、包衣等，有时还会使用一些有机溶剂（如乙醇等）参与生产过程。

药物制剂车间的防火防爆要求如下。

（1）设计口服固体制剂生产设施时，要了解生产工艺中有哪些单元操作有爆炸风险。从而确定建筑的防爆区域，以决定哪个房间属于防爆区域，或是否整个建筑需要做防爆设计。

（2）建筑布局时，将包含这些单元操作的工艺房间尽量安排在建筑物的四周，或者顶层（房顶没有任何设备或设施），使这些工艺房间有泄爆口，从而符合防爆要求。

（3）在建造口服固体制剂生产设施时，要采用轻质建筑材料建造房间的泄爆面（墙或屋顶），以满足泄爆的要求。

（4）有产尘生产环节的设施，且产尘区域有粉尘爆炸的风险，则应按照以下原则设计和施工：

① 安装有粉尘爆炸危险的工艺设备或存在爆炸性粉尘的建（构）筑物，它们之间应是分离的，并留有足够的安全距离。

② 建筑物宜为单层建筑，屋顶宜用轻型结构，也可采用抗爆结构。

③ 若采用多层建筑的结构，多层建筑物宜采用框架结构；不能使用这种结构的地方，必须在墙上设置面积足够大的泄爆口。

④ 如果将窗户或其他开孔作为泄爆口，必须保证它们在爆炸发生时能有效进行泄爆。

⑤ 厂房内的危险工艺设备，宜设在建筑物内较高的位置，并靠近外墙。

⑥ 设备、梁、架子、墙等必须具有便于清扫的表面结构，不宜有向上的拼接平面。

⑦ 工作区必须有足够数目的疏散路线。

⑧ 疏散路线的数目和位置由设计部门确定，主管部门批准。

⑨ 疏散路线必须设置明显的路标和事故照明。

⑩ 特别危险的工艺设备应设置在建筑物外面的露天场所。

2.1.4 典型安全装置

制药厂的安全管理是通过各种策略、技术、程序、政策和系统管理风险并减少工艺危害和/或事故概率的集体努力行为。通过安全装置使危害最小化是制药厂常用的降低风险的策略。

2.1.4.1 压力容器的安全装置

根据《特种设备安全监察条例》（2009年）规定，压力容器是指盛装气体或者液体，承载一定压力的密闭设备，其范围规定为最高工作压力大于或者等于0.1MPa（表压），且压力与容积的乘积大于或者等于2.5MPa·L的气体、液化气体和最高工作温度高于或者等于标准沸点的液体的固定式容器和移动式容器；盛装公称工作压力大于或者等于0.2MPa（表压），且压力与容积的乘积大于或者等于1.0MPa·L的气体、液化气体和标准沸点等于或者低于60℃液体的气瓶、氧舱等。压力容器的内部或外部需承受气体或液化气体的压力，对安全性有较高要求，任何的操作失误都会使压力容器过早失效甚至酿成事故。压力容器的常见安全装置主要有以下三种（图2-2）。

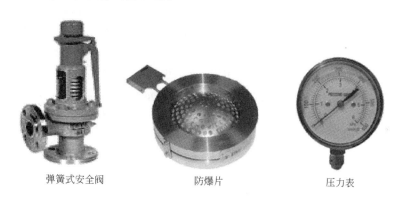

弹簧式安全阀　　　　　防爆片　　　　　压力表

图2-2　压力容器的常见安全装置

（1）安全阀是一种通过阀的自动开启排放气体来降低容器内压力的安全泄压装置。安全阀由阀座、阀瓣和加载机构三个主要部分构成，分为弹簧式安全阀和杠杆式安全阀。

（2）防爆片，又称防爆膜、防爆板、爆破片等，是一种断裂型安全泄压装置。根据失效时的受力状态和基本结构，可分为剪切型、弯曲型、拉伸型和压缩型等。优点是密封性好，泄压快，不易受介质中黏污物的影响。缺点是由于是通过膜片的断裂来泄压，泄压后无法继续使用，容器也被迫停止运行。

（3）压力表，又称压力计，是测量压力容器中流体压力的一种计量仪表。按作用原理和结构，可分为弹性元件式、液柱式、活塞式和电量式四大类。

2.1.4.2 防火防爆的安全装置

针对燃烧和爆炸的产生条件，比如静电、电弧、火花、可燃气体浓度等，将风险降到最低，制药厂防火防爆的安全装置（图2-3）主要包括以下几种。

（1）防爆灯是为了达到防爆要求，用于可燃性气体和粉尘存在的生产场所，能防止灯内部可能产生的电弧、火花和高温引燃照明灯具。

（2）静电消除器通过放电极电离空气产生大量正负离子，用风把大量正负离子吹到物体表面以中和物体表面的静电，或者直接将静电消除器靠近物体表面中和静电，从而防止静电

防爆灯

人体静电消除器

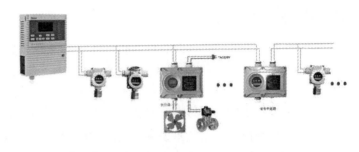
可燃气体报警器

图 2-3　防火防爆的安全装置

堆积。根据正负离子的产生机理，静电消除器可分为交流电晕产品、直流电晕产品和脉冲直流电晕产品。其中，人体静电消除器能够合理有效控制人体静电放电，延长静电放电时间，降低接触瞬间释放的能量，使静电安全泄放，避免因人体静电而引发的火灾爆炸事故和人体电击现象的发生。

（3）可燃气体报警器，又称气体泄漏检测报警器，当生产场所检测到可燃性气体浓度达到报警器设置的警报值（如爆炸极限）时，即发出声、光报警信号，提醒工作人员疏散、强制排风、关停设备等。可燃气体报警器根据工作原理可分为催化型和红外光学型两种类型。催化型是利用贵金属铂丝加热后的电阻变化来测定可燃气体浓度。可燃气体进入报警器后，与铂丝表面接触引起氧化反应（无焰燃烧），产生的热量使铂丝温度升高，导致其电阻发生变化。红外光学型是利用红外传感器通过红外线光源的吸收原理来检测生产场所的碳氢类可燃气体。

2.2　职业健康

2.2.1　职业健康的概念

根据世界卫生组织定义，"职业健康包含工作场所内健康和安全的所有方面，特别关注对危害的基本预防。"健康是指身体、精神和社会功能的完整状态。职业健康是对工作场所内产生或存在的职业性有害因素及其健康损害进行识别、评估、预测和控制的一门学科，其目的是预防和保护劳动者免受职业性有害因素所致的健康影响和危险，促进和保障劳动者在职业活动中的身心健康和社会福利。

职业健康的相关领域来自广泛的学科和专业，包括药学、心理学、流行病学、理疗和康复治疗、人文和人体工程学及其他。专业人士对一系列职业健康问题给出建议，包括如何避免导致职业伤害的已存在条件、正确的工作姿势、休息频率、可采取的预防性行为等。

职业健康应致力于：促进和维护各行业劳动者身体、精神和社会功能的最佳状态；预防劳动者由于工作环境而偏离健康；保护聘用的劳动者免于上岗后因职业因素对健康造成不利影响；安置和维护劳动者在适合其生理和心理能力的职业环境中。总而言之，使劳动者适应其工作。

2.2.2 职业健康的法律法规

《中华人民共和国职业病防治法》于 2002 年 5 月 1 日起实施，《中华人民共和国劳动法》于 1995 年 1 月 1 日起施行，相较工业发达国家如美国或英国，我国的职业病防治仍处在初级阶段。

根据法律的具体要求，用人单位的主体责任主要包括综合管理、工作场所管理、作业管理，并授予地方人民政府行政机构监督管理的权力。制药企业的职业健康工作应坚持"预防为主、防治结合"的方针，持续改进职业健康条件，使工作场所职业病危害因素的控制符合国家相关卫生要求，依据行业标准实行"分类管理、综合治理"。

（1）综合管理　依据《制药企业职业病危害防治技术规范》（AQ/T 4255—2015）的要求。职业卫生实行"三同时"管理制度，即职业病危害防护设施应与主体工程"同时设计、同时施工、同时投入生产和使用"。

（2）工作场所管理　主要依据《工业企业设计卫生标准》（GBZ 1—2010）等职业卫生标准。其中，选址和布局应符合《洁净厂房设计规范》（GB 50073—2013）、《工业企业总平面设计规范》（GB 50187—2012）和《生产过程安全卫生要求总则》（GB/T 12801—2008）的相关要求。GBZ 2.1—2007、GBZ 2.2—2007 分别规定了工作场所有害因素职业接触限制，包括化学有害因素和物理因素两个部分。

（3）作业管理　对于职业危害的各种因素应当有警示标识（图 2-4），详见《工作场所职业病危害警示标识》（GBZ 158—2003）。特别是高毒物品，应根据《高毒物品作业岗位职业病危害告知规范》（GBZT 203—2007）的要求说明高毒物品的名称、理化特性、健康危害、防护措施及应急处理等内容。

图 2-4　警示标识

同时，防尘、防毒设施的设置应符合《工业企业设计卫生标准》（GBZ 1—2010）的要求。比如，排风系统的设计应符合《化工采暖通风与空气调节设计规范》（HG/T 20698—

2009) 的相关规定,排风罩应符合《排风罩的分类及技术条件》(GB/T 16758—2008) 的要求。涉及尘、毒作业的制药企业应符合《个体防护装备选用规范》(GB/T 11651—2008) 的要求,为接触职业病危害因素的劳动者配备符合国家相关标准、行业标准要求的个人防护用品。生产或使用剧毒或高毒物质的企业应按照《使用有毒物品作业场所劳动保护条例》设置紧急救援站或有毒气体防护站。

2.2.3 个人安全防护措施

个人防护用品 (Personal Protective Equipment,PPE) 是指在劳动生产过程中,使劳动者免遭或减轻事故和职业危害因素的伤害而提供的个人保护用品,直接对人体起到保护作用。个人防护用品 (又称劳保用品) 是防护性服装、头盔、眼镜或其他穿戴配备的总称。个人防护用品防御的危害因素包括物理、电、热、化学、生物的危害和大气颗粒物。个人防护用品见图 2-5。

必须戴安全帽 必须戴防护眼镜 必须戴防毒面具 必须戴防尘口罩

必须戴护耳器 必须戴防护手套 必须穿防护鞋 必须穿防护服

图 2-5 个人防护用品

2.2.3.1 化学合成车间

化学合成车间可分为一般生产车间和"精烘包"车间。

根据 GMP 规定,任何进入生产区的人员均应当按照规定更衣,如工作服、鞋、帽子、手套、口罩等。操作人员应当避免裸手直接接触药品及与药品直接接触的包装材料和设备表面。接触前,应用消毒液消毒戴手套的手。手套污染或破损后应及时更换。应当为员工提供足够的清洁及盥洗设施。这些盥洗设施应当装有冷热水 (必要时)、肥皂或清洁剂、烘手机和一次性纸巾。盥洗室应与生产区域隔离,但应方便使用。应当根据情况提供足够的沐浴和更衣设施。生产过程中若涉及高毒性的危险化学品,药厂必须配备可靠的个人安全防护用品。

非无菌原料药精制、干燥、粉碎、包装等生产操作的暴露环境应当按照 D 级洁净区的要求设置。无菌原料药的粉碎、过筛、混合、分装的车间布置设计须在 B 级背景下的 A 级洁净区进行。个人防护装置须与各自的洁净等级保持一致 (详见 2.2.3.4 药物制剂车间)。

通风与除尘系统应符合 GMP 和环保法规、劳动法规规定的生产条件。一般生产车间应密切注意通风与除尘系统的设置情况。

(1) 对于有害气体、蒸气或粉尘的发散源,均应设置局部排风装置或通风柜。

(2) 局部排风系统应考虑生产流程,对于混合后可能引起燃烧、爆炸、结聚凝块或形成毒性更强的有害物的情况，应分设排风系统。局部排风系统排出的空气在排入大气之前，应进行净化处理。

（3）除尘器可根据性质选择布袋、旋风或湿式除尘器，或不同形式除尘器的组合。

2.2.3.2 中药前处理和提取车间

中药前处理和提取车间存在的主要职业危害因素为粉尘、噪声和高温。中药厂需给劳动者配备防护服、防护帽、防护鞋等个人防护用品，产尘岗位配备防尘口罩，产噪岗位配备降噪耳塞等。中药提取车间高湿高热的生产环境，需要通过设置排风系统将湿热水汽排出，解决除湿降温的问题。

中药材和中药饮片的取样、筛选、称重、粉碎、混合等操作过程易产生粉尘，产尘操作期间应当保持相对负压，或采取专门的措施来控制粉尘扩散，如安装捕尘设备、排风设施或设置专用厂房（操作间）等。

2.2.3.3 生物发酵车间

生物发酵产品中，抗生素因其悠久的历史和广泛的应用而占据特殊的地位。抗生素是在低浓度下就能选择性地抑制某些生物生命活动的微生物次级代谢产物及其化学半合成或全合成的衍生物。

对于青霉素、头孢等高致敏性产品，操作人员应当佩戴充足的个人防护用品（如HEPA呼吸全面罩、橡胶手套、鞋套等），尽量避免采用敞开式的生产设计导致药品粉尘暴露。企业应根据无菌原料药的活性等级进行针对性设计，尽量减少对操作人员的影响和对周围环境的污染。应尽量选用封闭的系统生成，必要时可采用全密闭生成系统配合无菌负压隔离器来实现对人员的保护。这种情况下，空调系统和工艺排风也应在终端设置高效过滤器（HEPA），防止这类药品对操作人员和外界污染。清洁、更换排风过滤器时，可考虑采用减少粉尘污染的措施和设计，如预喷淋减少粉尘、溶解灭活、封闭出料或过滤器使用袋进袋出设计等。

2.2.3.4 药物制剂车间

口服固体制剂的制备对洁净级别要求不高，通常为 D 级。

注射剂是专供注入人体体内的一种剂型，均为无菌产品，洁净级别高且等级多，一般为A/B 区域。

根据 GMP 要求，任何进入生产区的人员均应当按照规定更衣，工作服及其质量应当与生产操作的要求及操作区的洁净度级别相适应，其式样和穿着方式应当能够满足保护产品和人员的要求。各洁净区的着装要求规定如下。

（1）D 级洁净区　应当将头发、胡须等相关部位遮盖。应当穿合适的工作服和鞋子或鞋套。应当采取适当措施，以避免将污染物带入洁净区。

（2）C 级洁净区　应当将头发、胡须等相关部位遮盖，应当戴口罩。应当穿手腕处可收紧的连体服或衣裤分开的工作服，并穿适当的鞋子或鞋套。工作服应当不脱落纤维或微粒。

（3）A/B 级洁净区　应当用头罩将所有头发以及胡须等相关部位全部遮盖，头罩应当塞进衣领内，应当戴口罩以防散发飞沫，必要时戴防护目镜。应当戴经灭菌且无颗粒物（如滑石粉）散发的橡胶或塑料手套，穿经灭菌或消毒的脚套，裤腿应当塞进脚套内，袖口应当塞进手套内。工作服应为灭菌的连体工作服，不脱落纤维或颗粒，并能滞留身体散发的颗粒。

此外，个人外衣不得带入通向 B 级或 C 级洁净区的更衣室。每位员工每次进入 A/B 级洁净区，应当更换无菌工作服；或每班至少更换一次，但应当用监测结果证明这种方法的可行性。操作期间应当经常消毒手套，并在必要时更换口罩和手套。

2.3 环境保护

2.3.1 厂内环境保护涉及的法规

以《中华人民共和国环境保护法》（2014年修订）为根据和依托，我国先后颁布和完善了一系列环境保护的法律法规，同时制定了各种配套的环境保护标准，基本形成了一套完整的环境保护法律体系。例如，制药厂所选择的工艺和设备应符合《中华人民共和国清洁生产促进法》（2002年修订），"三废"的处理应遵循《中华人民共和国大气污染防治法》（2018年修订）、《中华人民共和国水污染防治法》（2017年修订）、《中华人民共和国固体废物污染环境防治法》（2016年修订）、《中华人民共和国海洋环境保护法》（2017年修订）等。

制药业的主要污染源是废气、废水、废渣、噪声和危险化学品等，按照"谁污染谁治理"的政策，造成环境污染和破坏的制药企业和个人应承担上述污染源治理的责任，处理方法和排放指标应同时遵守GMP、环境保护法规和其他适用法规（例如危险化学品、易制毒品等）的要求，保护环境的同时，避免产生其他不良后果。

（1）制药厂排出的废气具有种类繁多、组成复杂、数量庞大、危害严重等特点。对制药厂排放废气中的污染物的管理，主要执行《大气污染物综合排放标准》（GB 16297—1996）。该标准规定了33种大气污染物的排放限值，其指标体系包括最高允许排放浓度、最高允许排放速率和无组织排放监控浓度限值。其中，以1997年1月1日为时间节点，在此之前设立的污染源按较低标准执行，在此之后设立（包括新建、扩建、改建）的污染源按较高标准值执行。

（2）产量惊人的废水是制药工业污染的重中之重。根据制药企业的生产工艺和产品种类，《制药工业水污染排放标准》将其产生的废水分为发酵类（GB 21903—2016）、化学合成类（GB 21904—2016）、提取类（GB 21905—2016）、中药类（GB 21906—2016）、生物工程类（GB 21907—2016）、混装制剂类（GB 21908—2016）共六个类别。不同类别的污染物性质、组成都有较大差别。《污水综合排放标准》（GB 8978—2016）规定，含第一类污染物的废水必须在车间单独收集，超过最高允许排放浓度（表2-6）时应设置处理设施。车间排放口或处理设施排放口，污染物浓度必须达到现行国家标准《污水综合排放标准》、制药行业污染物排放标准或地方污水综合排放标准的规定。含第二类污染物废水在排污单位排出口取样，根据受纳水体的不同，执行不同的排放标准（表2-7）。

表2-6 含第一类污染物的废水最高允许排放浓度　　　　　单位：mg/L

序号	污染物	最高允许排放浓度	序号	污染物	最高允许排放浓度
1	总汞	0.05	6	总砷	0.5
2	烷基苯	不得检出	7	总铅	1.0
3	总镉	0.1	8	总镍	1.0
4	总铬	1.5	9	苯并[α]芘	0.00005
5	六价铬	0.5			

表 2-7 含第二类污染物的废水最高允许排放浓度　　　　　单位：mg/L

污染物	一级标准		二级标准		三级标准
	新扩建	现有	新扩建	现有	
pH	6～9	6～9	6～9	6～9	6～9
悬浮物（SS）	70	100	200	250	400
生化需氧量（BOD$_5$）	30	60	60	80	300
化学需氧量（COD$_{Cr}$）	100	150	150	200	500
石油类	10	15	10	20	30
挥发酚	0.5	1.0	0.5	1.0	2.0
氰化物	0.5	0.5	0.5	3.5	1.0
硫化物	1.0	1.0	1.0	2.0	2.0
氟化物	10	15	10	15	20
硝基苯类	2.0	3.0	3.0	5.0	5.0

（3）制药业生产过程中产生的固体废物可分为一般工业废物和危险品化学（危险废物），废物处理前应按照《危险废物鉴别标准》（GB 5085—2007）仔细分拣。一般工业固体废物宜综合利用，以"资源化、减量化、无害化"为原则，其处置应符合现行国家标准《一般工业固体废物贮存、处置场污染控制标准》（GB 18599—2001）的规定。危险废物则需要单独收集、贮存和处置。危险废物的暂存场所应符合危险废物收集、贮存和运输的技术要求，执行现行国家标准《〈危险废物贮存污染控制标准〉国家标准第 1 号修改单》（GB 18597—2001/XG—2013）的规定；危险废物的处置应符合现行国家标准《危险废物焚烧污染控制标准》（GB 18484—2001）、《危险废物填埋污染控制标准》（GB 18598—2001），以及地方有关危险废物收集、运输和处置的规定。

（4）随着制药工业规模和产量的不断升级，其产生的噪声污染日趋严重。制药企业的某些生产作业，如输送、粉碎和研磨等单元操作，泵、离心机、搅拌器等机械运动和供水、供电等公用系统都是主要的噪声污染源。《中华人民共和国环境噪声污染防治法》（1997）定义了国家规定的环境噪声排放标准，制药厂内噪声应符合现行国家标准《工业企业厂界环境噪声排放标准》（GB 12348—2008）的规定和要求。

2.3.2　EHS 管理体系

EHS 管理体系是环境（Environment）、健康（Health）和安全（Safety）管理体系的简称。EHS 管理体系是通过系统化的预防管理机制，彻底消除各种事故、环境和职业危害的隐患，以便最大限度地减少事故、环境污染和职业危害的发生，从而达到改善企业安全、环境与健康业绩的管理方法。

2.3.2.1　EHS 管理体系的特点

（1）系统性　EHS 管理体系组织机构有完整的系统性，要求企业在环境保护和职业健康、安全管理中，同时具有两个系统：从基层岗位到最高决策层的运作系统和监控系统。决策人依靠这两个系统确保体系有效运行。同时，还强调了程序化、文件化的管理手段，增强体系的系统性。

（2）先进性　EHS 管理体系运用系统工程原理，研究并确定所有影响要素，把管理过程和控制措施建立在科学的环境因素辨识、危险辨识、风险评价的基础上，对每个要素规定了具体要求，建立、保持一套以文件支持的程序，保证了体系的先进性。

（3）动态性　EHS管理体系的一个鲜明特征就是体系的持续改进，通过PDCA循环[图2-6，戴明循环，P是指Plan（策划），D是指Do（实施），C是指Check（检查），A是指Action（改进）]，持续地承诺、跟踪和改进，动态地审视体系的适用性、充分性和有效性，确保体系日臻完善。

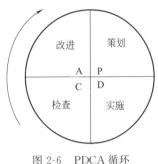

图2-6　PDCA循环

（4）预防性　环境因素与危险辨识、风险评价与控制是EHS管理体系的精髓所在，充分体现了"预防为主"的方针，实施有效的风险辨识、评价与控制，可实现对事故的预防和生产作业的全过程控制，对各种作业和生产过程进行评价，并在此基础上进行EHS管理体系策划，实现预防为主的目的，并对各种潜在的事故隐患制定应急救援预案，力求损失最小化。

① 全员性和全过程性控制　为了有效地控制整个生产活动过程的风险因素，必须对生产的全过程进行控制，采用先进的技术、先进的工艺、先进的设备及全员参与，才能确保生产经营单位的环境和职业健康安全水平得到提高。

② 综合管理与协调统一　EHS管理体系不必独立于与其他管理体系，是环境管理体系ISO14001和职业健康安全管理体系OHSMS18001两个体系的整合，与质量管理体系ISO9000具有兼容性，其中一些管理体系要素的要求如理论基础、指导思想、体现精神等有很多相同点。在管理工作中，各体系要素不必独立于现行的管理要求，可进行必要的修正与调整。

2.3.2.2　EHS管理体系的要素

EHS管理体系按不同的功能分为17个体系要素，每一要素都有其独立的管理作用。但是，单纯从各要素要求去理解职业安全健康管理体系是不够的，规范所提供的是一个系统化、结构化的EHS管理体系，因此需要将规范的各个要素综合起来考虑、协调一致，共同构成一个有机整体。

①EHS方针；②环境因素、危险源；③法律法规和其他要求；④目标指标和管理方案；⑤机构和职责；⑥培训、意识与能力；⑦信息交流；⑧体系文件；⑨文件控制；⑩运行控制；⑪应急准备和响应；⑫监测；⑬合规性评价；⑭不符合、纠正与预防措施；⑮记录；⑯审核；⑰管理评审。

体系要素中，①为方针，②～④为策划，⑤～⑪为实施与运行，⑫～⑯为检查和纠正措施，⑰为管理评审。

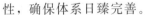

2.4　危险化学品类别与安全管理

2.4.1　危险化学品的类别

（1）危险化学品的概念　危险化学品是指物质本身具有某种危险特性，当受到摩擦、撞击、震动、接触热源或火源、日光暴晒、遇水受潮、遇性能相抵触物品等外界条件的作用时，会导致燃烧、爆炸、中毒、灼伤及污染环境事故发生的化学品。

（2）化学品危险性的类别　化学品危险性的分类依据《化学品分类和危险性公示 通则》（GB 13690—2009）而执行，GB 13690—2009 标准对应于联合国《化学品分类及标记全球协调制度》（GHS）第二版修订，与该国际通用标识保持一致而非等效。标准中按物理、健康或环境危险的性质共分 16 类，同时依据该标准更新了危险化学品标识图，如图 2-7 所示。

图 2-7　危险化学品标识图

2.4.1.1　爆炸物

爆炸物（或混合物）是这样一种固态或液态物质（或物质的混合物），其本身能够通过化学反应产生气体，而产生气体的温度、压力和速度能对周围环境造成破坏。其中也包括发火物质（即使它们不放出气体）。发火物质（或发火混合物）旨在通过非爆炸自主放热化学反应产生的热、光、声、气体、烟或所有这些的组合来产生效应。

烟火物品是包含一种或多种发火物质或混合物的物品。

爆炸物种类包括：爆炸性物质和混合物；爆炸性物品，但不包括下述装置：其中所含爆炸性物质或混合物由于其数量或特性，在意外或偶然点燃或引爆后，不会由于迸射、发火、冒烟或巨响而在装置之处产生任何效应；未提及的为产生实际爆炸或烟火效应而制造的物质、混合物和物品。

2.4.1.2　易燃气体

易燃气体是在 20℃，101.3kPa 标准压力下与空气有一定易燃范围的气体。

2.4.1.3 易燃气溶胶

气溶胶是指气溶胶喷雾罐（是任何不可重新灌装的容器，该容器由金属、玻璃或塑料制成）内装强制压缩、液化或溶解的气体（包含或不包含液体、膏剂或粉末），配有释放装置，可使所装物质喷射出来，形成在气体中悬浮的固态或液态微粒或形成泡沫、膏剂、粉末。

2.4.1.4 氧化性气体

氧化性气体是指一般通过提供氧气，比空气更能导致或促使其他物质燃烧的任何气体。

2.4.1.5 压力下气体

压力下气体是指高压气体在压力等于或大于 200kPa（表压）下装入贮器的气体，或是液化气体或冷冻液化气体。压力下气体包括压缩气体、液化气体、溶解液体、冷冻液化气体。

2.4.1.6 易燃液体

易燃液体是指闪点不高于 93 ℃的液体。

2.4.1.7 易燃固体

易燃固体是指容易燃烧或通过摩擦可能被引燃或能助燃的固体。易于燃烧的固体为粉状、颗粒状或糊状物质，它们在与燃烧着的火柴等火源短暂接触即可点燃且火焰蔓延迅速，非常危险。

2.4.1.8 自反应物质或混合物

自反应物质或混合物是指即使没有氧气（空气）也容易发生激烈放热分解反应的热不稳定液态或固态物质或者混合物。本定义不包括根据统一分类制度分类为爆炸物、有机过氧化物或氧化物质的物质和混合物。

自反应物质或混合物如果在实验室试验中其组分容易起爆、迅速爆燃或在封闭条件下加热时显示剧烈效应，应视为其具有爆炸性质。

2.4.1.9 自燃液体

自燃液体是指即使数量小也能在与空气接触后 5min 之内引燃的液体。

2.4.1.10 自燃固体

自燃固体是指即使数量小也能在与空气接触后 5min 之内引燃的固体。

2.4.1.11 自热物质和混合物

自热物质是指除发火液体或固体以外，与空气反应不需要能源供应就能够自己发热的固体或液体物质或混合物；这类物质或混合物与发火液体或固体不同，因为这类物质只有数量很大（千克级）并经过长时间（几小时或几天）才会燃烧。注意：物质或混合物的自热导致自发燃烧是由于物质或混合物与氧气（空气中的氧气）发生反应并且所产生的热没有足够迅速地传导到外界而引起的。当热产生的速度超过热损耗的速度而达到自燃温度时，自燃便会发生。

2.4.1.12 遇水放出易燃气体的物质或混合物

遇水放出易燃气体的物质或混合物是指通过与水作用，容易具有自燃性或放出危险数量的易燃气体的固态或液态物质或混合物。

2.4.1.13　氧化性液体

氧化性液体是指本身未必燃烧，但通常因放出氧气可能引起或促使其他物质燃烧的液体。

2.4.1.14　氧化性固体

氧化性固体是指本身未必燃烧，但通常因放出氧气可能引起或促使其他物质燃烧的固体。

2.4.1.15　有机过氧化物

有机过氧化物是指含有二价—O—O—结构的液态或固态有机物质，可以看作是一个或两个氢原子被有机基替代的过氧化氢衍生物。该衍生物也包括有机过氧化物配方（混合物）。有机过氧化物是热不稳定物质或混合物，容易放热加速自分解。另外，它们可能具有以下性质：易爆炸分解，迅速燃烧，对撞击或摩擦敏感，与其他物质发生危险反应。

如果有机过氧化物在实验室试验中，在封闭条件下加热时组分容易爆炸、迅速爆燃或表现出剧烈效应，则可认为其具有爆炸性质。

2.4.1.16　金属腐蚀剂

金属腐蚀剂是指通过化学作用显著损坏或毁坏金属的物质或混合物。

2.4.2　危险化学品的安全管理

（1）防爆，化学药品的爆炸分为支链爆炸和热爆炸。氢、乙烯、乙炔、苯、乙醇、乙醚、丙酮、乙酸乙酯、一氧化碳、水煤气和氨气等可燃性气体与空气混合至爆炸极限，一旦有热源诱发，极易发生支链爆炸；过氧化物、高氯酸盐、叠氮化铅、乙炔铜、三硝基甲苯等易爆物质，受震或受热可能发生热爆炸。对于防止支链爆炸，主要是防止可燃性气体或蒸气散失在室内空气中，因此应保持室内通风良好。当大量使用可燃性气体时，应严禁使用明火和可能产生电火花的电器；对于预防热爆炸，强氧化剂和强还原剂必须分开存放，使用时轻拿轻放，远离热源。

（2）防灼伤，除了高温以外，液氮、强酸、强碱、强氧化剂、溴、磷、钠、钾、苯酚、醋酸等物质都会灼伤皮肤；应注意不要让皮肤与之接触，尤其防止其溅入眼中。

（3）防电，一切仪器应按说明书装接适当的电源，需要接地的一定要接地；若是直流电器设备，应注意电源的正负极，不要接错；接好电路后应仔细检查确认无误后，方可通电使用；仪器发生故障时应及时切断电源。

（4）防爆爆，化学实验常用到高压储气钢瓶和一般受压的玻璃仪器，使用不当，会导致爆炸，因此需掌握有关常识和操作规程。气体钢瓶的识别（颜色相同的要看气体名称）：气瓶应专瓶专用，不能随意改装；气瓶应存放在阴凉、干燥、远离热源的地方，易燃气体气瓶与明火距离不小于 5m；氢气瓶最好隔离；气瓶搬运要轻要稳，放置要牢靠。

危险化学品的贮存依据物品性质分为如下五大类。

（1）压缩气体和液化气体贮存的安全要求如下。

① 压缩气体和液化气体不得与其他物质共同贮存；易燃气体不得与助燃气体、剧毒气体共同贮存；易燃气体和剧毒气体不得与腐蚀性物质混合贮存；氧气不得与油脂混合贮存。

② 对气瓶贮存的安全要求。贮存气瓶的仓库应为单层建筑，设置易揭开的轻质屋顶，地坪可用沥青砂浆混凝土铺设，门窗都向外开启，玻璃涂以白色。库温不宜超过 35℃，有通风降温措施。瓶库应用防火墙分隔为若干单独分间，每一分间有安全出入口。气瓶仓库的

最大贮存量应按有关规定执行。

③ 合理设置气瓶柜 [用于提高局部的排气通风，保护钢瓶（气瓶）不受柜子外面火灾以及保护周围物免受内部火灾的金属容器]。气瓶柜内部有吹洗系统、报警器和排气孔，通常有一瓶位、二瓶位和三瓶位。

（2）易燃液体贮存的具体要求如下。

① 易燃液体应贮存于通风阴凉处，并与明火保持一定的距离，在一定区域内严禁烟火。

② 沸点低于或接近夏季气温的易燃液体，应贮存于有降温设施的库房或贮罐内，盛装易燃液体的容器应保留不少于 5% 体积的空隙，夏季不可暴晒。

③ 闪点较低的易燃液体，应注意控制库温。气温较低时容易凝结成块的易燃液体受冻后易使容器胀裂，故应注意防冻。

④ 易燃、可燃液体贮罐分地上、半地上和地下三种类型。地上贮罐不应与地下或半地下贮罐布置在同一贮罐组内，且不宜与液化石油气贮罐布置在同一贮罐组内。贮罐组内贮罐的布置不应超过两排。在地上和半地下的易燃、可燃液体贮罐的四周应设置防火堤。同时，灌顶部安装阻火器，隔绝空气与液体的接触，必要时，采取 N_2 封。

（3）易燃固体、自燃物品和遇湿易燃物品贮存的具体要求如下。

① 贮存易燃固体、自燃物品和遇湿易燃物品的仓库要求阴凉、干燥，要有隔热措施，忌阳光照射，易挥发、易燃固体应密封堆放，仓库要求严格防潮。

② 易燃固体、自燃物品和遇湿易燃物品多属于还原剂，应与氧和氧化剂分开贮存。有很多易燃固体有毒，故贮存中应注意防毒。

（4）氧化剂和有机过氧化物贮存的要求如下。

① 一级无机氧化剂与有机氧化剂不能混放贮存；不能与其他弱氧化剂混放贮存；不能与压缩气体、液化气体混放贮存；氧化剂与有毒物质不能混放贮存。

② 贮存氧化剂应严格控制温度、湿度。可以采取整库密封、分垛密封与自然通风相结合的方法。

（5）腐蚀性物质贮存的要求如下。

① 腐蚀性物质均须贮存在冬暖夏凉的库房电，保持通风、干燥，防潮、防热。

② 腐蚀性物质不能与易燃物质混合贮存，可用墙分隔同库贮存不同的腐蚀性物质。

③ 采用相应的耐腐蚀容器盛装腐蚀性物质，且包装封口要严密。

2.5 典型生产事故案例

2.5.1 操作不当

目前的安全生产事故中，人为因素造成的事故占总数的 70%～80%。制药工业工艺复杂，操作技术要求较高，操作人员稍有不慎就会发生误操作，造成安全隐患或导致生产事故的发生。因此，任何人都要严格遵守操作规程，不得擅自改动，操作时要注意巡回检查、认真记录、纠正偏差、严格交接班，才能预防各类事故的发生。从管理层面而言，企业的"经济效益至上"指导思想在某种程度上，促使了管理层追求短期经济利益或个人业绩，当生产与安全发生冲突时，罔顾安全，利益为先，也会让职工陷于危险的生产条件之中，导致各种不规范操作问题的产生。

案例 1 ▶▶▶

事故情况 某制药厂两名操作工抽好甲醇，打开反应釜盖，一人解金属钠袋口，一人向锅内投钠，当投完第三块钠时，为了省事，就托起袋子往反应釜中倒，只听"轰"的一声，车间四周玻璃全部炸成碎片，整个车间一片烟雾，一人从楼梯口跑出，另一人躲到车间西南角。爆炸压力是从釜口喷出的，幸亏两名操作工未正对釜口，才避免人身伤亡。

成因分析 两名操作工将金属钠短时间大量投入反应釜中，严重违反了甲醇钠生产操作规范。反应釜未彻底晾干，内有氢气、氧气、甲醇等混合气体，当钠被一起投入时，因钠与釜壁碰撞剧烈，产生火花，引起混合气体爆炸。这两名操作工没有经过全面的培训，对钠的危险性认识不足，理解不全面，反映出培训过程不够认真，培训考核水平有待提高，考核体系建设有待改进。

对策方案 从培训层面将技能与知识有机结合，在培训的过程中穿插实例，以图片或视频的方式演示给员工，使得员工对于安全生产有着全面的、有机的认识，而不仅仅是对于知识的死记硬背。严格安全生产各级的管理工作。以老员工带动新员工，认真落实安全员的监督责任。各级人员切实负起应尽的职责，认真把安全生产目标责任制落实到每一个车间、班组和每一名职工。

案例 2 ▶▶▶

事故情况 某制药厂职工在工段操作时，需要用到三羟甲基丙烷作为反应原料，发现离心机房边有一堆三羟甲基丙烷粗品，便赤手拿起进行加料。当这位职工拿完原料后不久，便感觉手上有灼热感，但是没有引起该职工的重视，待到下班的时候即感觉全身不舒服，眼发红，随即送往医院，被诊断为硫酸二甲酯中毒。

成因分析 该职工没有戴防护手套，三羟甲基丙烷粗品中含有反应剩余的硫酸二甲酯，因上游工段员工操作时改变了工艺参数，使硫酸二甲酯过量，没有中和彻底。但是上游工段员工没事先对下游工段员工做出任何解释，也没有对物料进行标记。

对策方案 严格要求员工按照标准作业程序（SOP）进行操作，不允许擅自改变进料比例。强化工段员工之间的沟通与联系，做到物料必有标签，现场不允许留存未标识的物料。加强员工的自身教育，做到有事及时向上级汇报，对于人身健康问题要引起高度重视，对于毒害品的认识不能仅仅停留在字面上，需要深入了解各种危害可能性。对于危险化学品的疑似中毒要在第一时间进行处理。对于有可能涉及危险化学品的工段，在附近需要配置相应的急救设施与药品，在本案中需要配置洗眼器和氨水。

2.5.2 设计缺陷

制药工业生产中所使用的原料多属于易燃、易爆、易腐蚀的物质。目前世界上已有化学物品 600 万种，经常生产使用的有 6 万～7 万种，我国约有 3 万种。这些化学物品中约有

70％以上具有易燃、易爆、有毒和腐蚀性强的特点。许多生产离不开高温、高压设备。这些设备能量集中，如果在设计制造中，不按规范进行，质量不合格；或在操作中失误，则将发生灾害性的事故。而且很多化工企业为降低成本、压缩经费，首先削减的是安全生产技术措施经费，导致安全投入严重不足，造成设备失修，重大隐患长期得不到治理，本应停车进行设备检修，但为了眼前短期经济利益，设备带病作业，最终导致重大伤亡事故的例子并不少见，因此又进一步影响了企业的经济效益。为此，需要消除设备的不安全状态，营造良好、安全的工作环境，使得企业进入安全生产-效益变好的良性循环。

案例1 ▶▶▶

事故情况　某化工厂对硝基苯胺反应釜发生爆炸事故，造成3人死亡、3人受伤。该起事故发生于春夏之交，气温较高。在爆炸发生之前，操作人员就已经发觉了反应釜温度异常升高，同时也采取了诸如加入冷冻盐水等降温措施。但是由于反应的放热量和反应放热速率过快，一般冷却介质的降温效果下降不明显，这时操作人员赶紧启用安全联锁装置，但安全联锁装置自动启用与人工启用都失效，在慌乱之中发生爆炸，造成了严重的后果。

成因分析　对硝基苯胺反应系统的大量反应热无法通过冷却介质快速移除，体系温度升高迅速，超过了200℃。反应产物对硝基苯胺为热不稳定物质，在高温下易发生分解，导致体系温度、压力极速升高造成爆炸。此次事故涉及的胺基化工艺属于18种重点监管的危险化工工艺之一，危险性极高，但事故发生时冷却失效，且安全联锁装置被企业违规停用，暴露出了企业对安全管理的严重轻视。

对策方案　《国家安全监管总局关于公布首批重点监管的危险化工工艺目录的通知》安监总管三〔2009〕116号，其中包括重点监管的危险化工工艺、重点监管的化学品和重大危险源。该企业涉及了硝化反应，应严格执行"两重点一重大"安全控制要求和措施，不得降低、简化安全控制要求，严禁企业擅自停用安全自动控制系统，并要对安全自动控制系统进行定期的维护和检查。对于车间有易燃易爆危险性的物料，在使用之前，需要严格检查所涉及的相关反应装置与安全控制装置的情况。

案例2 ▶▶▶

事故情况　某TMP车间环合工段，在进行局部管道改造期间，在静态环境下用气割割盐水管道时，由于乙炔管路漏气，气割落下的火花点燃了漏气部位，乙炔管路燃烧，引燃了地面母液残渣（含有大量有机物及醇类）。地面的明火同时引燃了车间地沟内未冲走的残渣（平时地沟未及时冲洗），大火从窗而出，窜到距车间1m的乙醇罐上，整个车间内浓烟滚滚，火势难以控制，用灭火器扑救作用已不大，幸亏用消防水降温，并及时报119火警，在全厂职工的努力下，10min后把火扑灭，避免乙醇罐爆炸。

成因分析　车间内动火前没有采取安全防护措施，没有彻底清理周围易燃物。安装队明知上午发生过管路漏气事件，却不查明原因，继续使用，属违章操作。外来人员安全技术知识缺乏。平时车间现场管理混乱，在静态停工环境下，水槽中仍残留大量的混合溶剂，也反映出厂区设计有不合理的地方，有大量可供溶剂残留之处，有着严重的安全隐患。

对策方案　企业在进行车间改造和局部配管调整的时候，需要严格清场，全面清场，对于外来施工人员，必须配备相应的辅助人员，保证有内部安全人员在场的情况下进行施工。车间的设计需要将废水废渣的处理提升至一个新的认识高度，不能仅考虑工艺相关的内容。在本案例中，由于废水槽设计得不合理，造成了大量液体的残留，才会引发大规模的爆燃。可以说废水槽中的残留液体是造成本次事故发生的决定性因素。如何减小废水槽的容积，如何监控废水槽中的残留液体量，需要有针对性的解决方案。

2.5.3　储存因素

制药工业中涉及种类众多、性质各异的各种危险化学品。这些危险化学品不仅在使用过程中容易产生危险，同样在储存过程中也有很大的安全隐患。对于危险化学品的储存主要参照以下三个国家标准：《危险货物包装标志》（GB 190—2009），《化学品分类和危险性公示 通则》（GB 13690—2009）和《建筑设计防火规范 ［2018 版］》（GB 50016—2014）。在具体的实施过程中主要依托于《危险化学品安全管理条例》。危险化学品的储存安全指导方案在该条例的第二章的第 11～27 条明确涉及。具体到实际操作层面主要采用如下三种方式。

① 隔离储存　在同一房间或同一区域内，不同的物料之间分开一定的距离，非禁忌物料间用通道保持空间的储存方式；

② 隔开储存　在同一建筑或同一区域内，用隔板或墙，将其与禁忌物料分离开的储存方式；

③ 分离储存　在不同的建筑物或远离所有建筑的外部区域内的储存方式。在存储的过程中需要明确标识禁忌物料，即化学性质相抵触或灭火方法不同的化学物料。

案例 >>>

事故情况　天津港瑞海公司危险品仓库于 2015 年 8 月 12 日 23 时 34 分 06 秒发生第一次爆炸，近震震级约 2.3 级，相当于 3t TNT 爆炸；发生爆炸的是集装箱内的易燃易爆物品。现场火光冲天，在强烈的爆炸声后，瞬间腾起高度达数十米的灰白色蘑菇云。随后爆炸点上空被火光染红，现场附近火焰四溅。2015 年 8 月 12 日 23 时 34 分 37 秒，发生第二次更剧烈的爆炸，近震震级约 2.9 级，相当于 21t TNT 爆炸。截至 2015 年 8 月 13 日早 8 点，距离爆炸已经有 8 个多小时，大火仍未完全扑灭。因为需要沙土掩埋灭火，需要很长时间；事故现场形成 6 处大火点及数十个小火点。2015 年 8 月 14 日 16 时 40 分，现场明火被扑灭。事故中心区为此次事故中受损最严重区域，该区域东至跃进路、西至海滨高速、南至天津市顺安仓储有限公司、北至吉运三道，面积约为 54 万平方米。两次爆炸分别形成一个直径 15m、深 1.1m 的月牙形小爆坑和一个直径 97m、深 2.7m 的圆形大爆坑。以大爆坑为爆炸中心，150m 范围内的建筑被摧毁。

成因分析 事故的直接原因是瑞海公司危险品仓库运抵区南侧的集装箱内的硝化棉由于湿润剂散失出现局部干燥，在高温天气等因素的作用下加速分解放热，积热自燃，引起相邻集装箱内的硝化棉和其他危险化学品长时间大面积燃烧，导致堆放于运抵区的硝酸铵等危险化学品发生爆炸。调查组认定，瑞海公司严重违反有关法律法规，是造成事故发生的主体责任单位。该公司无视安全生产主体责任，严重违反天津市城市总体规划和滨海新区控制性详细规划，违法建设危险货物堆场，违法经营、违规储存危险货物，安全管理极其混乱，安全隐患长期存在。

对策方案 坚持安全第一的方针，切实把安全生产工作摆在更加突出的位置；推动生产经营单位落实安全生产主体责任，任何企业均不得违法违规变更经营资质；进一步理顺港口安全管理体制，明确相关部门安全监管职责；完善规章制度，着力提高危险化学品安全监管法治化水平；建立健全危险化学品安全监管体制机制，完善法律法规和标准体系；建立全国统一的监管信息平台，加强危险化学品监控监管；严格执行城市总体规划，严格把控安全准入条件；大力加强应急救援力量建设和特殊器材装备配备，提升生产安全事故应急处置能力；严格对安全评价、环境影响评价等中介机构的监管，规范其从业行为；集中开展危险化学品安全专项整治行动，消除各类安全隐患。

2.5.4 静电起因

大部分制药工业生产装置中所含介质存在易燃易爆的特征。根据资料显示，在大化工企业装置中，大概 $80\%\sim90\%$ 的物质具有火灾爆炸危险性。通过实验得知，电阻率为 $10^{10}\Omega\cdot m$ 左右的物质能够产生静电，汽油、苯、乙醚等石油化工气体的电阻率介于 $10^{10}\sim10^{12}\Omega\cdot m$ 之间，能够产生和蓄积静电。在物料泄漏满溢、摩擦搅拌、气液流动及化工产品和胶类产品中的涂胶作业、注塑作业及运输途中，皆能产生很多静电荷，其电压能达到几万伏，如果在适合静电火灾或爆炸前提的场所放电，就可以点燃苯、氢气、可燃液体蒸气、可燃微粒与空气产生的爆炸混合物以及化学易燃品，导致火灾或爆炸发生。若静电火花伴随人体行走而危害生产区域，就成为一种流动性大、藏匿性强、很难掌握的危险引燃源。人体静电放电能量能达数十毫焦耳，极易引燃苯、氢气和可燃微粒，造成火灾爆炸事故。

静电对安全作业、产品的数目和质量、设备以及生产环境等方面都能产生极大的危害。静电能够使生产中的粉体连续下降，阻碍管道、筛孔通顺，致使输送不畅发生系统憋压、超压，使得设备损坏。静电放电能量可能造成计算机、生产调节仪表、安全调节系统中的硅元件报废，导致误操作而酿成事故。

案例 ▶▶▶

事故情况 某生物制药有限公司，片剂车间洁净区段当班职工按工艺要求在制粒一房间进行混合、制软剂、制粒、干燥等操作。压片车间发生爆炸并引发大火，所产生的冲击波将四楼生产车间的各分区隔墙、吊顶隔板、通风设施、玻璃窗、生产设施等全部毁坏；爆炸过程产生的辐射热瞬间引燃整个洁净区的其他可燃物。形成大面积燃烧，过火面积遍及整个4层。直接造成5人死亡，8人受伤，其中5人重度烧伤，2人中度烧伤，1人轻度烧伤。爆炸发生后，由于多条安全通道被大火封闭，制药厂多名工作人员迫于火势只能跳楼逃生，附近2所学校约3000名师生被紧急转移。

成因分析　检修人员为给空调更换初效过滤器，断电停止了空调工作，净化后的空气无法进入洁净区。同时，由于操作过程中存在边制粒、边干燥的情况，烘箱内循环热气流使粒料中的水分和乙醇蒸发，由于排湿口排出蒸发的水分和乙醇蒸气效果明显降低，乙醇蒸气不能从排湿口排走，烘箱内蓄积了达到爆炸极限的乙醇气体。同时，由于当时房间内空调已停止工作，制粒一房间内由于制粒物挥发出的乙醇气体与干燥门开关时逸散出的水分、乙醇气体无法被新风置换，也蓄积了大量可以燃烧的乙醇气体。加之洁净区使用干燥箱的配套电气设备不防爆，操作人员在烘箱烘烤过程中开关烘箱送风机或在轴流风机运转过程中产生的电火花，引爆了积累在烘箱中达到爆炸极限的乙醇爆炸性混合气体，导致爆炸和火灾。

对策方案　本案例首先涉及了人为因素，检修人员不是公司员工，空调检修人员来自外部的空调企业，因而对于公司内部情况完全不熟悉，对于生产所涉及的危险点更不熟悉，因而会导致随意切断电源和供气情况的发生。对此虽然不能强制要求企业对自己内部所有的设备招聘检修人员，但是对于设备负责人要强化检修方面的培训，使得他们在设备检修时不仅是一个旁观者，还应是一个安全检修的参与者。

2.5.5　结构破损起因

制药设备在使用过程中承载主体或构件受的机械力、周围介质化学或者电化学的作用、接触或者相互运动表面产生接触疲劳或者腐蚀疲劳，从而会导致材料失效的现象。一般有磨蚀疲劳、接触疲劳和腐蚀疲劳三种失效形式。制药车间包含了会对设备结构产生损害的诸多因素：高温、高压、蒸汽、化学腐蚀、电腐蚀等。在这些因素的共同作用下，制药设备往往呈现出寿命短，易破损等现象。从某种意义上来说，设备破损是不可避免的。

因此纠正人员的不安全行为，加强人员对设备的了解就显得尤为重要。操作岗位员工要认真学习本岗位的设备知识和设备特点，针对单位操作的特点能够熟知反应现象，详细观察设备情况和作好个人防护。每一位员工都要认真学习本岗位的业务知识，培训合格才能上岗作业。很多岗位具有技术复杂、原料品种多、反应工艺流程长、反应介质危险性高、设备高温高压等特点。只有做到人人熟悉工艺设备、人人操作准确熟练，才能基本保证安全生产。

案例1　▶▶▶

事故情况　某制药车间在进行换热器检修作业中，由于操作人员为了进行动态监测，带压操作，使得换热器管束与封头突然飞出，冲进约25m外的仓库内，重约10t的换热器壳体在巨大的反向作用力下，向后移动约8m。冲入仓库的封头直接造成5人死亡，16人受伤。

成因分析　换热器检修前壳程蒸汽压力未泄放，检修时壳体压力为2.2MPa。换热器管箱螺栓拆除剩余至5根时，螺栓失效断裂，封头与管束在蒸汽压力作用下，从壳体飞出，造成施工人员及周边人员伤亡。该起事故暴露出操作人员在企业检维修作业过程中对带压装置风险识别不到位，没有认真落实完全泄压，麻痹大意，最终付出了沉痛代价。

对策方案　尽最大可能减少带压操作的情况，保证带压装置都在有保护的情况下使用和检修。对设备的安全装置使用情况和控制能力要有清晰的认识，绝对不能尝试去突破耐压底线。

2.5.6 粉尘起因

粉体是处于特殊形态下的固体，其静电的产生也符合偶电层的基本原理。粉体物料与整块固体物料相比，具有易分散、易飞扬且悬浮于空气中的特点。由于易分散，粉体物料表面就比同样重量、同样材料的整块固体物料的表面积大很多倍，例如把直径 100 mm 的球状材料分成等直径的 0.1 mm 的粉尘时，表面积就增加 1000 倍以上。表面积增加，表面摩擦的机会增多，产生的静电也就增多。就算是电阻率很低的木炭，它与硫黄进行二元粉混料时，产生的静电也可达数百伏。由于有悬浮性，粉尘颗粒处于悬浮状态时与大地基本是绝缘的，因此所带静电不易消散。在粉尘摩擦起电过程中，同时也存在着电荷通过器壁、管壁、工装、设备甚至大气向外泄放的过程。为此主要采用以下指导原则防止粉尘的危害：①限制粉尘在管道中的输送速度。粉尘越细、摩擦碰撞的机会越多，就越容易产生静电。所以，粉尘越细，输送速度应越慢。具体的速度应根据粉尘种类、空气相对湿度、环境温度、器壁粗糙度等影响而有所不同，应通过测定电压来控制。②管道内壁应尽量光滑，以减少静电聚集。管道弯头的曲率半径要大，不宜急转弯，以减小摩擦阻力。③粉尘捕集器的布袋，应用棉布或导电织品制作。合成纤维织品易产生静电，不宜采用。④在允许增加湿度的条件下，可将空气相对湿度增加到 65% 以上，以减少静电。此外，研究结果表明，粉尘爆炸的条件一般有三种：①可燃性粉尘以适当的浓度在空气中悬浮，形成人们常说的粉尘云；②有充足的空气；③有火源或者强烈振动与摩擦。通常认为，易爆粉尘只要满足条件①和条件②，就意味着具备了可能发生事故的条件。

对策方案 必须按标准规范设计、安装、使用和维护通风除尘系统，每班按规定检测和清理粉尘，在除尘系统停运期间和粉尘超标时严禁作业，并停产撤人。必须按规范使用防爆电气设备，落实防雷、防静电等措施，保证设备设施接地，严禁作业场所存在各类明火和违规使用作业工具。对于易燃金属如铝镁等，需配备收集、储存的防水防潮设施，严防金属粉尘遇湿自燃。

习 题

1. 简答题

（1）什么是"三级"安全教育？安全教育的意义是什么？

（2）简述制药车间的防爆抗爆设施。

（3）简述压力容器的定义及其常用的安全配件。

（4）简述 EHS 管理体系的定义及其特点。

（5）假设生产实习是去中药醇提车间，请简述该车间的火灾危险等级。

（6）假设生产实习是去非无菌原料药的精烘包车间，请问参观时应该穿戴哪些个人防护用品？

（7）简要说明燃烧的三要素，并说明同时具备三要素是否一定会发生燃烧。

（8）简述物质的闪燃与闪点、着火与自燃的区别。

（9）静电是如何产生的？如何控制静电？

（10）简要说明常见灭火方法的基本原理。

（11）毒物侵入人体的途径有哪些？请列举三种。

2. 论述题

（1）化工生产中工艺参数的安全控制有哪些内容？

（2）试分析影响工业毒物毒性的因素。

（3）请说明带电操作所需的安全配件和原理，以及这种操作的注意事项。

（4）锅炉的三大安全附件是什么，分别是如何起到安全作用的？

（5）试论述总平面布置与安全方面的基本要求。

3. 案例分析题

（1）某公司在生产间二硝基苯时，溶液 pH 值控制在 8～9，相对较高，并且结晶后只在抽滤槽中进行简单漂洗，导致间二硝基苯产品中酚盐含量相对较多。出料管口离釜底约有 600mm 空间，导致保温釜底部酚盐聚集，同时会留存间二硝基苯。保温釜温度长时间超量程。操作人员打开保温釜的排空阀泄压时，压力迅速降低，空气流动造成保温釜底部物料扰动并挥发，与空气形成爆炸性混合物，遇保温釜内高温燃烧、爆炸，造成事故。试根据事故介绍，给出事故解决方案。

（2）某化工厂二车间的离心机（封闭式），在刚开始分离从搪瓷反釜卸出的抗氧化剂和甲苯溶剂时，突然发生爆炸，致使 1 名职工死亡，1 名职工受重伤。调查发现，此物料经过 20 多小时不停地机械搅拌，又经过塑料导管直接送入离心机，离心机转鼓内垫有非导电体的化纤过滤布袋。经长时间搅拌，含有甲苯溶剂的物料产生静电积聚，快速流经塑料管道时，静电荷得到加强。当物料进入离心机时，带有很高的电位，但如果没有电火花是不能引爆的。低电位点是转鼓上部暴露的螺钉，当物料冲击到离心机的转鼓时，高压电位与螺钉顶端的零电位形成高低电位差而引发放电，产生了火花，引爆了离心机内混合性爆炸气体。试根据事故介绍，给出事故解决方案。

参考文献

[1]　国家食品药品监督管理局.药品生产质量管理规范，2010.

[2]　住房和城乡建设部.建筑设计防火规范，2016.

[3]　国家安全生产监督管理局.粉尘防爆安全规程，2017.

[4]　百度百科.EHS 工程师.https：//baike.baidu.com/item/EHS％E5％B7％A5％E7％A8％8B％E5％B8％88/1450004？fr＝aladdin.

[5]　张莲芳.国外危险化学品储存事故案例分析及危害防治.中国安全生产科学技术，2012，8：152-154.

[6]　张超光，蒋军成，郑志琴.粉尘爆炸事故模式及其预防研究.中国安全科学学报，2005，15（6）：73-76.

[7]　杨豪，王培植，万祥云.我国气体与粉尘爆炸事故现状及影响因素分析.安全与环境工程，2008，15（1）：97-99.

[8]　赵衡阳.气体和粉尘爆炸原理.北京：北京理工大学出版社，2006.

[9]　李生娟，毕明树，章正军，等.气体爆炸研究现状及发展趋势.化工装备技术，2002，23（6）：15-19.

[10]　张超光，蒋军成.对粉尘爆炸影响因素及防护措施的初步探讨.煤化工，2005，（2）：8-12.

[11]　国家安全生产监督管理总局.全国安全生产伤亡事故简报.http：//www.Chinasafety.gov.cn/.

[12]　魏国，杨志峰，李玉红.非爆炸品类危险化学品事故统计分析及对策.北京师范大学学报（自然科学版），2005，（4）：209-212.

[13]　US Chemical Safety and Hazard Investigation Board（CSB），2006；"Fire at Praxair, St. Louis Dangers of Propylene Cylinders in High Temperatures"，Report No. 2005-05-B.

第3章

制药典型单元操作及流程

能够进行制药生产实习的制药工厂的生产车间一般分为两类：一类是原料药（化学药、中药、生物药）生产车间，另一类为制剂生产车间。两类生产车间的生产结构都是由不同的制药典型单元操作及流程构成的。

3.1 化学合成原料药典型操作

3.1.1 回流操作

回流是制药工业生产中典型的单元操作。回流操作的典型应用体现在两种类型的生产工艺过程中。

（1）精馏塔的塔顶回流 精馏操作中，从精馏塔顶部引出的上升蒸汽经冷凝器冷凝后，一部分液体作为馏出液（塔顶产品）送出塔外，另一部分液体作为回流液送回塔内。塔顶的液相回流和塔釜（或再沸器）的上升蒸汽流是保证精馏过程连续稳定进行的必要条件。

按回流方式的不同，回流分为重力回流和强制回流。

重力回流，即冷凝器安装于塔顶，回流液借重力的作用回流到塔内。重力回流操作简单，不需要回流泵，节省动力。但是需要高位安装，且回流量随塔压的变化而变化，回流比不严格。生产不正常时，调整起来较慢。重力回流一般用于小型精馏装置，见图 3-1。冷凝器分为卧式和立式两种，卧式冷凝器传热系数大，运转费用少；立式冷凝器运转费用少，结构紧密，配管容易，但传热系数较小。在重力回流装置中需设置液封管，可防止冷凝器出口管线中的汽相倒流。

强制回流，即回流液借回流泵打入塔内进行回流。强制回流装置安装比较容易，适于大规模生产，且回流量稳定，容易调节，生产不正常时，调整起来较快。但是强制回流需要回流泵，动力消耗大，特别是对于低沸点物料容易造成泵不上量，影响操作。强制回流装置见图 3-2。

（2）反应器的回流 对于常温下反应很慢或反应难以进行的化学反应，为了加快反应速率，常需要加热使反应物在较长时间内保持沸腾。这种情况下，就需要冷凝装置，使蒸汽不断地在冷凝器内冷凝而返回反应器中，以防止反应器中物质和溶剂逸失。

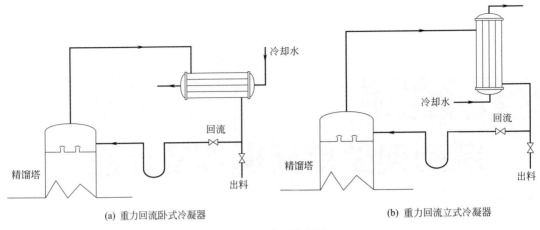

(a) 重力回流卧式冷凝器

(b) 重力回流立式冷凝器

图 3-1　重力回流装置

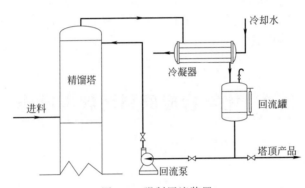

图 3-2　强制回流装置

反应器的回流装置按流动方式主要分为逆流和顺流两种，如图 3-3 所示。逆流立式冷凝装置配管简单，但反应蒸汽上冲时，会使其液膜增厚，降低传热系数；顺流式冷凝器，具有相同的汽液流向，分离容易，特别适合于大量尾气排放的反应系统。制药生产上常用顺流冷凝装置进行回流操作。

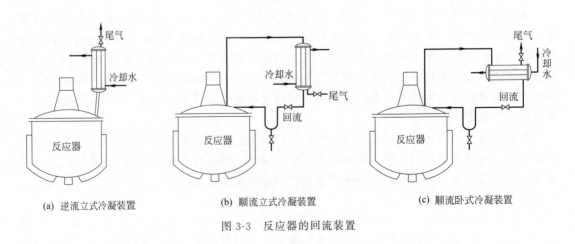

(a) 逆流立式冷凝装置

(b) 顺流立式冷凝装置

(c) 顺流卧式冷凝装置

图 3-3　反应器的回流装置

3.1.2 过滤操作

过滤是制药工业生产中一类非常重要的固液分离单元操作。过滤是在推动力或者其他外力作用下悬浮液（或含固体颗粒的发热气体）中的液体（或气体）透过滤介质，固体颗粒及其他物质被过滤介质截留，从而使固体及其他物质与液体（或气体）分离的操作。过滤可在常压、减压或加压条件下进行。

3.1.2.1 离心过滤

离心过滤是将料液送入有孔的转鼓并利用离心力进行过滤的过程，以离心力为推动力完成过滤作业，兼有离心和过滤的双重作用。离心过滤一般分为滤饼形成、滤饼压紧和滤饼压干三个阶段。

以间歇离心过滤为例，料液首先进入装有过滤介质的转鼓中，然后被加速到转鼓旋转速度，形成附着在鼓壁上的液环。粒子受离心力作用而沉积，过滤介质阻止粒子的通过，从而形成滤饼。当悬浮液的固体粒子沉积时，滤饼表面生成了澄清液，该澄清液透过滤饼层和过滤介质向外排出。在过滤后期，由于施加在滤饼上的部分载荷的作用，相互接触的固体粒子经接触面传递粒子应力，滤饼开始压缩。

间歇式离心机通常在减速的情况下由刮刀卸料，或停机抽出转鼓套筒或滤布进行卸料。连续式离心机则有活塞推料和振动卸料两种方法。常见的离心过滤机见图3-4。

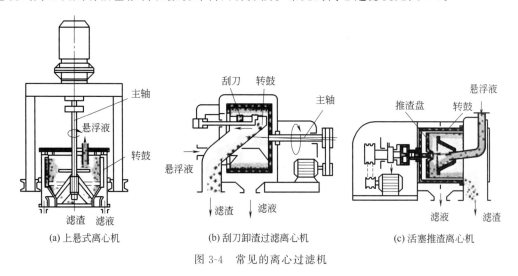

图 3-4　常见的离心过滤机

(a) 上悬式离心机　　(b) 刮刀卸渣过滤离心机　　(c) 活塞推渣离心机

3.1.2.2 板框压滤

板框压滤是工业生产中实现固液分离的一种常用方法。目前，广泛应用于医药化工行业。与其他固液分离设备相比，板框压滤机过滤后的滤饼有更高的含固率和优良的分离效果。

板框压滤机主要由固定板、滤框、滤板、压紧板、压紧装置、液压油缸和控制箱等组成，如图3-5所示。滤板和滤框交替叠合，在板和框之间压滤布；板和框在相同位置打孔，形成滤浆的入口和滤液的出口；一定数量的滤板在强机械力的作用下被紧密排成一列，滤板面和滤板面之间形成滤室。

板框压滤机的工作流程（图3-6）为：压紧滤板→进料→滤饼压榨→滤饼洗涤→滤饼吹扫→卸料。首先过滤的料液通过输料泵在一定的压力下，从后顶板的进料孔进入到各个滤

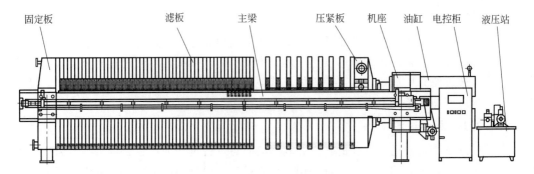

图 3-5　板框压滤机的构造

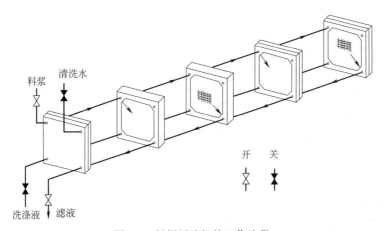

图 3-6　板框压滤机的工作流程

室，通过滤布，固体物被截留在滤室中，并逐步形成滤饼；液体则通过板框上的出水孔排出压滤机外。随着过滤过程的进行，滤饼过滤开始，滤饼厚度逐渐增加，过滤阻力加大。过滤时间越长，分离效率越高。过滤完毕，可通入清洁的洗涤水洗涤滤渣。洗涤后，还可以通入压缩空气除去剩余的洗涤液。随后打开压滤机卸下滤饼、清洗滤布、重新压紧板框，开始下一过滤循环。

3.1.3　蒸发操作

蒸发操作是指将含有不挥发溶质的溶液沸腾汽化并移走蒸汽（气）从而使溶液中溶质浓度提高的单元操作。蒸发操作的目的有：①获得浓缩的溶液，直接作为成品或半成品；②借蒸发以脱除溶剂，将溶液增浓至饱和状态，随后加以冷却，析出固体产物，即采用蒸发、结晶的联合操作以获得固体溶质；③脱除溶质，回收纯净的溶剂。

蒸发操作可在常压或减压状态下进行，在减压状态下进行的称为减压蒸发，也称减压浓缩。减压浓缩装置包括蒸发器（加热室、蒸发室）、除沫器（气液分离器）、冷凝器以及真空系统等组成部件。减压浓缩流程见图 3-7，料液经过预热后进入蒸发器，蒸发器的下部为加热室，加热料液使之沸腾汽化，经浓缩后的完成液从蒸发器底部排出。蒸发器的上部为蒸发室，汽化所产生的二次蒸汽（气）从蒸发器顶部出去，经除沫器或气液分离器，与其中夹带的液沫分离，然后去往冷凝器被冷凝而收集。冷凝器顶部连接真空系统，使整个蒸发浓缩在减压状态下进行。

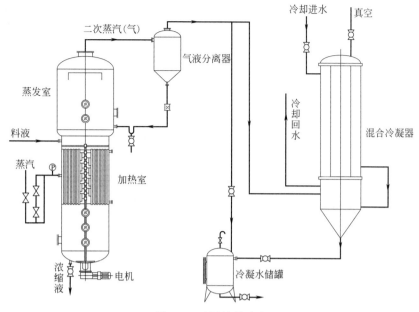

图 3-7　减压浓缩流程

减压浓缩的优点有：①蒸发器内形成一定真空度，溶液的沸点降低，蒸发速度快；②可防止热敏性物料变质或分解，适用于处理热敏性物料。减压浓缩的缺点是需要真空装置，动力消耗增大。

3.1.4　精馏操作

精馏是利用混合物中各组分挥发度不同而将各组分加以分离的一种分离过程，主要用于液体产品的纯化以及含水溶剂的回收等，常用的设备有板式精馏塔和填料精馏塔。

典型的精馏设备是连续精馏装置，包括精馏塔、再沸器、冷凝器等部件，其流程见图3-8。在整个精馏塔中，汽液两相通过逆流接触，进行相际间的传热传质。液相中的易挥发组分进入汽相，汽相中的难挥发组分转入液相，于是在塔顶可得到高纯度的易挥发组分，塔底可得到高纯度的难挥发组分。料液从塔的中部加入，进料口以上的塔段，把上升蒸汽中易挥发组分进一步增浓，称为精馏段；进料口以下的塔段，从下降液体中提取易挥发组分，称为提馏段。从塔顶引出的蒸汽经冷凝器得到部分冷凝，部分冷凝液作为回流液从塔顶返回精馏塔，其余馏出液即为塔顶产品。塔底引出的液体经再沸器部分汽化，蒸汽沿塔上升，余下的液体作为塔底产品。对不形成恒沸物的物系，只要设计和操作得当，塔顶产品将是高纯度的易挥发组分，塔底产品将是高纯度的难挥发组分。精馏段和提馏段操作的结合，使液体混合物中的两个组分能较完全地分离，生产出所需纯度的两种产品。当使 n 组分混合液较完全地分离而取得 n 个高纯度单组分产品时，须有 $n-1$ 个塔。

精馏之所以能使液体混合物得到较完全的分离，关键在于回流的应用。回流包括塔顶高浓度易挥发组分液体和塔底高浓度难挥发组分蒸气（汽）两者返回塔中。汽液回流形成了逆流接触的汽液两相，从而在塔的两端分别得到相对纯净的单组分产品。塔顶回流入塔的液体量与塔顶产品量之比，称为回流比，它是精馏操作的一个重要控制参数，它的变化影响精馏操作的分离效果和能耗。

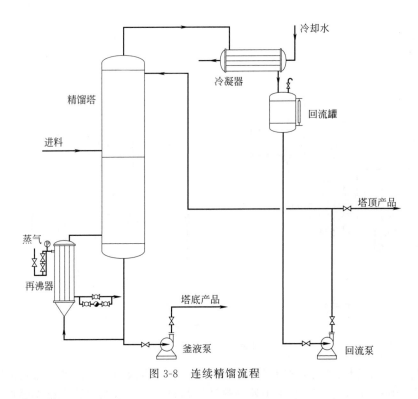

图 3-8　连续精馏流程

3.1.5　干燥操作

干燥在制药工业中是指脱除湿物料中的水分或其他溶剂的单元操作。一般是加热湿物料使之汽化从而脱除水分或其他溶剂，因此干燥通常是一个传热、传质过程。常见的干燥方法如下。

（1）空气干燥　利用加热后的热空气，将热空气带入干燥器并传给湿物料。又分为气流干燥（如厢式干燥器，带式干燥器）、沸腾干燥（如流化床干燥器）、喷雾干燥等。

（2）加热面传热干燥　利用与热表面相接触的方法传热给湿物料，如真空耙式干燥器。

（3）冷冻干燥　将物料冷冻至冰点以下，使水分结冰，然后在较高的真空度下，使冰直接升华为水蒸气而除去。

3.1.5.1　冷冻干燥

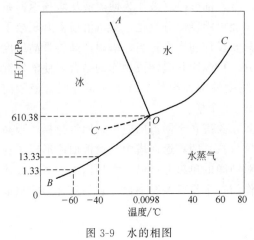

图 3-9　水的相图

如果被干燥的物料是热敏性的，那么蒸发的温度，即溶剂的沸点，可通过降低气压来降低，即真空干燥。如果气压降至三相点以下，则无液相存在，物料中的溶剂被冻结，在较高真空度下给予少量热量使冰直接升华为气态，即冷冻干燥。冷冻干燥是用于干燥热敏性物料和需要保持生物活性的物质的一种有效方法。

以水的相图（图 3-9）为例说明冷冻干燥的原理：图中 O 为三相点，气压在三相点以上时，水存在固、液和气三相；而气压和温度均在三相点以下时，水存在固相和气相，水可由固相直接汽化为水蒸气，水蒸气遇冷后可升华为冰，升高温度或降低气压均可打破气固平衡，并使体系朝着冰汽化为水蒸气的方向进行。冷冻干燥就是根据这个原理，在低温下将物料冷冻，使其所含水分结冰，然后在真空环境保持在较低温度状态下（一般低于－20℃），使冰不断汽化为水蒸气，并移除，使物料得以干燥。

冷冻干燥装置由冻干箱（也称干燥箱、物料箱）、冷凝器（也称冷阱）、真空泵组、制冷压缩机组（冷冻机）、加热装置（高压泵和油箱）、控制装置等组成，冷冻干燥流程如图3-10所示。

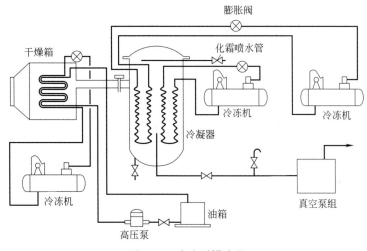

图 3-10　冷冻干燥流程

3.1.5.2　喷雾干燥

喷雾干燥是采用雾化器将料液分散为雾滴（增大水分蒸发面积，加速干燥过程），再与热空气（空气、氮气或过热水蒸气）接触，溶剂迅速蒸发，使料液中的固体物质得以干燥的一种干燥方法。

喷雾干燥的典型工艺流程图见图3-11。料液由泵输送至雾化器，雾化后的雾滴在干燥塔中与热空气接触，干燥后的产品从旋风分离器底部排出，一小部分飞粉由旋风除尘器或布

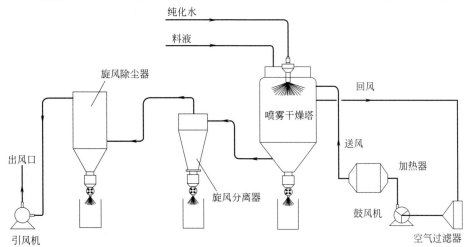

图 3-11　喷雾干燥流程

袋除尘器得以回收利用。现在除尘器通常还安排水膜除尘。

雾化器是喷雾干燥的关键部件，通常根据产品颗粒度的大小要求、雾化的均匀性以及喷嘴的形式设计和选用雾化器。雾化器目前主要有以下三种类型。

（1）压力式雾化器　压力式雾化器也称机械式喷嘴，主要由料液切线入口、旋转室以及喷嘴孔等组成，见图 3-12。利用高压泵将料液压力提高到 2～20MPa，并由切线入口送入旋转室，料液作旋转运动，旋转速度与旋转半径成反比，越靠近轴心，旋转速度越大，其静压力越小，在喷嘴中央形成一股压力等于大气压的空气旋流，液体则形成绕空气旋流旋转的液体薄膜，此时液体的静压能在喷嘴孔处转化成向前运动的旋转动能，从喷嘴孔高速喷出而分散为雾滴。

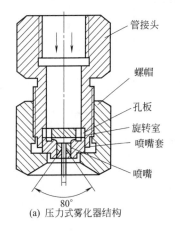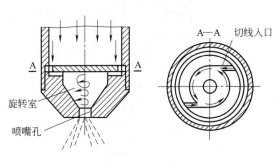

(a) 压力式雾化器结构　　　　　　　(b) 喷嘴内液体运动示意图

图 3-12　压力式雾化器

压力式雾化器适于逆流操作，价格便宜，产品颗粒粗大，大型干燥塔可同时用几个雾化器。其缺点有：喷嘴易磨损而导致雾化性能降低；要有高压泵，对腐蚀性料液需采用特殊材料；料液的物性及处理量改变时操作弹性很小等。

（2）离心式雾化器　离心式雾化器也称旋转式雾化器。利用在水平方向高速旋转（线速度 90～160m/s）的圆盘给予料液以离心力，使其以高速从盘边缘甩出，形成薄膜、细丝或液滴，由于空气的摩擦、阻碍、撕裂的作用，随圆盘旋转产生的切向加速度与离心力产生的径向加速度以一合速度在圆盘上运动，其轨迹为一螺旋形，液体沿着此螺旋线自圆盘上抛出后，就分散成很微小的液滴匀速沿着圆盘切径方向运动，同时液滴又受到地心引力而下落。由于喷洒出的微粒大小不同，因而它们飞行距离也就不同，因此在不同的距离落下的微粒形成一个以转轴中心对称的圆柱体。

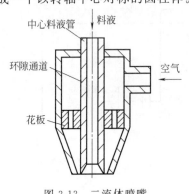

图 3-13　二流体喷嘴

（3）气流式雾化器　气流式雾化器也称气流式喷嘴。根据结构形式不同，其又分为：二流体喷嘴、三流体喷嘴以及旋转-气流雾化器等类型。气流式雾化器适于小型或实验室设备，能处理黏性较高的物料，但动力消耗较大。

二流体喷嘴在气流式喷嘴中的应用最为广泛，现以它为例说明其工作原理。二流体喷嘴由中心料液管、气体环隙通道和花板等组成，见图 3-13。由于从中心料液管流出的料液速度不大（约 2m/s），而从气体环隙通道喷出的气流速度很高（200～300m/s），两种流体之间存在着极大的速度差，产生较大的摩擦力，将料液分裂成细小的雾滴。雾滴的大小取决于气体的喷射速度、料液和气体的物理性质、雾化器的几何尺寸以及气液量之比。气液量之比越大，则雾滴越细越均匀。

3.1.5.3 真空干燥

真空干燥又称减压干燥，是将被干燥的物料放置在密闭的干燥室内，在用真空系统抽真空的同时，对被干燥物料适当不断加热，使物料内部的水分通过压力差或浓度差扩散到表面，水分子在物料表面获得足够的动能，在克服分子间的吸引力后，逃逸到真空室的低压空气中，从而被真空泵抽走除去。

目前，真空干燥设备随着现代机械制造技术以及电气技术的发展而不断更新，出现了真空耙式干燥机、双锥回转真空干燥机、板式真空干燥机、真空盘式连续干燥机、低温带式连续真空干燥机、连续式真空干燥机等多种形式的真空干燥设备。

(1) 真空耙式干燥机　真空耙式干燥流程见图 3-14，包括干燥器、抽真空系统、加热和捕集设备等组成部分。正常操作时，被干燥物料从进料口加入后，将进料口密封，在壳体夹套通入加热介质（热水或蒸汽），启动真空泵和干燥器，电动机通过减速传动，驱动干燥器主轴旋转，主轴以 4～10r/min 的速度正反转动。正转时，主轴上的耙齿组将物料拨向两侧；反转时，物料被移向中央。物料被加热的同时被耙齿不断翻动，使湿分不断蒸发。汽化的水蒸气经干式除尘器、湿式除尘器、冷凝器，从真空泵出口处放空。干式除尘器捕集汽化水蒸气带出的物料和冷凝水，湿式除尘器进一步冷凝汽化的水蒸气及捕集夹带的固体物，冷凝器进一步冷凝汽化的水蒸气并排走冷凝水，保证真空泵能够维持高的真空度。真空泵可以采用水环真空泵、往复式机械真空泵、水喷射泵或蒸汽喷射泵，采用喷射泵时不需要冷凝器。湿物料的干燥时间随物料性质、初始含湿量、终了含湿量、溶剂性质、真空度以及干燥温度等因素而异，通常需十几小时以上。

(2) 双锥回转真空干燥机　双锥回转真空干燥的工艺流程与真空耙式干燥的工艺流程类

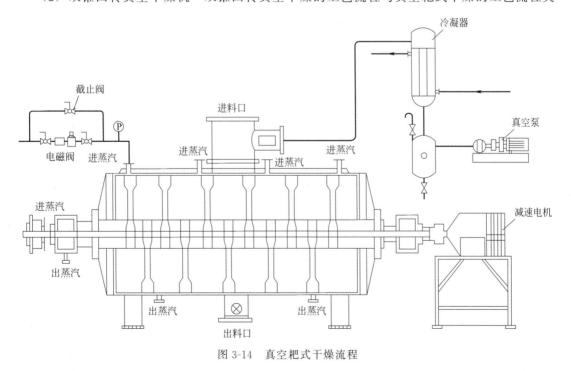

图 3-14　真空耙式干燥流程

似，见图 3-15。干燥器中间为圆筒形，两端为圆锥形，外有加热夹套，整个容器是密闭的，被干燥物料置于容器内，夹套内通入热水、低压蒸汽或导热油，热量经内壳传给被干燥物料。干燥器两侧分别连接空心转轴，一侧的空心转轴内通入蒸汽（或热水）并排出冷凝水，另一侧连接真空系统，抽真空管直插入容器内，使容器内保持设定的真空度，真空管端带有过滤网，以尽可能地减少粉尘被抽出。双锥形容器的一端为进、出料口，另一端为人孔或手孔。在动力驱动下，双锥形容器作缓慢旋转，容器内物料不断混合，物料处于真空条件下，蒸气压下降使物料表面的水分（溶剂）达到饱和状态而蒸发，并由真空泵及时排出回收。物料内部的水分（溶剂）向物料表面渗透、蒸发、排出，三个过程不断进行，物料在很短的时间内即达到干燥目的。这种干燥机适于处理膏状、糊状、片状、粉粒状和结晶状物料，为医药工业常用设备。

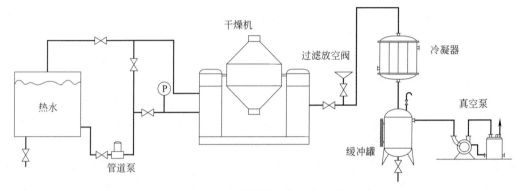

图 3-15　双锥回转真空干燥流程

3.2　中药前处理典型操作

3.2.1　粉碎操作

粉碎是借助机械力将大块固体物料碎成适当程度的碎块或者细粉的操作过程。根据药材、溶剂的特点和生产工艺要求，中药材在加工、提取之前，通常被粉碎成不同细度的粉末待用。因此，粉碎是中药前处理的基本操作之一。

粉碎的目的是加速中药材中有效成分的浸出，因为多数中药材是以动植物为原药材，有着紧密的细胞组织和较厚的细胞壁。粉碎可以打破大部分细胞的细胞壁，使有效成分暴露出来，从而提高药物的生物活性和生物利用度。另外，中药材经过粉碎后，极大地增加了其表面积，提高了药物中有效成分的溶解速度。因此，中药的粉碎方法和粉碎程度直接影响了药材中有效成分的溶出和产率。

（1）粉碎方法　根据物料粉碎时的状态、组成、环境条件，粉碎方法可分为：干法粉碎、湿法粉碎、低温粉碎、开路粉碎和闭路粉碎、超微粉碎等。

① 干法粉碎　指将药材先适当干燥，使药材中的水分降低到一定程度（含水量＜10％）再进行粉碎的方法。一般药材均采用干法粉碎。根据药材的质地，如粉性、黏性及软硬等性质的不同，干法粉碎又可分为单独粉碎和混合粉碎。

a.单独粉碎　指将一味药材单独进行粉碎。药材单独粉碎，便于在不同制剂中配伍应用。

b.混合粉碎　指将处方中的部分药材或全部药材掺和并粉碎的操作。处方中某些药材的性质和硬度相似，则可以采用混合粉碎，这样既可以避免一些黏性药材或热塑性药材单独粉碎的困难，又可以使粉碎和混合操作同时进行，还可以提高粉碎效果。但在混合粉碎中遇有特殊药材时，需作特殊处理。

② 湿法粉碎　指在药材中加入适量水或其他液体进行研磨粉碎的方法，又称加液研磨法。其原理是水和其他液体以小分子的形式渗入药材裂隙之间，减小了分子之间的引力，使粉碎时更细腻。选择液体的原则是药材遇湿不膨胀，不与药材进行反应，不妨碍药效。湿法粉碎通常对一种药材进行粉碎，故也属于单独粉碎。湿法粉碎可减少粉尘飞扬，也可减小药材的黏附性而提高研磨粉碎效果。刺激性和有毒药材的粉碎多用此法。

③ 低温粉碎　利用低温时药材脆性增加、韧性与延伸性降低的性质以提高粉碎效果的一种方法。低温粉碎适用于黏度较大的物质（熟地、当归等）和在常温下粉碎困难的药物（树脂、树胶等），较易获得更细的粉末，能较好地保留药物的有效成分（如挥发性成分）。

④ 开路粉碎和闭路粉碎　开路粉碎是指将药材连续地加入粉碎机，并不断从粉碎机中取出已粉碎的细物料的操作。其流程见图3-16（a），药材只一次通过粉碎机，适用于粗碎或粒度要求不高的粉碎。闭路粉碎是指将粉碎机和分级设备联合使用，经粉碎后的物料通过分级设备分出细粉，而将粗颗粒重新送回粉碎机反复粉碎的操作，其流程见图3-16（b）。本法动力消耗较低，成品粒径可以任意选择，粒度分布均匀。适用于粒度要求比较高的粉碎，但投资大，一般只适用于小规模的间歇操作。

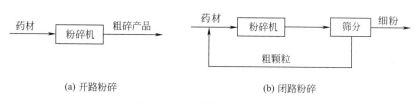

(a) 开路粉碎　　　　　　　　　(b) 闭路粉碎

图3-16　开路粉碎和闭路粉碎

⑤ 超微粉碎　是指利用机械或流体动力的途径将药材颗粒粉碎至粒径达到各种级别的微粉。这种方法可得到微米级甚至纳米级的粉体，粒径分布窄，极大地增加了物料表面积，加快溶解速度，达到提高吸收速度和疗效的目的。如今采用的粉碎机械有流能磨、球磨机、胶体磨等。超微粉碎按性质可分为物理方法和化学方法两大类：化学方法包括微结晶法、固体分散法、溶剂蒸发法等；物理方法主要为使用机械粉碎的方法。中药材的超微粉碎，普遍采用物理方法。

（2）主要的粉碎设备　目前粉碎设备种类很多，不同粉碎设备的作用力不同，基本的作用力有截切、挤压、研磨、撞击（包括锤击和捣碎）、劈裂和锉削等。

① 以截切作用力为主的粉碎设备　包括切药机、切片机和截切机等。切药机用于根、茎、叶、草等的切制，能将药用部位切成片、段、细条或碎块。切片机主要用于将中药材的根、茎、块根等药用部位切成片、段、细条或碎块。截切机主要用于草、叶或韧性根的截切。

② 以撞击作用力为主的粉碎设备　包括冲钵、锤击式粉碎机、柴田式粉碎机和万能粉碎机等。冲钵为最简单的间歇性操作粉碎工具，撞击频率低而不易发热，适用于含有挥发油或芳香性成分的药材。锤击式粉碎机是利用高速旋转的钢锤借撞击及锤击作用而粉碎的一种粉碎机。柴田式粉碎机目前在中药厂普遍应用，粉碎能力强、构造简单、易于操作。万能粉

碎机应用十分广泛，生产能力及能量消耗依其尺寸大小、粉碎程度和被粉碎药材的性质不同而有较大范围的伸缩性，一般生产能力 30～300kg/h。

③ 以研磨作用力为主的粉碎设备　包括研钵、铁研船和球磨机。研钵主要用于少量药材的粉碎，研钵材料分为瓷、玻璃、玛瑙、铁及铜制品，其中瓷和玻璃最为常用。铁研船是一种以研磨为主兼有切割作用的粉碎机械，适用于粉碎质地松脆、不吸湿且不与铁发生反应的药材。球磨机适用于粉碎结晶性药材、树胶、树脂及其他植物药材浸提物，密闭而无粉尘飞扬，但能量消耗大，且粉碎时间较长，广泛应用于干法粉碎，也可用于湿法粉碎。

④ 其他粉碎设备　包括气流粉碎机、低温粉碎机和振动磨等。气流粉碎机也称气流磨或流能磨，适用于低熔点或热敏性药材的物料的粉碎，在粉碎的同时就进行了分级，可得 $5\mu m$ 以下均匀的微粉。低温粉碎机适用于热敏性及在常温下呈韧性、难以粉碎的药材的粉碎，但粉碎成本极高。振动磨是一种超细机械粉碎机器，可用于干法和湿法研磨粉碎，成品粒径小，研磨效率高，但产生噪声大，需采取隔声和消声等措施。

3.2.2　煎煮操作

煎煮操作的方法是指以水作为浸出溶剂，将药材加水煎煮一定时间，以提取其药材中的有效成分或有效部位的方法，又称水煮法或水提法。煎煮法适用于有效成分溶于水，且对湿、热均较稳定的药材。

煎煮法属于间歇式操作，其流程为：取药材饮片或粗粉置于煎煮器中，加适量水浸没药材，浸泡适宜时间，加热煮沸，保持微沸状态一定时间，分离煎出液，剩余药渣再依法煎煮（一般为 2～3 次），至煎出液味淡为止。合并煎出液，除杂，浓缩，供进一步制成所需制剂使用。常用的水是经纯化或软化的饮用水，若煎出液径直供注射使用，应选用蒸馏水或去离子水。

多功能提取罐是目前用于中药煎煮法的典型设备，可调节压力、温度，具有密闭间歇式提取或蒸馏等功能。其特点是：①适用于水提、醇提、提油、回收药渣中溶剂等；②采用气压自动排渣，操作方便，安全可靠；③提取时间短，生产效率高；④设有集中控制台，控制各项操作，大大减轻劳动强度，利于流水线生产。

利用多功能提取罐进行提取的流程见图 3-17，具体操作如下。

（1）加热方式　进行水提时，在水和净药材投入提取罐后，开始向罐内通入蒸汽进行直接加热，当温度达到提取工艺的温度后，停止向罐内通蒸汽，而改向夹套通入蒸汽，进行间接加热，以维持罐内温度稳定在规定范围内。进行醇提时，则采取向夹套通蒸汽的间接加热方式。

（2）强制循环　在提取过程中，为提高效率，可以用泵对药液进行强制性循环，但对含淀粉多和黏性较大的药材不适用。强制循环即药液从罐体下部排液口放出，经管道过滤器滤过，再用泵打回罐体内。此法加速了固液两相间的相对运动，从而增强对流扩散，提高浸出效率。

（3）回流循环　在提取过程中，罐内必然产生大量蒸汽，这些蒸汽经泡沫捕集器进入冷凝器进行冷凝，再经冷却器进行冷却，最后液体回流到提取罐内。如此循环，直至提取结束。

（4）提取液放出　提取完毕，提取液从罐体下部排液口放出，经管道过滤器滤过，再用泵输送到浓缩工段进行浓缩。

（5）提取挥发油　在进行一般水提或醇提时，通向油水分离器的阀门必须关闭，但在提

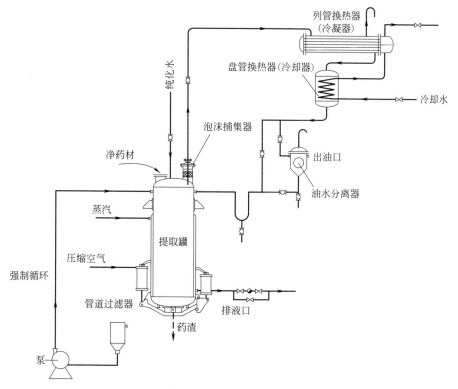

图 3-17　多功能提取罐的提取流程

取挥发油时必须打开。经冷却器冷却后的液体进入油水分离器，所需要的油从出油口放出，水从回流管道经气液分离器回流到罐体内，油水分离器内最后残留而回流不了的液体从其底部放水阀排出。如果药材既要提取有效成分又要提取挥发油，一般是先提取挥发油。

3.2.3　三效浓缩操作

蒸发方式有自然蒸发和沸腾蒸发，沸腾蒸发因其蒸发速度快，效率高而在生产中较为常见，而沸腾蒸发根据二次蒸汽的利用与否可分为单效浓缩和多效浓缩。

三效外循环浓缩器的工艺流程见图 3-18。一次蒸汽（加热蒸汽）进入一效加热室将料

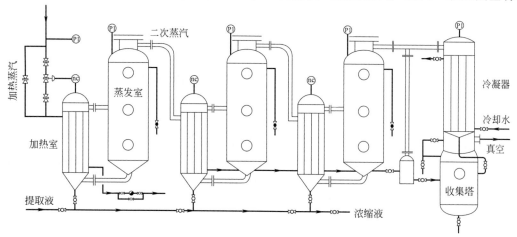

图 3-18　三效外循环浓缩器的工艺流程

液加热，料液受热上升，同时在真空的作用下，从喷管喷入一效蒸发室，蒸发室的料液从弯道回到加热室，料液受热又喷入蒸发室形成循环。料液喷入蒸发室时成雾状，料液里的水分迅速被蒸发，蒸发出来的二次蒸汽进入二效加热室给二效料液加热，同理形成第二、三个循环，三效蒸发室蒸发出来的第四次蒸汽进入冷凝器和冷却器，由溶剂收集塔收集。料液里的水分不断被蒸发掉，浓度将得到提高，为提高料液的浓度，由一效蒸发浓缩后，可打开蒸发室下面阀门，使料液从一效进入二效、三效继续进行浓缩，直浓缩到所需浓度，如浓缩的料液所要求浓度较高，可适当提高三效的温度，使料液流动性更好。

3.3 抗生素典型制备流程

抗生素是青霉素、链霉素、红霉素等一系列化学物质的总称，是制药工业中一类重要的原料药。目前抗生素的生产工艺主要是发酵法和半合成法。

3.3.1 发酵制备流程

发酵法生产抗生素是最为常用的方法，其主要工艺步骤包括菌种的制备、种子扩大培养、发酵、发酵液的预处理、代谢产物的分离纯化、干燥等。由于青霉素的生产历史最长，工艺最成熟，故以其生产工艺为例进行介绍。本例选用丝状菌进行青霉素的发酵，其发酵生产工艺流程见图 3-19。

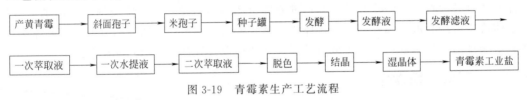

图 3-19 青霉素生产工艺流程

（1）制备母液斜面孢子 将保存在冰箱（2～6℃）中的沙土孢子在无菌室内超净工作台上接种于已灭菌的斜面培养基上，于 37℃培养 9～10 天，取出放入冰箱（2～6℃）保存备用。

（2）制备子瓶斜面孢子 将生长好且在冰箱存放 1 周以上的母瓶取出，制成菌悬液接种于子瓶斜面培养基上，在恒温室［（37±0.5)℃］培养 8～9 天，培养好的子斜面，测摇瓶效价合格后保存于冰箱（2～6℃）中备用。

（3）制备孢悬液 取子瓶斜面数只，在无菌室内超净工作台上制备成孢悬液，以压差法将孢悬液接入一级种子罐内。

（4）发酵 一级种子罐在（35±1)℃，罐压 0.04MPa 左右，通气培养 40～60h 后，移种于二级种子罐，在（34±0.5)℃继续通气培养约 40h，后期适当补料。培养完成后，移种至发酵大罐内，在 32～34℃下继续通气培养 130h 后放罐。发酵过程中，按糖氮代谢的实际情况补料，发酵 15～20h 第一次补料，40h 左右第二次补料，70h 左右第三次补料至足量。视代谢情况，后期适当补水。

青霉素主要工艺控制要点有：

① 青霉素的发酵生产，要特别注意严格操作防止污染杂菌。在接种前后，种子培养过程及发酵过程中，应随时进行无菌检查，以便及时发现染菌，并在染菌后进行必要处理。因

为其易被菌氧化而产生阻遏作用。加糖主要控制残糖量，加入量取决于糖的消耗量。

② 用葡萄糖作为碳源必须控制其加入的浓度、糖速度、pH 变化、菌丝量及培养液体积，加糖率一般不大于 0.13%/h。

③ 严格控制培养基内前体的浓度，除在基础培养基中加入后浓度达 0.07%以外，应根据发酵过程中合成青霉素的需要加入，其浓度不应超过 0.1%。否则，会阻碍青霉素的发酵生产。

④ 青霉素发酵的最适 pH 值为 6.5 左右。如果 pH 过高，可以通过补糖、加油、加硫酸或无机氮源等方法调节；如果 pH 过低，可以采取加碳酸钙、加碱或加尿素、氨水等方法调节，但应尽量避免 pH 值超过 7.0。

3.3.2 发酵后处理流程

青霉素发酵液可以通过各种过滤器过滤，滤液用乙酸正丁酯萃取 2～3 次，萃取液按照 200g/10 亿单位的量加入活性炭脱色，过滤除去活性炭，滤液采用蒸馏或直接结晶法结晶，晶体经过洗涤、烘干后得到青霉素结晶产品。

青霉素发酵液也可以通过树脂提取法进行分离。大孔吸附树脂为大孔吸附树脂为吸性和筛选性原理相结合的分离材料。大孔吸附树脂的吸附实质为一种物体高度分散或表面分子受作用力不均匀而产生的表面吸附现象，这种吸附性能是由于受到范德瓦耳斯力作用或生成氢键的结果。同时大孔吸附树脂的多孔结构使其对分子大小不同的物质具有筛选作用。

树脂提取法基本工艺流程：树脂型号的选择→前处理→树脂用量及装置（高径比）→青霉素发酵液的前处理→树脂工艺条件筛选（浓度、温度、pH 值、盐浓度、上柱速度、饱和点判定、洗脱剂的选择、洗脱速度、洗脱终点判定）→树脂的再生。

3.4 药物制剂典型制备流程

3.4.1 片剂制备流程

在药品的制剂生产中，片剂是最为常见的剂型。片剂制备方法可分为制粒压片法和直接压片法两大类，目前以制粒压片法应用最多。制粒压片法又可分为湿法制粒压片法和干法制粒压片法，直接压片法又可分为药物粉末直接压片法和药物结晶直接压片法。

（1）制粒压片法　制粒压片工艺通常需要具备两个重要前提条件，即用于压片的物料（颗粒或粉末）必须具有良好的流动性和良好的可压性。为了满足这两个前提条件，产生了不同的制备方法。

① 湿法制粒　湿法制粒是在原料粉末中加入液体黏合剂拌和，靠黏合剂的架桥或黏结作用使粉末聚集在一起制备颗粒的技术。凡是在湿热条件下稳定的药物可采用湿法制粒技术；对于热敏性、湿敏性、极易溶等特殊物料不宜采用。其一般制备工艺流程见图 3-20。

② 干法制粒　将原辅料混合均匀后用较大压力压制成较大的片状物后再破碎成粒径适

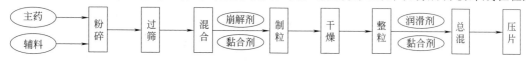

图 3-20　湿法制粒压片工艺流程

宜的颗粒的过程叫干法制粒。该法无需黏合剂，靠压缩力的作用使粒子间产生结合力，方法简单、省工省时。干法制粒常用于热敏性药物、遇水易分解的药物以及容易压缩成型的药物的制粒，干法制粒有滚压法和重压法两种。其一般制备工艺流程见图 3-21。

图 3-21　干法制粒压片工艺流程

（2）直接压片法　直接压片法一般制备工艺流程见图 3-22。

图 3-22　直接压片工艺流程

① 粉末直接压片　粉末直接压片法是指将药物粉末与适宜的辅料混匀后，不经过制粒而直接压片的方法。本法的优点是生产工序少，设备简单，辅料用量较少，产品崩解或溶出较快，在国外约有近一半的品种采用这种工艺。但由于细粉的流动性和可压性均比颗粒差，压片有一定困难，常采用改善压片物料的性能、改进压片机的办法来解决。

② 结晶药物直接压片　某些结晶性药物如阿司匹林、氯化钠、氯化钾、溴化钾、硫酸亚铁等无机盐及维生素 C 等有机药物，呈正方结晶，具有适宜的流动性和可压性，只需经适当粉碎等处理，筛出适宜大小的晶体或颗粒，再加入适量崩解剂和润滑剂混合均匀，不经制粒直接粉末压片即可。

3.4.2　胶囊剂制备流程

胶囊剂是指药物或药物加有辅料后填充于空心胶囊或密封于软质囊材中制成的固体制剂，主要供口服使用。空胶囊的主要材料为明胶，也可用甲基纤维素、海藻酸盐类、聚乙烯醇、变形明胶及其他高分子化合物，以改变胶囊的溶解性或达到肠溶的目的。根据胶囊剂的硬度与溶解和释放特性，胶囊剂可分为硬胶囊剂与软胶囊剂。

3.4.2.1　硬胶囊剂

硬胶囊剂的生产是将经过处理的固体、半固体或液体药物直接罐装于胶壳中，硬胶囊剂是目前除片剂之外应用最为广泛的一种固体剂型。装入胶壳的药物为粉末、颗粒、微丸、片剂及胶囊，甚至为液体或半固体糊状物。硬胶囊剂能够达到速释、缓释或控制释药等多种目的。由于胶囊具有掩味、遮光等作用，刺激性药物和不稳定性药物均可制成硬胶囊剂以获得良好的稳定性和疗效。硬胶囊剂生产工艺流程见图 3-23。

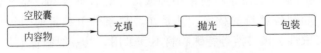

图 3-23　硬胶囊剂生产工艺流程

（1）空胶囊　空胶囊分上下两节，分别称为囊帽与囊体。空胶囊根据有无颜色，分为无色透明、有色透明与不透明三种类型；根据锁扣类型，分为普通型与锁口型两类；根据大小，分为 000、00、0、1、2、3、4、5 号八种规格，其中 000 号最大，5 号最小。

（2）内容物准备　内容物可根据药物性质和临床需要制备成不同形式的内容物，主要有粉末、颗粒、固体或液体四种形式。

（3）充填空胶囊　大量生产可用全自动胶囊填充机或半自动胶囊填充机充填药物。

① 粉末的填充

a.冲程法。根据药物的密度和容积及计量之间的关系，通过调节填充机的速度、变更推进螺旋杆的导程来增减填充时的压力，从而控制分装质量及差异。

b.填塞式定量法。依靠螺旋式加料杆的转动将药物粉末直接填入胶壳。

c.间歇插管式定量法。计量器插入粉料储料斗内后，活塞可将进入计量管内的药物粉末压缩成具有一定黏性的块状物，然后计量管离开粉面，旋转 180°，冲塞下降，将孔里的药粉压入胶囊中。

② 微粒的填充

a.逐粒填充法。填充物通过锥形定量斗单独地逐粒充入胶囊体。

b.双滑块定量法。根据容积定量原理，利用双滑块按计量室容积控制进入胶囊的药粉量，尤其适用于几种微粒填充同一胶囊体时。

c.滑块/活塞定量法。根据容积定量原理，微粒经一个料斗流入微粒盘中，定量室在盘的下方，它有多个平行计量管，此管被一个滑块与盘隔开。当滑块移动时，微粒经滑块的圆孔流入计量管，每一计量管内有一定量活塞，滑块移动将盘口关闭后，定量活塞向下移动，使定量管打开，微粒通过此孔流入胶囊。

③ 固体药物的填充　两种或更多种的不同形状药物及小片能填充至同一腔囊中。要求被填充的片芯、小丸、包衣等必须足够硬，防止送入定量腔或在通道里排列和排出时破碎。

④ 液体药物的填充　在标准填充机上装上精准的液体定量泵，对高黏度药物的填充，料斗和泵可加热，防止药物凝固，同时料斗里应装有搅拌系统，以保持药物的流动性。

小批量试制可用胶囊充填板或手工充填药物，充填好的胶囊用洁净的纱布包起，轻轻搓滚，使胶囊光亮。

（4）抛光　填充好的药物使用胶囊抛光机清除吸附在胶囊外壁上的细粉，使胶囊光洁。

3.4.2.2 软胶囊剂

软胶囊剂是将一定量的液体药物直接包封于球形或椭圆形的软质囊材中制成的胶囊剂。软胶囊的制法可分为压制法及滴制法。软胶囊剂又称为胶丸剂，是将油类、混悬液、对明胶等囊材无溶解作用的液体药物、糊状物、粉粒密封于球形、椭圆形或其他各种特殊形状的软质囊材中制备而成的制剂。软胶囊外形多种多样，常见的有卵形、椭圆形、筒形、圆形等。近几年，也有将固体、半固体药物制成软胶囊剂供内服使用的情况。

（1）软胶囊的囊材　制备软胶囊的关键是囊壳的质量，直接关系到胶囊的成型与美观。其囊材的主要组成是胶料、增塑剂、附加剂和水四类物质。最常用的胶料是明胶、阿拉伯胶。明胶的质量要符合药典规定，还要符合胶冻力、黏度及含铁量的标准。对吸湿性强的药物，宜采用胶冻力高、强度低的明胶。

软胶囊剂的主要特点是可塑性强、弹性大，与增塑剂、胶料（常用明胶）、水三者比例有关。明胶和增塑剂的比例十分重要。例如干明胶与干增塑剂的质量比为 1.0∶0.3 时，制成的胶囊比较硬，如果比例是 1.0∶1.8，所制得的胶囊则较软。通常干明胶与干塑剂的比例是 1.0∶（0.4～0.6）时较为适宜；水与干明胶的比例以（1.0～1.6）∶1.0 较适宜。在软胶囊的干燥过程中，由于水分损失，使得壳中的明胶与增塑剂的比例相应增大，但明胶与主要增塑剂的比例保持不变。在选择胶囊的硬度时，必须考虑到所填充药物的性质以及软胶囊材与药物之间的相互影响。在选择增塑剂时，亦应考虑药物的性质。增塑剂常用甘油、山梨醇，单独或混合使用均可。

如果药物含有可与之混溶的液体，例如聚山梨酯80、甘油、丙二醇、聚乙二醇或药物本身有一定的吸水性时，须注意其吸水性。因为此时软胶囊壁本身含有的水分可能会转移到胶囊内的液体中。若填充后的软胶囊壁太干，药物含有的水分也可以转移到胶囊壁中去。如果药物是亲水性的，可在药物中保留5％的水。一般用油作为药物的溶剂或混悬液的介质，然后再填充于软胶囊中。如果药液中含有5％以上的水或低分子水溶液和挥发性的有机药物，例如酸、酮、醇、胺、酯等时，均不能制成软胶囊，主要是因为这些液体易穿过明胶囊壁使得软胶囊壁软化或溶解。此外，在填充药物时，不能使用pH值小于2.5或大于7.5的液体，主要是因为软胶囊壁能被酸性溶液水解发生泄漏；若遇碱性液体，会使明胶变性而使得囊壁的溶解性受到影响。可根据药物的性质选择不同的缓冲剂，例如磷酸氢二钾（或钠）、磷酸二氢钠、甘氨酸、枸橼酸、酒石酸、乳酸及其盐类，或是以上几种缓冲剂的混合物。

在制备软胶囊时，加入遮光剂是降低软胶囊囊壳透光性从而增加见光不稳定药物稳定性的常用方法之一。常用来添加的遮光剂有二氧化钛、炭黑、氧化铁等。在选择遮光剂时，还要注意其和药物间的相互作用。

最常用的软胶囊的囊材料中的主要原料是明胶，是由大型哺乳动物的皮、骨、腱加工出的胶原，经水解后浸出的一种复杂的蛋白质，其分子量为17500～450000。其在空气中易氧化使明胶老化，从而导致其在储存期内崩解时间快速延长。老化的胶囊壳内壁有一层膜，醛类或含醛液体可促进该膜的形成。明胶分子中的氨基可与醛基形成氨醛缩合物，使得胶囊壳溶解困难。所以，囊壳的配方中常加入少量的抗氧剂。在软胶囊剂中加入明胶量50％的PEG400（聚乙二醇400），作辅助崩解剂，可以有效缩短崩解时间；为了减缓软胶囊的老化速度，可以添加6％的柠檬酸；此外，在胶囊壳中加入山梨糖酐或山梨糖醇，可使软胶囊的硬化速度延缓；加入环湖精也可改善软胶囊的崩解。

（2）软胶囊大小的选择 软胶囊的形状有球形、椭圆形等多种。在保证填充药物达到治疗量的前提下，软胶囊的容积要尽可能小。混悬液制备软胶囊时，所需软胶囊的大小，可用"基质吸附率"来计算，即1g固体药物制成填充胶囊用的悬浊液时所需液体基数的质量（g）。影响固体药物基质吸附率的因素有：固体颗粒的大小、形状、物理状态、密度、含湿量、亲油性或亲水性等。

（3）软胶囊内填充物的要求 软胶囊内填充药物最好是药物溶液，主要是因为药物溶液具有较好的物理稳定性和较高的生物利用度。填充固体药物时，药物粉末应当能通过5号筛，并混合均匀。不能充分溶解的固体药物可以将其制成混悬液，但混悬液必须具有与液体相同的流动性。混悬液常用的分散介质是植物油、植物油加非离子表面活性剂或PEG400等。若用植物油作为分散介质，油量的多少要通过实验比较加以确定。若油量使用过多，则其触变值低，流动性好，但容易渗漏；如果油量少，则其稳定性差，压丸困难。一般来说，提取物与分散介质比介于（1:1）～（1:2）之间较好。此外，混悬剂中还须使用助悬剂或润湿剂。润湿剂一般为表面活性剂，例如司盘类、吐温类。助悬剂可选用增加分散黏度的固体物质，例如蜂蜡、单硬脂酸铝、乙基纤维素等。对于油状基质，通常使用的助悬剂是10％～30％油钠混合物，其组成为：氢化大豆油1份，黄蜡1份，熔点为33～38℃的短链植物油4份；对于非油状基质，则常用1％～15％的PEG 4000或PEG 6000。有时可加入抗氧剂、表面活性剂来提高软胶囊剂的稳定性与生物利用度，合理的润滑剂与助悬剂要依靠稳定性试验加以确定。

（4）软胶囊剂的制法　在生产软胶囊剂时，填充药物与成型是同时进行的。制备方法分为压制法和滴制法。

① 压制法

a.配置囊材胶液。取明胶加蒸馏水浸泡使其膨胀，胶溶后将其他物料加入，搅拌混匀即可。

b.制软胶片。取配好的囊材胶液涂于平坦的钢板表面上，使薄厚均匀，然后以90℃左右的温度加热，使表面水分蒸发至韧性适宜的具有一定弹性的软胶片。

c.压制软胶片。用压丸模压制，压丸模由两块大小、形状相同的可以复合的钢板组成。两块板上均有一定数目大小相同的圆形穿孔，此穿孔部分有的可以卸下，其穿孔大小根据所需软胶囊的容积而定。制备时，首先将压丸模钢板的两面适当加温，然后取软胶片1张，表面均匀涂上润滑油，将涂油面朝向下板铺平，取计算量的药液（或药粉）放于软胶片摊匀。另取软胶片一张铺在药液上面，在胶片上涂一层润滑油，然后将上板对准盖于上面的软胶片上，置于油压机或水压机中加压。在施加的压力下，每一囊模的锐利边缘互相接触，将胶片切断，药液（或药粉）被包裹密封在囊模内，接缝处略有突出，启板后将胶囊及时剥离，装入洁净容器中加盖封好即可。此外，在工业生产时，常采用旋转模压法，详见本书软胶囊的设备部分。

② 滴制法　滴制法适用于液体药剂制备软胶囊剂，是指通过滴制机制备软胶囊剂的方法。利用明胶与油状药物为两相，使两相按不同速度从滴制机喷头喷出，一定量的明胶液将定量的油状液包裹后，滴入另一种不相混溶的液体冷却液中，明胶液接触冷却液后，由于表面张力的作用使之形成球形，并逐渐凝固成软胶囊剂。在滴制过程中，影响滴制成败的主要因素有以下几种。

a.明胶液的处方组成及比例。

b.明胶液的黏度。明胶液的黏度以30～50mPa·s为宜。

c.明胶液、药液、冷却液三者的密度。三者密度要适宜，保证胶囊剂在冷却液中有一定的沉降速度，又有足够时间使之冷却成球形。

d.明胶液、药液、冷却液的温度，明胶液与药液温度应保持在60℃，喷头处温度应为75～80℃，冷却液温度应为13～17℃。

e.软胶囊剂的干燥温度。常用干燥温度20～30℃，并配合鼓风条件。

滴制法生产设备简单，在生产甘油明胶液的用量上较压制法少。

3.4.3　口服溶液剂制备流程

口服溶液剂是指药材用水或其他溶剂，采用适当的方法提取、纯化、浓缩，再加入适宜的添加剂制成的单剂量包装的口服液体剂型。口服溶液剂（以下简称"口服液"）的制备流程如图3-24所示。

配制口服液所用的原辅料应严格按质量标准检测，检测合格后按处方要求计算称量原料

图3-24　口服液的制备流程

用量及辅料用量，选加适当的添加剂，采用处理好的配液用具，严格按程序配液。药液在提取、配液过程中，提取液中所含的树脂、色素、凝质及胶体等均需滤除，以使药液澄明，再通过精滤以除去微粒及细菌。此外，应完成包装物的洗涤、干燥、灭菌，然后按注射剂制备工艺将口服液罐封于包装瓶中。对罐封好的瓶装口服液进行灭菌，以求杀灭在包装上和药液中的所有微生物，保证药品稳定性。封装好的瓶装制品需经真空捡漏、异物灯检，合格后贴上标签，打印上批号和有效日期，最后装盒和包装装箱。

3.4.4 冻干粉针制备流程

无菌粉针剂又称为注射用无菌粉末，是一类在临用前加入注射用水或其他溶剂溶解的粉状灭菌注射制剂。凡是在水溶液中不稳定的药物都可制成粉针剂，因而是生物药物的一种常见剂型，如某些抗生素、酶制剂及血浆等生物制品都需要做成粉针剂储存，在临床应用时均以液体状态直接注射入人体组织、血管或器官内，所以吸收快、作用迅速。因此，对其质量要求很高，一般包括：装量、无菌、无热原、化学稳定性、澄明度、渗透压、pH 值等指标。粉针剂工艺流程图及环境区域划分见图 3-25。

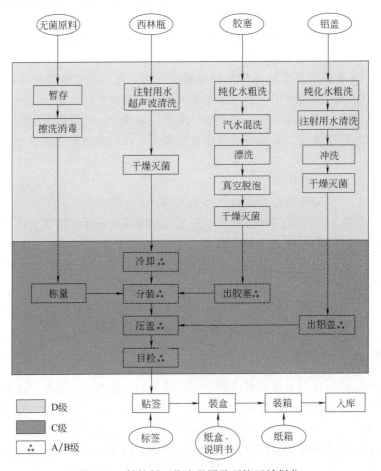

图 3-25　粉针剂工艺流程图及环境区域划分

注射用粉针剂分为注射用冻干粉针剂和注射用无菌分装粉针剂。注射用冻干粉针剂是将药物配制成无菌水溶液分装后，经冷冻干燥制成固体粉末直接密封包装的产品。注射用无菌分装粉针产品是采用灭菌溶剂结晶法、喷雾干燥法制得的固体药物粉末，再经无菌分装后的产品。以下以注射用冻干粉针剂为例进行介绍。

（1）原料的准备工作　在无菌分装操作前一天，无菌原料经物料员凭批生产指令从仓库领取后，在缓冲间擦拭干净，由物料员和质量管理（QA）检查员依据领料核料单审核原料名称、规格、批号、质量、是否有检验合格证等，审核合格后，由车间生产人员用消毒液揩擦桶外壁后，放到物料传递间，原料经净化后传入 B 级区，第二天方可经传递窗紫外灯照射 30min后传入 A 级区。原料传入 A 级区后需对原料铝桶外壁用消毒液擦拭，做好状态标识后待用。

（2）胶塞的洗涤硅化灭菌与干燥

① 粗洗　首先，经过滤的注射用水进行喷淋，粗洗 3～5min，喷淋水直接由箱体底部排水阀排出。然后进行混合漂洗 15～20min 即可，混洗后的水经排污阀排出。

② 漂洗 1　粗洗后的胶塞经注射用水进行 10～15min 漂洗。

③ 中间控制　漂洗 1 结束后从取样口取洗涤水检查可见异物应合格，如果不合格，则继续用注射用水进行洗涤至合格。

④ 硅化　加硅油量为：0～20mL/（箱次）。硅化温度≥80℃。

⑤ 漂洗 2　硅化后，排完腔体内的水后，再用注射用水漂洗 10～15min。

⑥ 中间控制　漂洗 2 结束后从取样口取洗涤水检查可见异物，如果不合格，则继续用注射用水进行洗涤至合格。

⑦ 灭菌　蒸汽湿热灭菌，温度大于 121℃，时间大于 15min。

⑧ 真空干燥　启动真空泵使真空压力在不大于 0.09MPa 下抽真空，抽真空后，打开进气阀，这样反复操作直至腔室内温度达 55℃方可停机。

⑨ 出料　将洁净胶塞盛于洁净不锈钢桶内并贴上标签，标明品名、清洗编号、数量、卸料时间、有效期，并签名，灭菌后胶塞应在 24h 内使用。

⑩ 打印　自动打印记录并核对正确后，附于本批生产记录中。

（3）西林瓶的清洗和灭菌

① 理瓶　将人工理好的西林瓶慢慢放入分瓶区。

② 粗洗　瓶子首先经超声波清洗，温度范围 50～60℃。

③ 精洗　用压缩空气将瓶内外壁上的水吹干，用循环水进行西林瓶内外壁的清洗，再用压缩空气将西林瓶内外壁上的水吹干，然后用注射用水进行两次瓶内壁冲洗，再用洁净压缩空气把西林瓶内外壁上的水吹净。

④ 检查　操作过程中，一定要控制以下项目。

a.检查各喷水、气的喷针管有无阻塞情况，如有及时用 1mm 钢针通透。

b.检查西林瓶内外所有冲洗部件是否正常。

c.检查纯化水和注射用水的过滤器是否符合要求。

d.检查注射用水冲瓶时的温度和压力。

e.检查压缩空气的压力和过滤器。

⑤ 洗瓶中间控制　在洗瓶开始时，取 10 个洗净后的西林瓶，目检洁净度符合要求，要求每班检查两次，并将检查结果记录于批生产记录中。

⑥ 灭菌洗净的西林瓶　在层流保护下送至隧道灭菌烘箱进行干燥灭菌，灭菌温度≥350℃，灭菌时间 5min 以上，灭菌完毕后出瓶，要求出瓶温度≤45℃。

⑦ 查看　灭菌过程中不断查看预热段、灭菌段、冷却段的温度是否正常。各段过滤器的性能，风速和风压有无变化。

（4）铝盖的准备

① 检查工作区已清洁，不存在任何与现场操作无关的包装材料和残留物，同时审查该批生产记录及物料标签。

② 根据该批生产指令领取铝盖，并检查其是否有检验合格证，包装完整，在 D 级环境下，检查铝盖，将已变形、破损、边缘不齐等的铝盖拣出存放在指定地点。

③ 将铝盖放于臭氧灭菌柜中，开启臭氧灭菌柜 70min。灭菌结束后将铝盖放入带盖容器中，贴上标签，标明品名、灭菌日期、有效期，待用。

（5）工器具的灭菌消毒处理　分装机零部件的处理如下。

① 分装机的可拆卸且可干热灭菌的零部件用注射用水清洗干净后，放入对开门 A 级层流灭菌烘箱干热灭菌，温度 180℃ 以上保持 2h，取出备用。

② 分装机可拆卸不可热压灭菌的零部件用注射用水冲洗干净后，用 75% 乙醇擦洗浸泡消毒处理。设备不可拆卸的表面部分每天用 75% 消毒液进行擦拭消毒处理。

③ 其他不可干热灭菌的工器具在脉动真空灭菌柜中 121℃ 灭菌 30min 后转入无菌室，进无菌室的维修工具零件是不能干热灭菌的，必须经消毒液消毒或紫外线照射 30min 以上方可进入无菌室。

（6）无菌分装

① 按下主电机驱动按钮，观察各运动部位转动情况是否正常，充填轮与装粉箱之间有无漏粉，并及时给予调整。

② 调试装量，调整好装量后，每台机器抽取每个分装头各 5 瓶，检查装量情况，调试合格后方可正式生产。

③ 西林瓶灭菌后由隧道烘箱出瓶至转盘，目视检查将污瓶破瓶捡出，倒瓶用镊子扶正。

④ 西林瓶在 A 级层流的保护下直接用于药粉的分装，分装后压塞，操作人员发现落塞时要用镊子人工补齐。

⑤ 装量差异检查，每隔 30min 取 5 瓶进行检查，装量应在合格范围。如发现有飘移，在线微调，如检查超过标准装量范围，通知现场 QA 检查员，对前一阶段产品进行调查。如发现不合格的产品，应将前 10min 的瓶子全部退回并按规定处理。

⑥ 在分装过程发现分装后的产品有落塞和装量不合格等现象，及时挑出，作为不合格品处理。

⑦ 分装期间，操作人员要求每 30min 用 75% 酒精手消毒一次。

（7）预冻结　制品在干燥前必须进行预冻结处理。在罐装结束并装入冻干箱后，将药液完全冻结，使之逐步达到最终冻结温度。此过程中，溶质逐渐结晶析出，冰的晶体逐渐长大。由于冻结体内冰晶体大，溶质晶核与冰之间的间隙较大，有利于升华水分的排出，缩短干燥时间。注意，新产品在预冻结前，应先测出其低共熔点。预冻的时间一般为 2～3h，某些品种可适当延长预冻时间。

（8）升华干燥　又称第一阶段干燥。药液完全冻结后，用抽真空的方法降低干燥室中的压力，当干燥室中的压力低于该温度下水蒸气的饱和蒸气压时，冰发生升华，水分不断被抽走，产品不断被干燥。此为低温升华阶段。此时约除去全部水分的 90%。

（9）解析干燥　又称第二阶段干燥。第一次干燥过程中，绝大部分水分随着冰晶体的升华逐步排出，但产品内还存在 10% 左右的水分吸附在干燥物质的毛细管壁和极性基团上。如果将第一次干燥的制品置于室温下，制品中残留的水分足以将制品分解。为了达到良好的干燥状态，应进行二次干燥，其目的是进一步去除制品中残留的水分。此时可以把制品温度加热到其允许的最高温度以下（产品的允许温度视产品的品种而定，一般在 25～40℃。病毒性产品为 25℃，细菌性产品为 30℃，血液、抗生素等可达到 40℃），维持一定的时间（根据制品的特点决定），使残余水分量降到预定值，整个冻干过程结束。

习 题

1.试述精馏塔的塔顶回流的作用。

2.试述冷冻干燥和喷雾干燥的原理。

3.试述采用多功能提取罐提取中药的原理。

4.三效浓缩器的一效加热室和二效、三效加热室的加热蒸汽来源一样吗？分别来源于哪里？这样设计有什么优点？

5.三效浓缩器的溶剂收集塔能在工作状态下直接排放溶剂吗？应该如何操作才能在不影响三效浓缩器正常工作的情况下排放溶剂？

6.试述发酵法生产青霉素的一般流程。

7.试述片剂的制备流程。

8.试述胶囊剂的制备流程。

9.试述口服液的制备流程。

10.试述冻干粉针剂的制备流程。

参考文献

[1] 朱宏吉，张明贤.制药设备与工程设计.第 2 版.北京：化学工业出版社，2011.

[2] 钱应璞.冷冻干燥制药工程与技术.北京：化学工业出版社，2007.

[3] 蔡宝昌，罗兴洪.中药制剂前处理新技术与新设备.北京：中国医药科技出版社，2005.

[4] 邓修.中药制药工程与技术.上海：华东理工大学出版社，2008.

[5] 任晓文.药物制剂工艺及设备选型.北京：化学工业出版社，2010.

[6] 刘精婵.中药制药设备.北京：人民卫生出版社，2009.

[7] 唐燕辉.药物制剂工程与技术.北京：清华大学出版社，2009.

[8] 孙爱国.干法制粒工艺及设备若干问题的探讨.机电信息，2011.

[9] 江丰.常用制剂技术与设备.北京：人民卫生出版社，2008.

[10] 刘红霞，梁军，马文辉.药物制剂工程及车间工艺设计.北京：化学工业出版社，2006.

[11] 潘卫三.工业药剂学.北京：高等教育出版社，2006.

[12] 田耀华，王新华.口服液制剂生产线主要设备选型与工艺合理配备探讨.中国医药技术与市场，2004，4 (3)：25-28.

[13] 游燕.中药软膏剂制备及质量控制研究进展.亚太传统医药，2010，6 (8)：150-151.

[14] 张洪斌.药物制剂工程技术与设备.北京：化学工业出版社，2010.

[15] 张绪桥.药物制剂设备与车间工艺设计.北京：中国医药科技出版社，2000.

[16] 张兆旺.中药药剂学.北京：中国中医药出版社，2007.

[17] 赵宗艾.药物制剂机械.北京：化学工业出版社，2004.

[18] 崔福德.药剂学.第 6 版.北京：人民卫生出版社，2007.

[19] 胡辉，李冬，彭燕.提高中药口服液澄明度的新工艺进展研究.新疆中医药，2008，26 (4)：87-89.

第4章

制药常用设备及其原理

用于制药生产工艺过程的设备统称为制药设备。药品的生产过程，无论是原料药的生产，还是制剂的制备，都是在设备中进行的。设备的优劣对药品的生产能力、操作可靠性、产品成本和质量等都有重大的影响，优良的设备是保证药品质量的关键。

根据《制药设备 术语》（GB/T 15692—2008），制药设备分为八大类，分别是原料药机械及设备、制剂机械、药用粉碎机械、饮片机械、制药用水设备、药品包装机械、药物检测设备及制药辅助设备，本章对制药生产中，特别是原料药生产过程中常用的制药设备进行介绍。

4.1 反应设备

4.1.1 反应设备的要求及类型

用于完成化学或生物反应的设备统称为反应设备。许多原料药的生产，都需要经过一步或多步化学或生物反应。例如，抗炎药布洛芬在以异丁基苯为原料合成时需要经过三步反应；抗生素青霉素需要利用特定的微生物（如产黄青霉），在一定的条件下经过生物合成获得。这些化学反应或生物反应需要在特定的场所即反应设备中来完成。本节主要介绍用于化学反应的反应设备，用于生物反应的反应设备即发酵设备将在抗生素典型设备一节中介绍。

4.1.1.1 反应设备的要求

反应设备的主要作用是为化学反应按预设方向进行提供能维持一定条件的反应场所，以得到合格的反应产物。反应设备的优劣主要反映在设计、性能和安全上，一般符合以下方面的要求：

（1）满足化学动力学和传递过程的要求，做到反应速率快、目标产品多、副产物少。

（2）良好的传热性能，能较好地传出或传入热量使反应在规定的温度下进行。

（3）有足够的机械强度和抗腐蚀能力，满足反应过程对压力及特殊腐蚀性介质的要求，经久耐用，生产安全可靠。

（4）结构简单，易制造，安装检修方便，操作调节灵活，生产周期长。

4.1.1.2 反应设备的类型

在制药生产中，化学反应的种类很多，所用物料的状态、性质及操作条件差异也很大，使用的反应器的种类也不尽相同。

（1）按物料相态分类　根据反应器内反应混合物的相态把反应器分为均相反应器和非均相反应器两大类。均相反应器是反应物料均匀地混合或溶解成为单一的气（汽）相或液相，又分为气相反应器和液相反应器。而非均相反应器则分为气-液相反应器、气-固相反应器、液-液相反应器、液-固相反应器和气-液-固相三相反应器等。

（2）按反应器的结构分类　根据反应器结构形式不同分为釜式、塔式、固定床和流化床等反应器。

（3）按操作方法分类　可分为间歇式、半连续式和连续式三种。

（4）根据传热方式和温度条件分类　根据传热方式可分为绝热式、外热式和自然式反应器三种；根据温度条件可分为等温和非等温反应器两种。

4.1.2　机械搅拌釜式反应器

机械搅拌釜式反应器是制药生产和科研中最常见和应用最广泛的一种反应器。主要应用于液-液均相反应过程，在气-液、固-液、液-液等非均相反应过程中也有应用。该反应设备在制药生产中，既可以进行间歇生产，又可以进行连续生产。由于制药工业的产量和规模一般较小，故在间歇生产过程应用最多。

在间歇反应过程中因物料是一次加入反应器中，反应完毕后一起放出的，因此全部物料参加反应的时间是相同的，搅拌良好的情况下釜内各点的温度、浓度均匀一致，可以生产不同规格和品种的产品，生产时间可长可短，物料的浓度、温度、压力可控范围广，反应结束后卸料容易，便于清洗。故机械搅拌釜式反应器具有适宜的温度和压力范围、适应性强、操作弹性大、连续操作时温度容易控制、产品质量均一等特点。

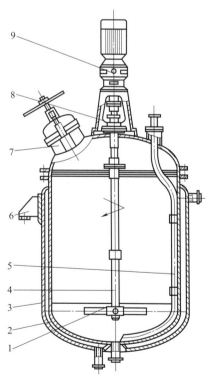

图 4-1　机械搅拌釜式反应器基本结构
1—搅拌器；2—罐体；3—夹套；4—搅拌轴；
5—压出管；6—支座；7—人孔；
8—轴封；9—传动装置

4.1.2.1 机械搅拌釜式反应器基本结构

（1）釜体　釜体的主要作用是提供足够的容积以保证产物的产量符合要求。一般包括罐顶、罐（筒）体和罐底。容器的封头大多选用标准椭圆形封头，顶盖上装有传动装置以及人孔（或手孔）、视镜等附属设施。筒体一般为钢制圆筒，安装有多种接管，如物料进出口管、监测装置接管等。为满足传热的要求，需要在筒体的外侧焊接夹套或在筒体内部安装蛇管结构。釜体通过支座（又称吊耳）安装在楼面或平台上，基本结构见图4-1。

（2）搅拌装置　搅拌装置有机械搅拌、通气搅拌和罐外循环式搅拌三种形式。工业中最常用的搅拌形

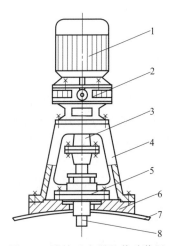

图 4-2 搅拌反应器的传动装置
1—电动机；2—减速机；3—联轴器；
4—机座；5—轴封装置；6—底座；
7—封头；8—搅拌轴

式是机械搅拌，由传动装置、搅拌轴和搅拌器组成，此外还有挡板、导流筒等附件。

① 传动装置及搅拌轴　传动装置主要包括电动机、减速机、联轴器及机座等，主要结构见图 4-2。

因反应过程的搅拌速度通常低于电动机的转速，故在很多情况下，电动机与减速机是配套供应的，电动机的选用需要考虑功率、转速、安装形式及防爆等；减速机常用的形式有摆线针齿行星减速机、两级齿轮减速机、V 带减速机和谐波减速机等，需要根据功率和转速范围选取。

底座固定在罐体的上封头上，机座固定在底座上，减速机固定在机座上。联轴器的作用是连接搅拌轴和减速机，动力由电动机提供，通过减速器、联轴器传递给搅拌轴。

② 搅拌器　搅拌器又称搅拌桨或搅拌叶轮，是搅拌装置的关键部件。其功能是提供过程所需要的能量和适宜的流动状态。搅拌机顶插式中心安装的立式圆筒在工业上应用最多，其搅拌将产生三种基本流型，即径向流、轴向流和切向流，见图 4-3。上述三种流型通常可能同时存在，其中轴向流与径向流对混合起主要作用，而切向流混合效果很差，应加以抑制。根据反应设备内流体流动形态的不同，搅拌器可分为轴向流搅拌器、径向流搅拌器和混合流搅拌器。

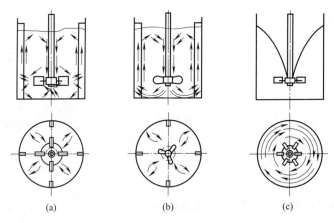

图 4-3　搅拌器与流型
（a）径向流；（b）轴向流；（c）切向流

搅拌器的主要形式有：

a. 桨式搅拌器　由平板桨和轴套焊接而成，桨叶有二叶、四叶和六叶等，该搅拌器结构简单、制造容易，主要产生切向流方向的液流，但也可产生部分轴向流动而使搅拌效率降低。主要用于流体的循环或黏度较高物料的搅拌。

b. 框式和锚式搅拌器　外形像框或锚，直径较大，与反应器罐体的直径很接近。这类搅拌器转速低，基本上不产生轴向液流，但搅动范围很大、不会形成死区，通常用于黏度较高的液体及液-固混合物的搅拌。

c. 推进式搅拌器　结构如同船舶的螺旋桨，故又称螺旋桨式搅拌器，由三个有一定曲度的叶片组成，可产生较理想的轴向流动。适用于低黏度、大流量的场合。主要用于液-液混合的搅拌。

d. 涡轮式搅拌器　有开式和盘式两类，应用最广泛的是圆盘平直叶涡轮，又称罗氏搅拌。能有效地完成几乎所有的搅拌操作，并能处理黏度范围很广的流体。适用于低黏度到中黏度流体的混合、液-液分散、固-液悬浮，以及促进传热、传质。

e. 螺旋式搅拌器　常见的有螺带和螺杆式。其主要特点是消耗的功率较小。在相同的雷诺数下，单螺旋搅拌器所消耗的功率是锚式搅拌器的1/2，主要适合于在高黏度、低转速下使用。

其中，桨式、锚式、推进式和涡轮式搅拌器在搅拌反应器中应用最广泛，常见的搅拌器结构及流型分类图谱见图4-4。

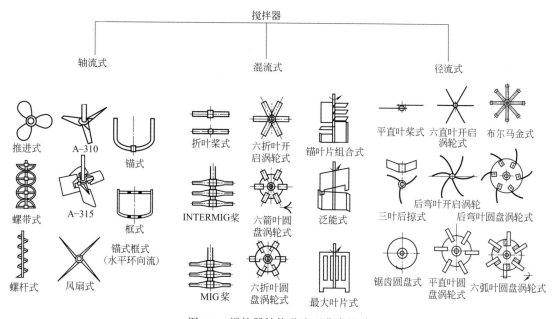

图 4-4　搅拌器结构及流型分类图谱

③ 搅拌附件　对低黏度液体，当搅拌器转速较高时，容易产生切向流，形成漩涡，影响搅拌效果。为了改善流体的流动状态，可在反应器内设置挡板或导流筒。但是设置了搅拌附件也会增加流体的流动阻力，搅拌消耗功率增大。

a. 挡板。挡板的作用是防止搅拌时产生漩涡，将切向流动变为轴向和径向流动，增大被搅拌液体的湍流程度，改善搅拌效果。

一般反应器内壁面上均匀安装4块挡板，其宽度为容器直径的1/12～1/10。根据安装形式不同分为三种类型：第一种是挡板垂直紧贴器壁安装，用于液体黏度不太大的场合；第二种是挡板垂直安装但和器壁之间有一定的距离，适用于含有固体颗粒或黏度较大的液体的场合，避免固体堆积和液体黏附；第三种是挡板与器壁之间有一定的距离且倾斜安装，这种结构可避免固体物料堆积或黏液生成死角。见图4-5。

b. 导流筒。导流筒是一个上下开口的圆筒，安装在搅拌器的外面或上方，在搅拌混合中起导流作用，对于涡轮式搅拌器或其他径向流搅拌器，导流筒常安装在搅拌器的上方，且导流筒的下端直径应缩小。对于推进式搅拌器或其他轴向流搅拌器，导流筒常套在搅拌器的外面。见图4-6。

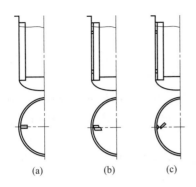

图 4-5　挡板安装类型

（a）垂直紧贴器壁安装；（b）垂直安装与器壁间有距离；

（c）倾斜安装与器壁有距离

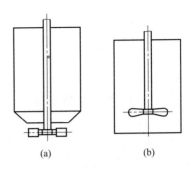

图 4-6　导流筒

（a）涡轮式搅拌器；（b）推进式搅拌器

安装导流筒后，由于导流筒的导流作用，釜内所有物料均能通过导流筒内的强烈混合区，减少了走短路的机会，也加强了搅拌器对液体的直接机械剪切作用。

（3）轴封结构　轴封是指搅拌轴与罐顶或罐底之间的密封结构，用来维持设备内的压力或防止釜体与搅拌轴之间的泄漏。常用的有填料函密封和机械密封。见图 4-7 和图 4-8。

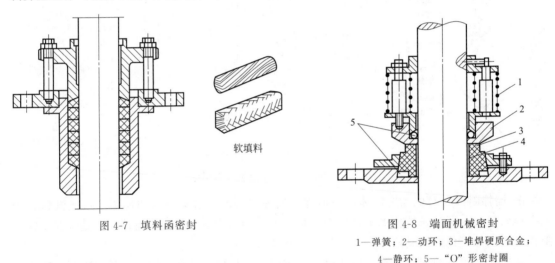

软填料

图 4-7　填料函密封

图 4-8　端面机械密封

1—弹簧；2—动环；3—堆焊硬质合金；

4—静环；5—"O"形密封圈

填料函密封由压盖、本体、填料、油杯螺栓等组成，在压盖压力的作用下，使具有弹性的密封填料受压变形，在搅拌轴表面产生径向压紧力，既达到密封的目的又起到润滑的作用。设置油杯可通过油杯加油，起到更好的润滑效果。填料函密封结构简单、拆装方便，但不能保证绝对不漏，常有微量的泄漏且摩擦阻力和磨损均较大，已逐渐被机械密封所替代。

机械密封又称端面机械密封，由动环、静环、弹簧、密封圈等组成，其工作原理是依靠弹性元件（如弹簧、波纹管等）及密封介质压力在两个精密的平面间产生压紧力，相互贴紧，并做相对旋转运动而达到密封的效果。机械密封的密封效果好，功率消耗小，结构紧凑，但结构复杂、安装技术要求高，拆装不方便。

（4）传热装置　根据搅拌反应釜的大小不同，常安装夹套或（和）蛇管，用来输入或移出热量，以保持适宜的反应温度。

（5）工艺接管　为适应工艺需要在釜体上安装的不同物料的管路。

4.1.2.2　机械搅拌釜式反应器的工作原理

通过投料口或工艺进口管在釜体内层加入反应底物及溶剂，开启搅拌进行反应，夹套或蛇管根据反应温度的不同通入不同的冷热源（冷冻液、热水或热油）做循环加热或冷却，以维持反应釜内反应所需要的温度，同时可根据使用要求在常压或负压条件下进行搅拌反应。

4.1.3　其他形式的反应器

4.1.3.1　管式反应器

管式反应器是由单根或多根设有套管或壳管式换热装置的管子连续或平行排列而组成的，主要用于气相、液相、气-液相连续反应过程。操作时，物料自一端连续加入，在管内连续反应，控制好物料的流速，当从另一端连续流出时，便达到了要求的转化率。

管式反应器可根据空间等要求制成直管式、盘管式、多管式等多种形式，如图 4-9 所示。

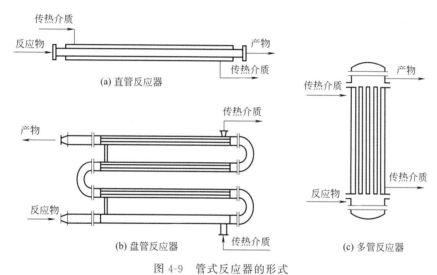

图 4-9　管式反应器的形式

管式反应器的长径比通常在 50～100 范围内。在实际应用中一般采用连续操作或半连续操作，具有如下特点：

① 换热面积较大，特别适合热效应较大的化学反应；

② 反应器的物料以近似理想置换的"活塞流"在管中流动，所有物料质点在反应器中的停留时间都基本相同；同一截面上的物料浓度、温度基本相同，方便进行工艺计算；

③ 物料的温度、浓度沿管长连续变化，适用于大型化和连续化生产，便于计算机集散控制，产品质量有保证。

4.1.3.2　固定床反应器

固定床反应器是制药工业中另一种常用的化学反应设备，特别适合有固体催化剂或反应物参与的化学反应，典型结构见图 4-10。固体催化剂或反应物通常呈颗粒状，堆积成一定高度（或厚度）的床层，床层静止不动，反应物从上（下）进入反应器，通过床层进行反应，从下（上）部出来。

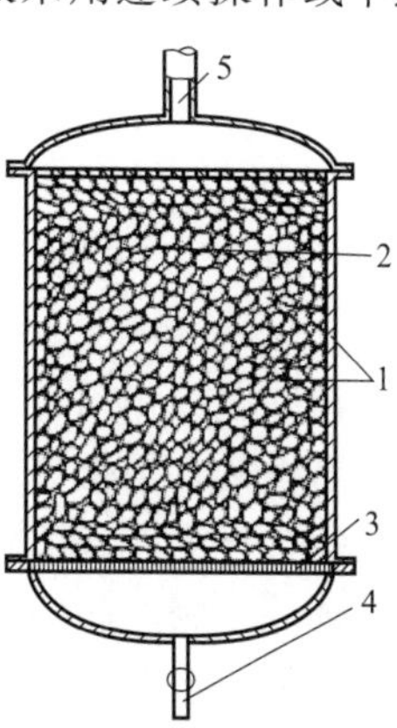

图 4-10　固定床反应器

1—固体固定床；2—反应器外壁；
3—底部网板；4—出口（或进口）；
5—进口（或出口）

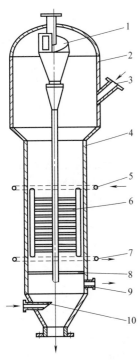

图 4-11　流化床反应器

1—旋风分离器；2—筒体扩大段；
3—催化剂入口；4—筒体；
5—冷却介质入口；6—换热器；
7—冷却介质出口；8—流体分布板；
9—催化剂出口；10—反应器入口

固定床反应器的优点：返混小，流体同催化剂可进行有效接触，当反应伴有串联副反应时可得较高选择性；无搅拌、能耗低、催化剂机械损耗小；结构简单、操作稳定、便于控制、易实现大型化和连续化生产等。

固定床反应器的缺点：由于没有搅拌，导致床层的温度分布不均匀，导热性差，对放热量大的反应不宜使用。

4.1.3.3　流化床反应器

流化床反应器主要用于气-固、液-固等有流体及固体共同参与的催化或非催化反应，用于气-固反应的流化床反应器的结构见图 4-11，一般由筒体、内部构件、催化剂颗粒装卸设备及气体分布、换热、气固分离装置等构成。

反应流体（气体或液体）由反应器入口进入后，经分布板进入床层，当流体流速达到一定程度后，会将反应器内的固体催化剂或反应物吹起，在筒体内上下翻滚呈流化态，流体和固体在接触中完成催化或反应，在反应器内设有冷却管来控制温度，当流体到达上部筒体扩大段时，速度会降低，部分随流体上升的较大的颗粒沉降下来，落回床层，较细的颗粒经过反应器上部的旋风分离器分离后返回床层，反应后的流体由顶部排出。

流化床反应器的优点：传热面积大、传热系数高、传热效果好。流化床的进出料、废渣排放都可以用气流输送，可连续生产，效率高，易于实现自动化生产。

流化床反应器的缺点：操作弹性低，流体的速度只能在较窄的范围内变化，颗粒磨损严重；排出气体中存在粉尘，通常要有回收和集尘装置；内部构件较复杂；操作要求高等。

除上述反应器外，还有膜式反应器、喷嘴式反应器和鼓泡塔式反应器等。每种反应器都有其优缺点，设计选型时应根据使用场合和设计要求等因素，确定最合适的反应器结构。

4.2　分离设备

依靠一定的作用力，对固-液、液-液、气-液、气-固等非均相混合物进行分离的设备均称为分离设备，根据分离的非均相混合物的不同分为固-液分离设备、液-液分离设备、气-液分离设备、气-固分离设备等，其中液-固分离设备是在原料药生产中至关重要的一类设备，其效能直接影响产品的质量、收率、成本及劳动生产率，甚至还关系到生产人员的劳动安全与环境保护；根据分离的推动力不同，分离设备也可分为加压过滤、真空过滤、离心过滤、离心沉降等，下面对制药工业中常用的分离设备进行介绍。

4.2.1　离心机

利用离心力分离液态非均相混合物的机械统称为离心机。在制药工业中常用来分离用一般方法难以分离的悬浮液或乳浊液。

用于固-液分离的离心机一般可分为过滤式离心机和沉降式离心机两种，用于液-液分离的离心机主要是分离式离心机。过滤式离心机的主要特征是在转鼓壁上开有孔，在鼓内壁上覆以滤布，悬浮液加入鼓内并随之旋转，液体受离心力作用被甩出而颗粒被截留在鼓内，三足式离心机、刮刀卸料式离心机、活塞往复式卸料离心机等都属于此类离心机。沉降式或分离式离心机的鼓壁上则没有开孔。若被处理物料为悬浮液，其中密度较大的颗粒则沉积于转鼓内壁而液体则集于中央并不断引出，此种操作即为离心沉降，典型设备有三足式沉降离心机、螺旋卸料沉降离心机等；若被处理物料为乳浊液，则两种液体按轻重分层，重相在外，轻相在内，各自从适当的径向位置引出，此种操作即为离心分离，典型设备有管式离心机、碟式分离机等。

离心力与重力之比称为分离因数，以 K 表示，根据 K 值又可将离心机分为：

常速离心机，$K < 3500$，其转鼓直径较大，转速较低，一般为过滤式；

高速离心机，K 范围为 $3000 \sim 50000$，一般为沉降式和分离式；

超速离心机，$K > 50000$，一般为分离式，K 值最高可达 500000 以上，常用来分离胶体颗粒及破坏乳浊液等。

4.2.1.1 三足式离心机

三足式离心机大多为过滤式离心机，分人工上部卸料和刮刀下部卸料两种形式，是制药厂中应用较普遍的离心机，图 4-12 为人工上部卸料三足式离心机的结构示意图。

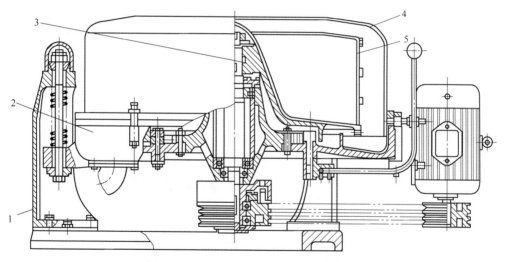

图 4-12　人工上部卸料三足式离心机结构
1—柱脚；2—底盘；3—主轴；4—机壳；5—转鼓

离心机的主要部件是一直径较大，壁面钻有许多小孔的篮式转鼓，整个底盘悬挂于三足支柱的球面支撑上，可在水平方向自由摆动以减轻运转时的振动。运转时，内壁衬上金属丝网及滤布，料液加入转鼓后，滤液在离心力作用下穿过滤布及转鼓上的小孔由机座下部排出，滤渣则沉积于转鼓内壁，当滤渣沉积到一定量时，停止加料，经甩干、洗涤后停车卸料，清洗设备。

三足式离心机的优点是构造简单、操作平稳、占地面积小、过滤速度快、滤渣含液量低。缺点是滤渣需人工从上部挖出，体力劳动大，劳动条件较差，传动部件位于机座下部，维修不方便、易受腐蚀。三足式离心机适用于间歇生产过程中的小批量物料的处理，对粒

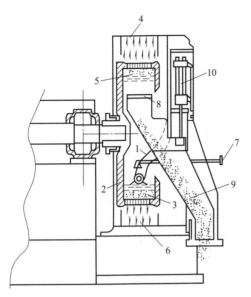

图 4-13 卧式刮刀卸料式离心机
1—进料管；2—转鼓；3—滤网；4—外壳；5—滤饼；
6—滤液；7—冲洗管；8—刮刀；9—溜槽；10—液压缸

状、结晶状或纤维状的物料脱水效果好，晶体较少破损。

4.2.1.2 刮刀卸料式离心机

刮刀卸料式离心机也是一种过滤离心机，有多种不同形式，图 4-13 为卧式刮刀卸料式离心机。

悬浮液从进料管进入连续运转的转鼓后，由于受到离心力的作用，滤液穿过滤布由转鼓上的小孔排出，滤渣则均匀沉积于转鼓内壁。随着过滤的进行，滤饼不断加厚，当达到一定厚度时，停止加料，进行洗涤、沥干。刮刀在液压传动机构的控制下逐渐向转鼓壁移动，将滤饼刮入卸料斗或固体出料口卸出机外，滤布上的残渣则在压缩空气的反吹或清洗液的直接清洗下除去。整个过程中，离心机不停机，转鼓一直以恒定的速度连续运转。

刮刀卸料式离心机过滤、洗涤、固体出料自动进行，连续运转，不需要人工挖料，生产能力较大，劳动条件好，滤饼也较干燥，适宜于连续过滤、滤饼不太黏的物料的处理，但也存在卸渣不够彻底，固体颗粒有一定程度的破损等缺点。

4.2.1.3 活塞往复式卸料离心机

活塞往复式离心机是连续运转、自动操作、液压脉动卸料的过滤式离心机。图 4-14 为单级活塞推料离心机结构示意图，料液通过进料管送到圆锥形加料斗中，在离心力的作用下，滤液被甩到转鼓内壁，穿过滤网，由滤液出口连续排出。滤渣积于转鼓内壁，转鼓底部装有与转鼓一起旋转的活塞推进器，其直径稍小于转鼓内壁。活塞与加料斗一起作往复运动，将滤渣逐步推向加料斗的右边。该处的滤渣经洗涤、沥干后，被卸出转鼓外。

活塞往复式卸料离心机分离效率高、生产能力大、对颗粒的破碎度小，适宜于处理含固量小于 10%、粒径大于 0.15mm 的中、粗颗粒的悬浮液的分离。

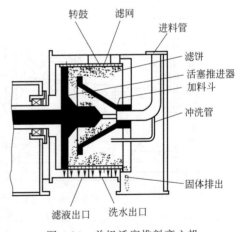

图 4-14 单级活塞推料离心机

4.2.1.4 管式分离机

管式分离机的结构如图 4-15 所示。管状转鼓通过挠性主轴悬挂支承在皮带轮的缓冲橡胶块上，在电动机的带动下转鼓高速旋转，能自动对准，同时在其下部振幅限制装置的作用下确保转鼓运转平稳安全，转鼓内沿轴向装有三叶板，与转鼓同步旋转，保证了进入转鼓内的物料与转鼓同速旋转。转鼓上端附近有液体收集器，收集从转鼓上部排出的液体。

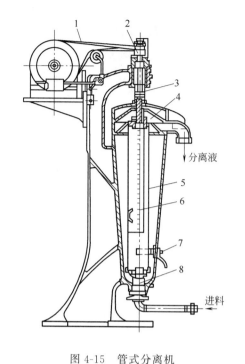

图 4-15 管式分离机

1—平皮带；2—皮带轮；3—主轴；4—液体收集器；

5—转鼓；6—三叶板；7—制动器；8—转鼓下轴承

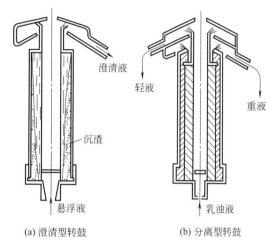

(a) 澄清型转鼓   (b) 分离型转鼓

图 4-16 管式分离机转鼓

管式分离机转鼓有澄清型（GQ 型）和分离型（GF 型）两种，如图 4-16 所示。澄清型转鼓常用于悬浮液澄清，悬浮液进入转鼓，在由下向上流动的过程中，固体粒子由于离心力的作用沉积在转鼓内壁，澄清液从转鼓上部溢流排出。分离型转鼓主要用于互不相溶的两液相（乳浊液）的分离，在离心力的作用下乳浊液在转鼓内分层，重液在外，轻液在内，分别从各自不同的出口排出，重液和轻液分界面的位置可以通过改变重液出口半径来调节，以适应不同的乳浊液和不同的分离要求。

管式分离机的分离因数高、结构简单，体积小，运转可靠，操作维修方便，但也有生产能力较小，用于悬浮液澄清时需停车清除转鼓内的沉渣的缺点，常用于含固量低于 1%、固相粒度小于 $5\mu m$、黏度较大的悬浮液的澄清，或用于轻液相与重液相密度差小、分散性很高的乳浊液及液-液-固三相混合物的分离。

4.2.2 精密过滤机

精精密过滤机又称保安过滤机。筒体外壳一般采用不锈钢材质制造，内部采用聚丙烯（PP）熔喷滤芯、线烧式滤芯、折叠滤芯、钛滤芯、活性炭滤芯等管状滤芯作为过滤元件。根据不同的过滤介质及设计工艺选择不同的过滤元件，以达到过滤的要求。机体也可选用快装式，以方便快捷地更换滤芯及清洗，其外形及内部结构如图 4-17 所示。

精密过滤机的工作原理：在压力的作用下，使原液通过滤材，滤渣留在管壁上，滤液透过滤材流出，从而达到过滤的目的。广泛应用于纳滤（NF）、超滤（UF）、反渗透（RO）、电渗析（EDI）等系统前端保安过滤及终端过滤；医药针剂、大输液、滴眼液、中草药药液等的过滤；生物制剂的提取、提纯、浓缩等。

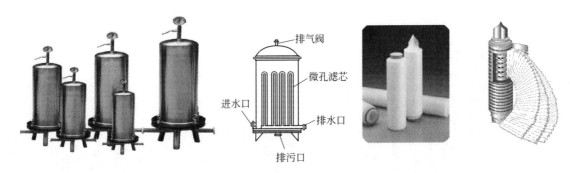

图 4-17　精密过滤机的外形及内部结构

4.2.3　板框压滤机

板框压滤机是一种具有较长历史但使用仍广泛的间歇式压滤机，由尾板、滤框、滤板、头板、主梁和压紧装置等组成。滤板和滤框的数目可自行调节，一般为 10～60 块不等，过滤面积为 2～80m^2。

滤板和滤框一般制成正方形，四角开有圆孔，其构造见图 4-18。板框叠合后即分别构成供滤浆、滤液、洗涤液进出的通道。过滤前，先清洗板框并盖上滤布，通过压紧装置压紧板和框。悬浮液从滤浆通道进入滤框，滤液穿过框两边的滤布，从每一滤板的左下角经通道排出机外。待框内充满滤饼时，悬浮液进口处的压力表压力上升，此时停止过滤。根据需要通洗涤液进行洗涤，洗涤完毕后，即停车松开螺旋，卸除滤饼，洗涤滤布，为下一次过滤做好准备。

板框压滤机的优点是结构紧凑、过滤面积大且可调、加压过滤，过滤效率高。缺点是间

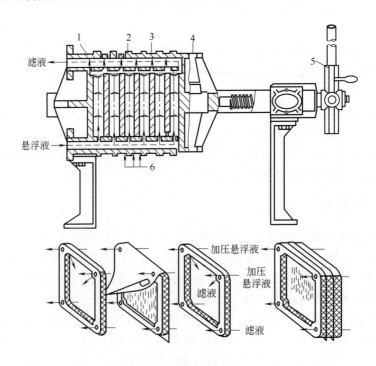

图 4-18　板框压滤机

1—滤液出口；2—滤板；3—滤框；4—尾板；5—头板；6—压紧装置

歇操作，装卸、灌洗大部分需手工操作，劳动强度较大。各种电动拆装滤板的自动操作板框压滤机的出现，在一定程度上克服了上述缺点。板框压滤机主要用于过滤含固量多的悬浮液，也可用于过滤细小颗粒或液体黏度较高的物料。

4.2.4 过滤、洗涤、干燥一体机

过滤、洗涤、干燥一体机是近年研发的"三合一"（过滤、洗涤、干燥）多功能设备，集晶体的固液分离、洗涤过滤和低温真空干燥于一体，在一个密封的容器内完成上述工艺操作，从而有效地防止了人为污染，保证了药品内在质量，其工艺流程为：原料药结晶罐结晶→三合一多功能过滤操作（过滤、洗涤、干燥）→自动排料。这种新的操作具有过程简便、密封、物料转换方便、生产效率高、产品质量好等优点。从结晶固体悬浮液进料到原料干燥后自动排出的整个生产过程均在一个容器内完成，使原料药生产设备的总数减少，既降低了投资费用，又缩小了厂房的面积。

图 4-19 是这种装置的外形和内部结构。由图可知，该设备的主体为一带夹套的耐压容器，上封头和筒体焊接而成，封头顶部可配搅拌装置接口、人/手孔、视镜、压力表接口、洗涤液进料口等，底盘上有很多小孔，上面铺过滤介质，内部有可升降的搅拌和刮刀，搅拌和刮刀可以两个方向旋转，一个方向旋转时刻压实滤饼，另一个方向可将滤饼刮向中间出料口，图 4-20 是其内部结构照片。

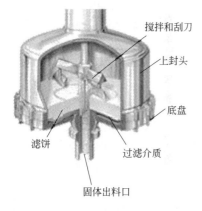

图 4-19 过滤、洗涤、干燥一体机外形和内部结构

图 4-20 过滤、洗涤、干燥一体机的内部结构

（1）过滤、洗涤、干燥一体机的操作过程见图 4-21。

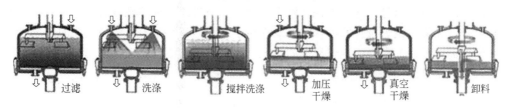

图 4-21 过滤、洗涤、干燥一体机的操作过程

① 过滤阶段。固液混合物从上部加料口加入，在上部压力作用下，液体通过底部过滤介质流出，此时搅拌和刮刀处于升起状态，底部出料口球阀关闭，固体截留在底部，在这一阶段，如果固体颗粒大小不均，可开动搅拌使固体保持悬浮状态。

② 洗涤。洗涤液从上部淋下，穿过滤饼层从底部流出进行洗涤。根据需要也可以先放

满洗涤液，降下搅拌将滤饼搅起进行搅拌洗涤，然后再将洗涤液压出以使洗涤更彻底。如果滤饼不均匀，也可以在洗涤前放下刮刀压实滤饼，以便洗涤更均匀。

③ 干燥。洗涤完成后，根据需要夹套通入或者直接通入热空气或者惰性气体将湿分带出。干燥时，刮板也可以落下压实滤饼，防止出现裂缝造成热气体的沟流，为了获得更好的干燥效果，也可以抽真空进行干燥。

④ 卸料。打开底部出料球阀，放下刮刀，按照出料方向旋转，刮刀将固体刮入中间出料管。

(2) 过滤、洗涤、干燥一体机的优点

① 多功能一体化密闭操作，有效避免异物和微生物污染，使产品质量得到充分的保证，改善了操作环境、减少了洁净区域面积，降低了成本。

② 混悬液的搅拌、过滤，滤饼的清洗、压实，物料的干燥以及出料自动控制，操作方便，减轻了操作人员劳动强度，工艺控制更稳定。

③ 与物料接触的部件包括本体、管道、管件、排料阀等，可进行在线清洗和在线灭菌，更符合 GMP 要求。

4.2.5 转鼓真空过滤机

图 4-22 为转鼓真空过滤机的操作示意图，它是工业上使用较广的一种连续式过滤机，它的主体是一个圆筒状转鼓，侧面布满孔道，水平安装在机架上，使用时转鼓表面铺上滤布，下部浸入盛有悬浮液的滤槽中并以 0.1～3m/s 的转速转动。转鼓内分 12 个扇形格，每格与转鼓表面上的带孔圆盘相通。此转动盘与装于支架上的固定盘藉弹簧压力紧密叠合，这两个互相叠合而又相对转动的圆盘组成分配头，转鼓沿顺时针方向转动时，其表面依次进行过滤、脱水、洗涤、卸渣、再生等操作。例如，当转鼓的某一格转入料液液面下时，与此格相通的转盘上的小孔通过内部真空管及分配头与真空相连，滤液通过转鼓滤布进入转鼓并汇集于过滤液出口被引出，固体截留在滤布表面形成滤饼。当此格转动离开液面时，在真空作用下，滤饼中的液体被吸干。当转鼓继续旋转到喷洒洗涤液区域时进行滤饼洗涤，洗涤液通过真空管道被抽往洗液贮槽。转鼓继续转动至吹松区时，在卸渣刮刀及反吹的压缩空气作用下进行卸渣，刮刀与转鼓表面的距离可以调节，以根据需要控制滤布表面残留滤饼的厚度。随着转鼓的继续转动，该格又进入料液液面以下进入另一个过滤周期。

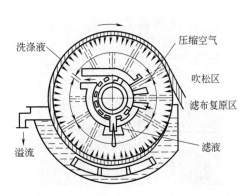

图 4-22　转鼓真空过滤机操作示意图

（图中标注：洗涤液、压缩空气、吹松区、滤布复原区、滤液、溢流）

4.3　换热设备

在制药工业生产中，为了满足生产工艺的需要，常需要采用各种不同方式的换热过程，如加热、冷却、蒸发与冷凝等，换热过程的实现离不开加热剂和冷却剂等热源和冷源，常用的热源有蒸汽、热水、导热油等，常用的冷源有冷却水、冷冻盐水、液氨等。此外，换热过程的实现还需要提供合适的换热场所，换热设备就是用来实现热量交换与传递的场所。通过各种设备使热量从温度较高的流体传递给温度较低的流体，以满足生产工艺的需要。在制药生产中，许多过程都与热量传递有关。例如，生产药品过程中的磺化、硝化、卤化、缩合等许多化学反应，均需要在适宜的温度下，才能按照所希望的反应方向进行，并减少或避免不良的副反应。所以换热设备的先进性、合理性和运转的可靠性直接影响产品的质量、数量和成本。

按照传热原理和实现热交换的形式不同，换热器可以分为直接混合式换热器、间壁式换热器、蓄热式换热器三类。

（1）直接混合式换热器　冷、热流体直接混合进行热量交换的换热器。两种允许完全混合且不同温度的介质，在直接接触的过程中完成其热量的传输。这类换热器的结构简单，价格便宜，常做成塔状，例如冷水塔（凉水塔）、造粒塔、气流干燥装置等。

（2）间壁式换热器　两种不同温度的流体被固定的壁面（称为传热面）相隔，在壁面两侧不同的空间里流动，通过壁面的传热和壁面流体的对流换热进行热量的传递。间壁式换热器适用于不能直接接触的流体的换热，传递过程连续而稳定。间壁式换热器的传热壁面要求导热性能优良，在某些场合还要防腐。金属是最常用的换热材料，也有用非金属（如石墨，聚四乙烯等）制造的。在制药生产中，间壁式换热器应用最多，本节主要介绍此类换热器。

按照传热面的形状与结构特点，间壁式换热器又可分为：

① 管式换热器。通过管子壁面进行传热。按传热管的不同可分为：沉浸式换热器、喷淋式换热器、套管式换热器、列管式换热器等。

② 板式换热器。通过板面进行传热。按传热板的结构形式，可分为：螺旋板式换热器、平板式换热器、板翅式换热器等。

（3）蓄热式换热器　能量传递是通过格子砖或填料等蓄热体来实现的。蓄热体在热流体通过时，吸收热流体中的热量并蓄存起来，在冷流体通过时，把热量传递给冷流体。蓄热式换热器结构紧凑、价格便宜、单位体积传热面大，故较适用于气-气热交换的场合。主要用于石油化工生产中的原料气转化和空气预热，蓄热式换热器在制药领域应用的极少。

4.3.1　管式换热器

4.3.1.1　沉浸式换热器

沉浸式换热器通常由金属管弯绕而成，多盘成蛇形，称为沉浸式蛇管换热器，也可制成其他与容器相适应的形状，沉浸于容器内的液体中，通过蛇管壁实现内外的两种流体的热量交换。几种常见的沉浸式换热器的蛇管形式见图 4-23。

优点：结构简单、价格低，能承受高压，用耐腐蚀材料制造时也可耐腐蚀。

缺点：容器内液体流动程度低，管外对流传热系数小。

4.3.1.2　喷淋式换热器

喷淋式换热器见图 4-24，常制成蛇管或排管状固定在钢架上，多用作冷却器。换热时热

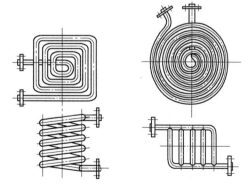

图 4-23　沉浸式换热器的蛇管形式

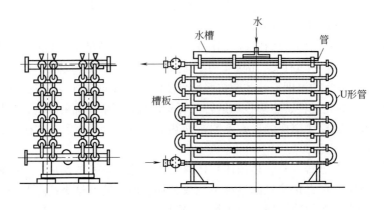

图 4-24　喷淋式蛇管换热器

流体在管内自下而上流动，冷水由最上面的喷淋装置均匀地喷淋在蛇管表面，形成液膜并沿其两侧逐排流经下面的管子表面，最后流入水槽面排出。冷水和管内的热流体通过管壁进行热交换。这种换热器的管外对流传热系数较大，放置在室外空气流通处时，冷却水在空气中汽化也会带走一部分热量，冷却效果好，检修和清洗也方便，但也存在喷淋不易均匀、占地面积大的缺点。

4.3.1.3　套管式换热器

套管式换热器见图 4-25，是由大小不同的直管制成的同心套管，并由 U 形弯头连接而成。每一段套管称为一程，每程有效长度为 4～6m。换热时一种流体走管内，另一种流体走环隙，内管的壁面为换热面。

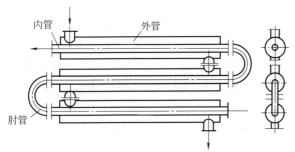

图 4-25　套管式换热器

优点：套管式换热器构造较简单，能耐高压，传热面积可根据需要增减，应用方便，换热器里的两流体流速较高，可逆流也可并流，换热能力强。

缺点：管间接头多，易泄漏，占地较大，单位传热面积需要的金属量大。常用于流量不大，所需传热面积不多而要求压强较高的场合。

4.3.1.4　列管式换热器

列管式换热器是目前制药生产中应用最广泛的一种换热器。它主要由壳体、管板、换热管、封头、折流挡板等组成。此种换热器的优点为：单位体积所具有的传热面积大、结构紧凑、传热效果好。能用多种材料制造，故适用性较强，操作弹性较大，尤其在高温、高压条件下和大型装置中多采用列管式换热器。

在列管式换热器中，由于存在管内外流体温度差，导致管束和壳体热膨胀系数不同。当两温差较大的流体长期作用时，就可能由于热应力而引起设备变形，管子弯曲，甚至破裂或从管板上松脱。因此，当两流体的温差超过 50℃时，就应采用热补偿的措施。根据热补偿方法的不同，列管式换热器分为以下几种主要类型。

（1）固定管板式　固定管板式换热器的结构如图 4-26 所示，它的两端管板和壳体制成一体，因此它具有结构简单和成本低的优点。但因壳程清洗和检修困难，所以要求壳程流体

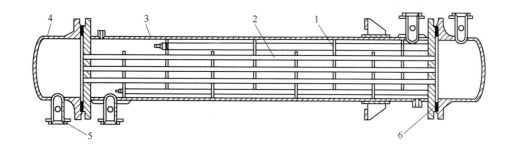

图 4-26　固定管板式换热器

1—折流挡板；2—管束；3—壳体；4—封头；5—接管；6—管板

必须是净而不易结垢的物料。当两流体的温差较大时，可考虑在外壳的适当部位焊上一个补偿圈进行热补偿，当外壳和管束膨胀不同时，补偿圈通过弹性变形（拉伸或压缩），抵消外壳和管束变形不同产生的应力。这种补偿方法简单，但不宜用于两流体温差过大（应不大于70℃）和壳程流体压强过高的场合。

（2）浮头式换热器　浮头式换热器的特点是有一端管板不与外壳连为一体，可以沿轴向自由浮动，结构见图 4-27。这种结构不但完全消除了热应力的影响，且由于固定端的管板以法兰与壳体连接，整个管束可以从壳体中抽出，因此便于清洗和维修。故浮头式换热器应用较为普遍，但它的结构比较复杂，造价较高。

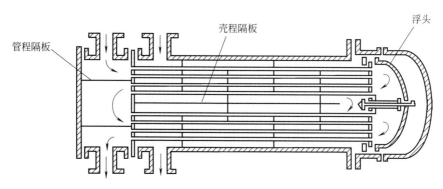

图 4-27　浮头式换热器

（3）U 形管式换热器　每根管子都弯成 U 形，进出口分别安装在同一管板的两侧，封头用隔板分成两室。这样，每根管子可以自由伸缩，而与其他管子和壳体均无关，结构见图4-28。U 形管式换热器结构比浮头式换热器结构简单，重（质）量轻，但管程不易清洗，只适用于洁净而不易结垢的流体（如高压气体）的换热。

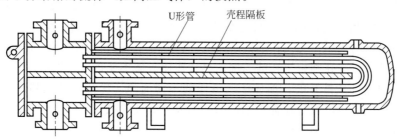

图 4-28　U 形管式换热器

4.3.2 板式换热器

4.3.2.1 螺旋板式换热器

螺旋板式换热器是两张焊接在中心隔板上的平行薄金属板螺旋卷制而成的，在其内部形成两个同心的旋形通道，见图 4-29。换热器中央的隔板将螺旋形通道隔开，两板之间焊有定距柱以维持通道间距。在螺旋板两则焊有盖板，冷热流体（温度用 t_1，t_2 和 T_1，T_2 表示）分别通过两条通道，在器内逆流流动，通过薄板进行换热。

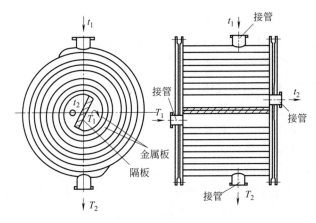

图 4-29　螺旋板式换热器

（1）螺旋板式的主要优点

① 传热系数高。螺旋流道中的流体由于惯性离心力的作用和定距柱的干扰，在较低的雷诺数（Re）下即达到湍流，并且允许选用较高的流速（液体可达 2m/s，气体可达 20m/s），故传热系数较高。

② 不易结垢和堵塞。由于流体的速度较高，又有惯性离心力的作用，流体湍动剧烈，故不易结垢和堵塞，适合处理悬浮液及黏度较大的介质。

③ 能充分利用温度较低的热源。由于流体流动的流道较长且两流体可进行完全逆流，故可在较小的温差下操作，能充分利用温度较低的热源。

④ 结构紧凑。单位体积的传热面积为列管式换热器的 3 倍，可节约金属材料。

（2）螺旋板换热器的主要缺点

① 操作压力和温度不宜太高。目前最高操作压力不超过 2MPa，温度不超过 400℃。

② 制造及维修不易。整个换热器被焊成一体，焊接质量要求高，一旦损坏修理很困难。

4.3.2.2 平板式换热器

平板式换热器简称板式换热器，由一组组装于支架上的平行排列的长方形薄金属板构成，见图 4-30。两相邻板片的边缘衬有垫片，压紧后板间形成密封的流体通道，且可用垫片的厚度调节通道的大小，每块板的四个角上，各开一个圆孔，其中有一对回孔和一组板间流道相通，另外一对圆孔则由于孔的周围的垫片而使流体不能进入该组板间的通道。在相邻板上两对圆孔的位置是错开的，形成了两流体的不同通道。冷热流体交错地在板片两侧流过，通过板片进行换热，板片通常压制成凹凸的人字形波纹状或其他形状，以增加板的刚度及保证流体分布均匀，有利于传热。

平板式换然器具有传热系数高，结构紧凑，资源利用率高，易于调节传热面积，检修、

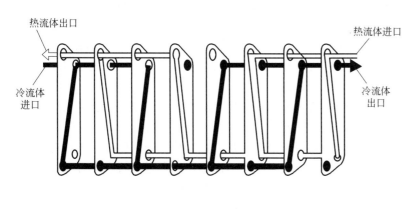
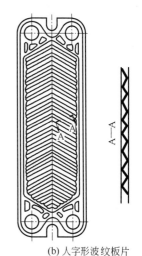

(a) 平板式换热器　　　　　　　　　　(b) 人字形波纹板片

图 4-30　平板式换热器和人字形波纹板片

清洗方便的优点。主要缺点是密封面积大，操作温度和压力有限。

4.3.2.3　板翅式换热器

板翅式换热器的结构形式很多，但其最基本的结构元件是大致相同的。如图 4-31 所示，在两块平行的薄金属板之间，加入波纹状或其他形状的金属翅片，将两侧面封死，即成为一个换热基本元件。将各基本元件进行不同的叠积和排列，并用钎焊固定，即可制成并流、逆流或错流的板束（或称芯部），然后再将带有流体进出口接管的集流箱焊在板束上，即成为板翅式换热器，我国目前常用的翅片形式有光直型翅片、锯齿型翅片和多孔型翅片三种。

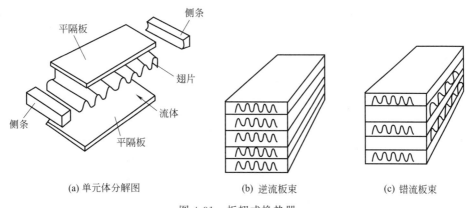

(a) 单元体分解图　　　　　　　(b) 逆流板束　　　　　　　(c) 错流板束

图 4-31　板翅式换热器

板翅式换热器的优点是结构紧凑、轻巧，单位体积设备所提供的传热面一般能达到 $2500\sim4000\,m^2/m^3$，甚至更高。缺点是流道很小，易堵塞，解构后清洗困难，故适用于较洁净或预先净制的物料的换热。

4.4　转运设备

在制药生产过程中，常涉及不同物料的转运问题。固体物料的转运通常需借助料桶、传送带或料斗进行，而流体的转运主要通过管道进行，当输送的物料处于不同水平面时，还需要采用为物料提供能量的转运设备才能保证物料的正常转运。从提高能量利用率，降低能耗的角度考虑，当物料从高处向低处转运时可借助自身势能完成，因此在进行车间设计时需要合理安排设备间的相对高度，尽量采用物料自流，比如原料药合成车间通常采用三层布置：计量槽在上，反应器在中间，过滤、离心机在下；压片、胶囊填充等固体制剂车间也可以采用料斗在上，压片机、胶囊填充机在下的布置措施。

当物料由低能位向高能位输送时，必须使用各种物料输送机械，以提供能量。用以输送液体的机械统称为泵，常用的有离心泵、往复泵、计量泵、转子泵等；用以输送气体或借流动的气体输送固体物料的机械的结构和原理与液体输送机械大体相同。但是气体具有可压缩性和比液体小得多的密度，从而使气体输送具有某些不同于液体输送的特点。常根据气体进出口压力差和压力比将气体输送机械（称为压缩比）分为通风机［终压不大于 0.015MPa（表压）］、鼓风机［终压为 0.015～0.3MPa（表压），压缩比小于 4］、压缩机［终压在 0.3MPa（表压）以上，压缩比大于 4］、真空泵（将低于大气压力的气体从容器内抽至大气中），固体物料的输送除借流动气体输送外，还可借助自动提升机配备料斗，通过料斗，提升、翻转下料等方式实现，本节主要介绍常用的流体输送转运设备。

4.4.1 离心泵

4.4.1.1 离心泵的结构和工作原理

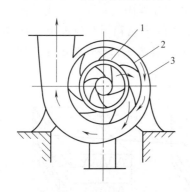

图 4-32 带有导轮的离心泵结构示意图
1—导轮；2—叶轮；3—泵壳

离心泵的主要部件有叶轮、泵壳和轴封装置，见图 4-32。

工作时，叶轮在电机的驱动下作高速旋转运动，带动叶片间的液体也随之作旋转运动，液体在离心力作用下由叶轮中心向外缘作径向运动，获得能量，并以高速离开叶轮外缘进入蜗形泵壳。在蜗壳内将部分动能转化为静压能，最后沿切向流入压出管道。

离心泵在开启前必须充满液体，否则会因为泵内存在的空气产生"气缚"对泵造成影响。为了防止启动前灌入的液体从泵内漏失，在吸入管底部常安装带滤网的止逆阀，滤网防止固体物质进入泵内。靠近泵出口处的压出管道上装有调节阀，供调节流量时使用。

4.4.1.2 离心泵的类型与选用

离心泵的类型很多，制药生产中常用离心泵有清水泵、耐腐蚀泵、油泵、液下泵、屏蔽泵、杂质泵、管道泵和低温用泵等。以下仅对几种主要类型作简要介绍。

（1）水泵 在制药生产中用来输送各种工业用水以及物理、化学性质类似于水的其他液体时常用清水泵，是应用最广泛的离心泵，见图 4-33。

单级单吸泵是最普通的清水泵，其系列代号为"B"，如 3B33A 型水泵，第一个数字表示该泵的吸入口径为 3 英寸（76.2mm），字母 B 表示单吸悬臂式，33 表示泵的扬程 33m，最后的字母 A 表示该型号泵的叶轮外径比基本型号小一级，即叶轮外周经过了一次切削。

如果要求压头较高，可采用多级离心泵，其系列代号为"D"。如要求的流量很大，可

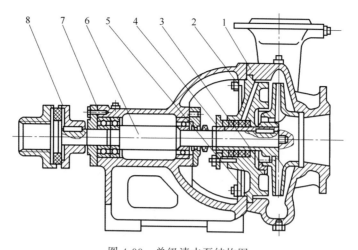

图 4-33　单级清水泵结构图

1—泵体；2—叶轮；3—密封环；4—护轴套；5—后盖；6—泵轴；7—托架；8—联轴器

采用双吸式离心泵，其系列代号为"SH"。

（2）耐腐蚀泵　当输送的腐蚀性液体入酸碱或浓氨水等时，必须用耐腐蚀泵。耐腐蚀泵中所有与腐蚀性液体接触的部件都须用耐腐蚀材料，如灰口铁、高硅铸铁、镍铬合金钢、聚四氟乙烯塑料等制造。其系列代号为"F"。但是用玻璃、橡胶、陶瓷等材料制造的耐腐蚀泵，多为小型泵，不属于"F"系列。

（3）油泵　用于输送不含固体粒子的石油及其制品，分为单级和多级、单吸式和双吸式几种形式。

（4）杂质泵　主要用于输送含固体粒子比较多的悬浮液及稠厚的浆液。又可分为污水泵、砂泵、泥浆泵等，对这些泵的要求是不易堵塞、耐磨、易清洗。

4.4.2　往复泵和计量泵

往复泵是利用活塞的往复运动，将能量传递给液体，以完成液体输送任务的一种容积式泵，主要由泵缸、缸内的往复运动件、单向阀（吸入液体和排出液体）、往复密封以及传动机构等组成，按往复运动件的形式不同，可分为活塞泵、柱塞泵及隔膜泵三种基本类型，其结构如图 4-34 所示。

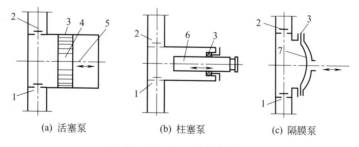

(a) 活塞泵　　　　　　(b) 柱塞泵　　　　　　(c) 隔膜泵

图 4-34　往复泵的基本结构

1—吸入阀；2—排出阀；3—密封；4—活塞；5—活塞杆；6—柱塞；7—隔膜

（1）活塞泵　往复运动件为圆盘（或圆柱）形的活塞，活塞环紧贴液缸内壁构成密闭的工作腔，活塞在液缸内周期性地移动不断完成吸液、排液过程，从而完成液体的输送。

活塞泵最高排出压力≤7.0MPa，适用于中、低压工况，可输送运动黏度≤850mm^2/s 的液体或物理化学性质接近清水的其他液体。

（2）柱塞泵　往复运动件为表面经精加工的柱塞，柱塞表面与液缸之间构成密闭的工作腔，工作时，柱塞长度在泵工作腔内周期地改变，从而改变工作腔的容积，周期性地完成吸液排液过程。

液体经过柱塞泵加压后，排出压力很高，最高可达1000MPa，甚至更高。

（3）隔膜泵　其往复运动件为一具有弹性的隔膜片，密闭的工作腔由隔膜片与液缸之间的静密封构成，隔膜片的变形周期性地改变泵工作腔的容积，从而完成液体的输送。

由于隔膜泵没有泄漏，适用于输送强腐蚀性、易燃易爆、易挥发、有毒、贵重以及含有固体颗粒的液体和浆状物料。

计量泵又称比例泵，从工作原理上看就是往复泵，上述柱塞泵和隔膜泵是计量泵的两种基本形式，常用于需要精确地输送定量液体或需要将两种或两种以上的液体按比例进行输送的场合。

计量泵是在往复泵的基础上装了一套可以准确调节流量的调节机构，流量调节机构都是由转速稳定的电动机通过可变偏心轮带动活塞运行的，如图4-35所示，改变此轮的偏心程度，就能改变活塞的冲程或隔膜的运动次数，从而达到调节流量的目的。

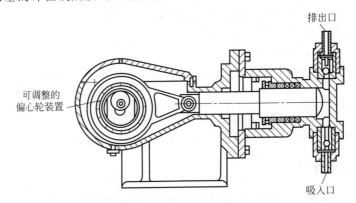

排出口

可调整的
偏心轮装置

吸入口

图4-35　计量泵及其流量调节机构

当用一个电动机同时带动两台或三台计量泵且每台泵输送不同的液体时，便可实现各种流体的流量按一定比例进行输送或混合的目的。

4.4.3　转子泵

转子泵靠泵壳内转子的旋转作用吸入和排出液体，又称旋转泵。主要有以下两种基本形式。

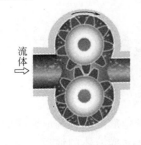

流体

图4-36　齿轮泵的结构

（1）齿轮泵　齿轮泵的结构如图4-36所示，主要由泵壳和一对相互啮合的齿轮组成，其中一个齿轮为主动轮由电动机带动，另一个齿轮为从动轮，和主动轮啮合并做反方向运动。两齿轮与泵体间形成吸入和排出空间。当两齿轮沿着箭头方向旋转时，在吸入空间因两轮的齿互相分开，形成低压而将液体吸入齿穴中，然后分两路，由齿沿壳壁推送至排出空间，两轮的齿又互相合拢，形成高压而将液体排出，如此连续运行，完成液体的输送。

齿轮泵的压头高而流量小，适用于输送黏稠液体及膏状物料，但不能输送有固体颗粒的悬浮液。

（2）螺杆泵　螺杆泵主要由泵壳与一个或多个螺杆所组成。如图 4-37 所示为一单螺杆泵。其工作原理是靠螺杆在螺纹形的泵壳中做偏心转动，将液体沿轴间推进，最后挤压至排出口而推出。图 4-38 所示为双螺杆泵，通过两根相互啮合的螺杆来排送液体，采用长螺杆可增大泵的扬程。

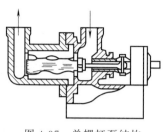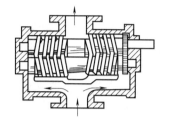

图 4-37　单螺杆泵结构　　　　　　　图 4-38　双螺杆泵结构

螺杆泵的扬程高，效率远高于齿轮泵，无噪声，流量均匀，特别适用于输送高黏度液体。

综上所述，制药生产中，以离心泵应用最广，它具有结构简单、紧凑，可用多种材料制造，流量大而均匀，易于调节，适用范围广泛等优点。缺点是扬程不高，没有自吸能力，效率低等。

往复泵的优点是压头高、流量固定、效率较高。但其结构比较复杂，又需传动机构，因此它只适宜在要求高扬程时使用。

转子泵的流量恒定而均匀、扬程高，但流量小、制造精度高，适用于输送高黏度的液体。

除上述几种类型泵外，在某些特定的情况下，制药厂中还会用到流体作用泵、旋涡泵、喷射泵等液体输送机械，若读者感兴趣可查阅相关书籍，本书不再赘述。

4.4.4　通风机

通风机是一种在低压下沿着导管输送气体的机械，在制药企业应用非常普遍，主要有离心式和轴流式两种类型。

轴流式通风机的结构与风扇一样，如图 4-39 所示，在机壳内装有迅速转动的叶轮，叶轮上固定着叶片。轴流式通风机排送量大，所产生的风压特别小，一般只用来通风换气，而不用来输送气体。制药工业生产中常用于在空冷器和冷却水塔的通风。

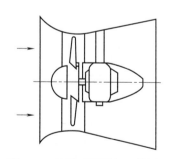

图 4-39　轴流式通风机工作原理

离心式通风机的结构和工作原理与离心泵相似，依靠叶轮的旋转运动使气体获得能量，从而提高了压力。通风机叶轮直径一般比较大，叶片的数目比较多且长度较短，以满足大送风量和高压头的要求。通风机都是单级的，所产生的表压低于 15kPa，对气体起输送作用。鼓风机和压缩机都是多级的，两者对气体都有较显著的压缩作用。

按所产生的风压不同，离心式通风机可分为低压离心通风机［出口风压＜1kPa（表压）］、中压离心通风机［出口风压为 1～3kPa（表压）］、高压离心通风机［出口风压为 3～15kPa（表压）］。低压离心通风机的叶片常是平直的，与轴心成辐射状安装。中、高压离心通风机的叶片是弯曲的。离心式通风机的机壳也是蜗牛形，但机壳断面有方形和圆形两种。一般低、中压离心通风机多是方形（见图 4-40），高压多为圆形。中、低压离心通风机主要用于车间通风换气，高压离心通风机则主要用在气体输送上。

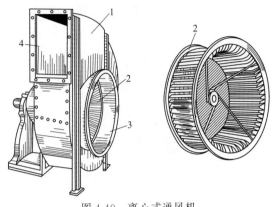

图 4-40　离心式通风机

1—机壳；2—叶轮；3—吸入口；4—排出口

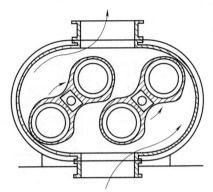

图 4-41　罗茨鼓风机结构及工作示意图

4.4.5　鼓风机

在制药生产中应用最广的是罗茨鼓风机，其结构及工作示意图如图 4-41 所示，主要由一个跑道形机壳和两个转向相反的 8 字形转子所组成，转子之间以及转子和机壳之间的缝隙都很小。其工作原理与齿轮泵相似，当两个转子转动时，在机壳内形成的一个低压区和高压区，气体从低压区吸入，从高压区排出。如果改变转子的旋转方向，则吸入口和压出口互换。因此，开车时应确保转子的转向正确。

罗茨鼓风机具有结构简单，转子啮合间隙较大（一般 0.2~0.3mm），工作腔无油润滑，强制性输气风量风压比较稳定，对输送带液气体、含尘气体不敏感等优点；但也存在转速较低（≤1500r/min），噪声较大，热效率较低的缺点，常用来输送气体，也大量用作真空泵。

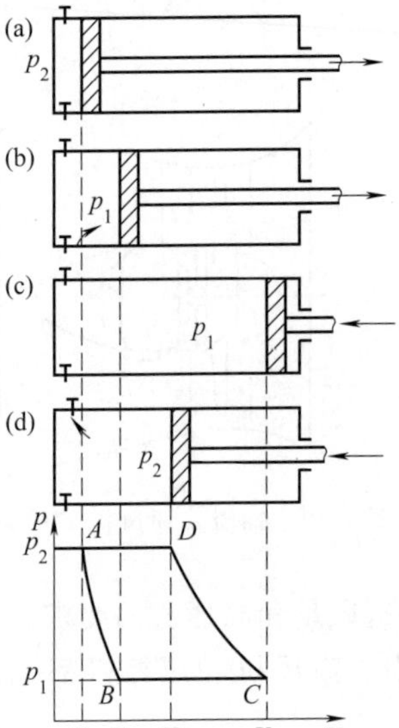

4.4.6　压缩机

4.4.6.1　往复式压缩机结构与工作过程

往复式压缩机与往复泵相似，依靠活塞的往复运动而将气体吸入和压出。但因为气体的密度小，可压缩，故往复式压缩机的吸入和压出阀门较轻，活塞与气缸间的间隙较小，各处的结合比往复泵要紧密得多，因为由摩擦产生的热能以及气体被压缩时接受机械功所转变的热能，将使气体温度显著上升，因此多数压缩机还有冷却装置。

如图 4-42 所示为单动往复压缩机的工作过程，由膨胀、吸入、压缩和压出四个阶段所组成，当活塞运动到最左端时，为了防止活塞与气缸盖相碰，活塞与气缸盖之间有一很小的空隙，此空隙称为余隙。由于往复压缩机内有余隙存在，残留的气体占据了部分气缸空间，使气缸的空间不能全部被有效利用，这又是一与往复泵的不同之处。

图 4-42　单动往复压缩机工作过程示意图

(a) 膨胀　(b) 吸入　(c) 压缩　(d) 压出

4.4.6.2　往复式压缩机的类型与选用

往复式压缩机的分类方法有很多，按在活塞的一侧或两侧吸、排气体，可分为单动和双动往复式压缩机；按气体受压缩的级数，可分为单级（$p_2/p_1 \leqslant 5$），双级（$p_2/p_1 = 5 \sim 10$）和多级（$p_2/p_1 = 10 \sim 1000$）压缩机；按压缩机所产生的终压大小，可分为低压（1MPa 以下）、中压（$1 \sim 10$MPa）、高压（$10 \sim 100$MPa）压缩机；按压缩机的排气量可分为小型（10m³/min 以下）、中型（$10 \sim 30$m³/min）和大型（30m³/min 以上）压缩机；按压缩气体种类可分为空气压缩机、氨压缩机、氢压缩机、氮压缩机；按气缸在空间的位置可分为立式压缩机、卧式压缩机、角式压缩机等。

压缩机选用时，应首先根据输送气体的性质，确定压缩机的种类；然后根据生产任务及厂房的具体条件，选定压缩机的结构形式；最后根据生产上所需的排气量和工作压强，选择合适的型号。

4.4.7　真空泵

许多制药生产过程都需要在低于 1 个大气压的情况下进行，如减压浓缩、减压蒸发、真空抽滤、真空干燥，以及一些物料的输送和转移等，真空泵就是获得低于大气压的条件的一种机械设备，所以真空泵是制药生产过程中的常用设备。

真空泵基本上可分为干式和湿式两类，干式真空泵只从容器中吸出气体，可达 96%～99% 的真空度，湿式真空泵在抽气的同时，还带走较多的水蒸气，因此，它只能产生 80%～85% 的真空度。真空泵从结构上可分为往复式、旋转式和喷射式等几种。

4.4.7.1　水环真空泵

水环真空泵是制药厂常用的一种真空泵，属于湿式真空泵，其结构如图 4-43 所示。外壳内装有偏心叶轮，其上有辐射状的叶片。泵内约充有一半容积的水，当旋转时，形成水环。水环具有液封的作用，与叶片之间形成许多大小不同的密封小室。当小室逐渐增大时，气体从吸入口吸入；当小室逐渐减小时，气体由排出口排出。

此类泵的优点是结构简单、紧凑，易于制造和维修，由于旋转部分没有机械摩擦，使用寿命长，操作可靠。适用于抽吸含有液体的气体，尤其在抽吸腐蚀性或爆炸性气体时更为合适。但由于泵内有水，所能造成的真空度受泵中水的温度所限制，效率较低。

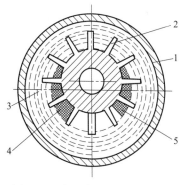

图 4-43　水环真空泵结构示意图
1—外壳；2—叶片；3—水环；
4—吸入口；5—排出口

4.4.7.2　喷射泵

在制药生产中，喷射泵常用于抽真空，故又称为喷射式真空泵，是利用流体流动的静压能与动能相互转换的原理来吸、送流体的。

喷射泵的工作流体可以是蒸汽（气），也可以是液体。常见的蒸汽喷射泵的结构如图 4-44 所示。工作蒸汽在高压下以很高的流速从喷嘴喷出。在喷射过程中，蒸汽的静压能转变为动能，产生低压，而将气体吸入。吸入的气体与蒸汽混合后进入扩散管，速度逐渐降低，压力升高，最后从压出口排出。

单级蒸汽喷射泵仅能达到 90% 的真空度，为获得更高的真空度可采用多级蒸汽喷射泵。喷射泵的优点是结构简单，工作压力范围大，抽气（汽）量大，适应性强。缺点是效率很低。

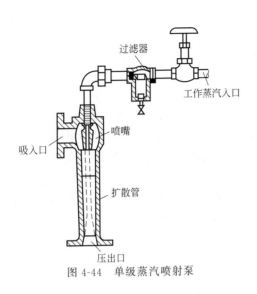

图 4-44　单级蒸汽喷射泵

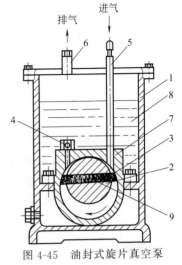

图 4-45　油封式旋片真空泵

1—外壳；2—转子；3—旋片；4—排气阀；

5—吸入管；6—排气管；7—泵体；

8—油；9—弹簧

4.4.7.3　油封式旋片真空泵

常见的小型油封式旋片真空泵的结构如图 4-45 所示，在圆筒形壳体内，偏心地安装着一个绕自身轴线旋转的转子。通常，转子上开有贯穿槽，槽内放置弹簧和两块旋片，旋片受弹簧作用紧贴在泵体内壁，并把泵腔分成两个工作室。旋转时，转子与泵腔始终处于内切状态，旋片随之旋转，在离心力的作用下进一步贴紧壳体内壁。通过工作室周期性地扩大和缩小而完成气体吸入和排出的循环。

为密封各部件间隙及使各部件润滑和冷却，泵的全部机件浸在真空油内。该泵具有使用方便、结构简单、工作压力范围宽、可在大气压下直接启动等优点。可用来抽除潮湿性气体，但不适于抽吸含氧过高、有爆炸性、有腐蚀性、对泵油起化学作用以及含有颗粒尘埃的气体。

4.5　抗生素典型设备

抗生素的生产方法一般包括三种，即生物合成法、全化学合成法及半化学合成法。其中，全化学合成法和半化学合成法的第二步即合成所用的设备为化学反应设备，在前面已经介绍，本节主要介绍生物合成法和半化学合成法的第一步发酵所用的设备，即发酵设备。

发酵工业生产通常使用的是间歇发酵罐，容积通常为 $10\sim200m^3$，最大可达 $1500m^3$，见图 4-46，主要结构包括罐体、搅拌装置、挡板、蛇管或夹套等换热装置、消泡装置等。发酵罐的主体材料通常为不锈钢，附属部件可用不锈钢或其他耐压耐灭菌的材质，需要注意的是，要避免使用铜或青铜装置，因为铜对许多生物都有很大的毒性。另外，对尺寸较大的发酵罐，夹套的传热面积对于在一定时间内将料液从消毒温度冷却到操作温度是不够的，因此必须使用冷却盘管或者外部热交换器。

发酵罐按照搅拌和通气的能量输入方式，又可分为机械搅拌式、外部液体循环式和空气喷射提升式等，见图 4-47～图 4-49。

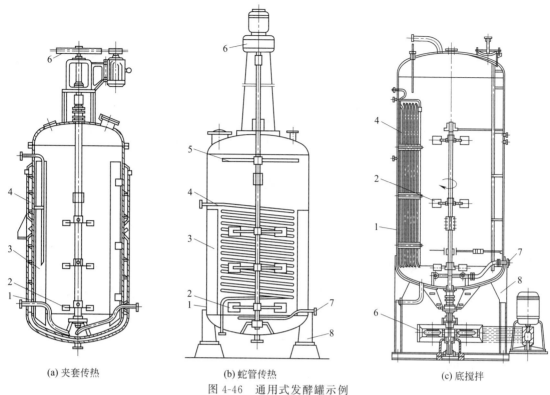

(a) 夹套传热   (b) 蛇管传热   (c) 底搅拌

图 4-46 通用式发酵罐示例

1—罐体；2—搅拌机；3—挡板；4—蛇管或夹套；5—消泡桨；6—传动机构；7—通气管；8—支座

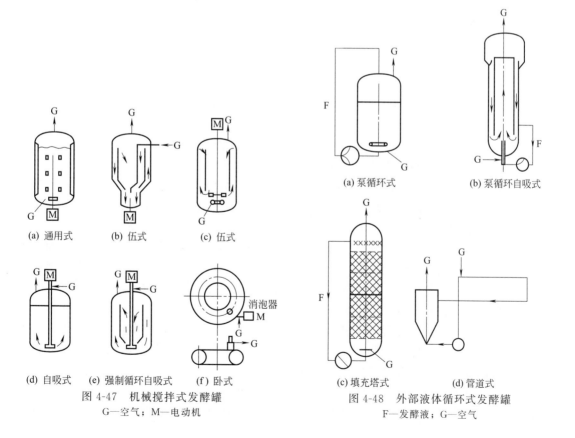

(a) 通用式   (b) 伍式   (c) 伍式

(d) 自吸式   (e) 强制循环自吸式   (f) 卧式

图 4-47 机械搅拌式发酵罐
G—空气；M—电动机

(a) 泵循环式   (b) 泵循环自吸式

(c) 填充塔式   (d) 管道式

图 4-48 外部液体循环式发酵罐
F—发酵液；G—空气

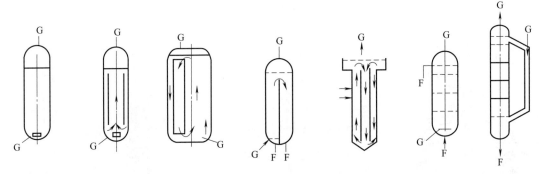

(a) 无循环式　(b) 中心内筒循环式(c) 偏心内筒循环式(d) 中间隔板循环式　(e) 中心内筒循环式　(f) 筛板式　(g) 外循环式

图 4-49　空气喷射提升式发酵罐

G—空气；F—发酵液

4.5.1　机械搅拌式发酵罐

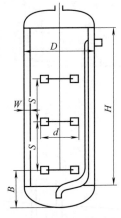

图 4-50　通用式发酵罐
几何尺寸比例示意图

机械搅拌式发酵罐是一种既具有机械搅拌又具有压缩空气通气装置的密闭受压容器，主要由罐体及搅拌装置、传热装置、通气装置、传动机构等部件组成，图 4-50 为通用式发酵罐几何尺寸比例示意图。

（1）罐体　罐体由圆筒形筒身和上下两个圆形封头组成，见图 4-50。其几何尺寸比例大致如下：

$H/D=1.7\sim3$；$d/D=1/2\sim1/3$；$W/D=1/8\sim1/12$；$B/D=0.8\sim1.0$；$S/D=1.5\sim2.5$（2个搅拌器时）或 $S/D=1\sim2$（3个搅拌器时）。

其中，发酵罐的公称容积 V_0 为筒身部分容积 V_c 和底封头容积 V_b 之和，即 $V_0=V_c+V_b$。

实际生产中，应考虑罐中培养液因通气搅拌引起液面上升和产生泡沫，故罐体的实际装料量 $V=\eta_0 V_0$，通常装料系数 $\eta_0=V/V_0=0.7\sim0.8$。

（2）搅拌装置　搅拌有利于液体本身的混合及气液和液固之间的混合，以及改善传质和传热过程，特别是有助于氧的溶解。

发酵罐搅拌器结构与机械搅拌反应器中所用搅拌器结构基本相同，应用较广泛的是圆盘涡轮式搅拌器。由于发酵罐的高径比 H/D 比值较高，空气在培养液中停留时间较长，通常在一根搅拌轴上配置 2 个或 3 个搅拌器，个别的也有 4 个搅拌器，以提高混合效果。

（3）空气分布装置　空气分布装置是指将无菌空气导入罐内并使空气尽可能在发酵液中分布均匀的装置。简单的空气分布装置是一根单孔管，单孔管的出口位于最下面搅拌器的正下方，开口向下，以免培养液中固体物质在开口处堆积和罐底固体物质沉积，大型罐常用直径略小于搅拌器圆盘直径的多孔环形管。

（4）传热装置　发酵过程中发酵液产生的净热量称为发酵热，发酵热随发酵时间而改变。发酵最旺盛时，发酵热量最大。为维持一定的最适宜的培养温度，须用冷却水导出部分热量，发酵罐的传热装置有夹套和蛇管两种，小罐常用夹套，大罐常用竖式蛇管。

（5）机械消泡装置　由于发酵过程中会产生大量蛋白质等发泡物质，在强烈的通气搅拌下会有大量泡沫产生。严重时，会导致发酵液外溢和造成染菌。可通过化学和物理的方法消除发酵液泡沫，化学方法主要是加入消泡剂，物理方法主要是采用机械消泡装置来破碎泡沫，实际生产中两种方法常共用。

图 4-51 所示为耙式消泡器，锯齿状的耙齿安装于搅拌轴上，并与轴同转，齿面略高于液面，消泡桨直径为罐径的 0.8～0.9。这样，当少量泡沫上升时，如果泡沫的机械强度较小，耙齿即可把泡沫打碎。

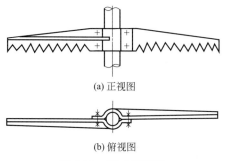

(a) 正视图

(b) 俯视图

图 4-51　耙式消泡桨

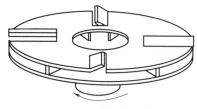

图 4-52　涡轮消泡器

消泡器也可制成半封闭式涡轮消泡器，如图 4-52 所示，泡沫直接被涡轮打碎，或被涡轮抛出撞击到罐壁而破碎，对于上伸轴式发酵罐，涡轮消泡器直接装于搅拌轴上，由于搅拌轴转速太低效果往往不佳。对于下伸轴式发酵罐，在罐顶安装封闭式涡轮消泡器，在涡轮轴高速旋转下达到较好的机械消泡效果。此类消泡器直径约为罐径的 1/2，叶端线速度为 12～18m/s。

4.5.2　自吸式发酵罐

自吸式发酵罐是在机械搅拌过程中自吸入空气的发酵罐，其轴是下伸入式的，不需要空气压缩机，如今在抗生素、维生素、有机酸、醇、酵母等行业都有广泛应用。

自吸式发酵罐有多种形式，最常见的是具有叶轮和导轮的自吸式发酵罐，如图 4-53 所示，该发酵罐的关键部件是带有中央吸气口的搅拌器。其搅拌器由三棱空心叶轮与固定导轮组成，叶轮直径为罐体直径的 1/3，叶轮上下各有一块三棱形平板，在旋转方向的前侧夹有叶片。当叶轮旋转时，叶片与三棱平板内空间的液体被抛出而形成局部真空，于是罐外空气通过搅拌器中心的吸入管而被吸入罐内，并分散于高速流动的液体中形成细小的气泡，通过由 16 块有一定曲率的翼片组成导轮气液混合流体被输送到发酵液主体中。

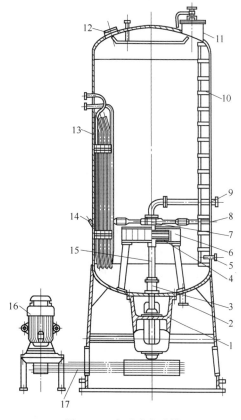

图 4-53　自吸式发酵罐

1—轴承座；2—放料管；3—机械轴封；4—叶轮；
5—取样口；6—导轮；7—轴承；8—拉杆；
9—空气进口；10—梯子；11—人孔；12—视镜；
13—冷却排管；14—温度计；15—搅拌轴；
16—电机；17—皮带

自吸式发酵的优点是将空气自吸入罐内，节约了空气净化系统中的空气压缩机、冷却器、油水分离器、空气贮罐等整套设备，减少占地面积、降低能耗。自吸式发酵罐存在的最大缺点是自吸式发酵罐的吸程（吸入压头）一般不高，即使吸风量很小，其最高吸程也只有8.83kPa左右；当吸风量为总吸风量的3/5时，吸程已降至3.14kPa左右。因此要在吸风口设置空气过滤器很困难，必须采用高效率、低阻力的空气除菌装置，且由于进罐空气处于负压，增大了染菌概率，故多用于对无菌要求较低的物质的发酵生产中。

4.5.3 气升式发酵罐

气升式发酵罐有多种类型，如图4-54所示，其共同特点是在环流管、拉力筒或隔板底部装有空气喷嘴，空气在喷嘴口以250~300m/s的速度高速喷出，空气以气泡形式分散于液体中，使平均密度下降；在不通气的一侧，因液体密度较大，与通气侧的液体产生密度差，从而形成发酵罐内液体的环流。环流会使由于菌体的代谢活动导致培养液中溶解氧逐渐减少，要重新补充溶解氧。

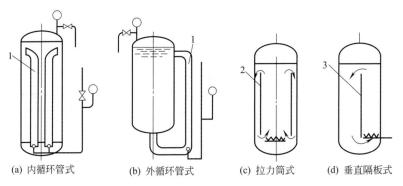

(a) 内循环管式　　(b) 外循环管式　　(c) 拉力筒式　　(d) 垂直隔板式

图4-54　气升式发酵罐类型

1—环流管；2—拉力筒；3—隔板

为使环流管内气泡在上升时进一步破碎分散以增加氧的传递速率，近年来在环流管内安装静态混合元件，取得了较好效果。气升式发酵罐中环流管高度一般高于4m，罐内液面不低于环流管出口，且不高于环流管出口1.5m。

气升式发酵罐的优点是结构简单、密封好、能耗低、液体中的剪切作用小，可用于动、植物细胞的培养发酵。在同样的能耗下，其氧传递能力比机械搅拌发酵罐要高得多，因此，在大规模生产单细胞蛋白及废水处理中都有广泛应用，但是气升式发酵罐不适用于高黏度或含大量固体的培养液。

4.6　控制仪表

制药工业涉及化学合成制药、生物制药、天然药物分离纯化等各种原料药物及制剂的加工过程，具有工艺复杂、设备种类繁多、高温、高压、腐蚀、易燃易爆、有毒有害等特性。为了保证生产人员、设备、环境及生产原料和产品的安全，必须有可靠有效的检测与控制手段。

控制仪表是实现生产过程自动化的重要工具，广义的控制仪表包括控制器、变送器、运算器、执行器等，以及新控制仪表和装置。在自动控制系统中，首先由检测仪表将被控变量转换成测量信号，送往显示仪表进行显示，或送往控制仪表进行控制，使被控变量达到预期要求。

一个由控制仪表与控制对象组成的简单控制系统框图如图 4-55（a）所示，控制对象是压力、流量、温度等被控变量，这些被控变量首先由检测元件变换为易于传递的物理量，再经变送器转换成标准统一的电器信号。该信号送到控制器中，经与给定值运算比较，将比较后的偏差，转换成一定规律的控制信号，控制执行器动作，改变被控介质物料或能量的大小，直至被控变量与给定值相等为止。

图 4-55（b）为一由加热炉、温度变送器、控制器和执行器构成的单回路温度控制系统。温度变送器将温度信号转换为电信号，在控制器的作用下，通过执行器控制加热炉的出口温度使其在规定范围之内。

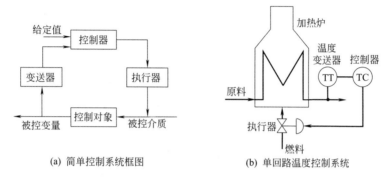

(a) 简单控制系统框图　　　　(b) 单回路温度控制系统

图 4-55　控制系统简图

控制仪表及装置可按能源形式，信号类型和结构形式等进行分类。

① 按能源形式可分为气动，电动，液动等。

② 按信号类型可分为模拟式和数字式。

③ 按结构形式可分为基地式控制仪表、单元组合式控制仪表、集散控制系统以及现场总线控制系统等。

在制药过程自动化生产中，最常见的工艺变量是温度、流量、压力、物位等，因此，本节主要介绍控制仪表中各工艺变量的检测仪表，控制器、变送器、运算器、执行器等内容见与制药过程自动化与仪表相关的书籍。

4.6.1　温度检测仪表

4.6.1.1　热电偶

热电偶的测温原理是热电效应。当将两种不同材料的导体或半导体 A 和 B 连接在一起时，如果两个接点的温度不同（分别以 θ 及 θ_0 表示），则回路内将有电流产生，且电流大小与接点温度 θ 和 θ_0 的函数之差成正比，而其极性则取决于 A 和 B 的材料。以上结果也证实了当 $\theta \neq \theta_0$ 时内部有热电势存在，即热电效应，图 4-56（a）中 A、B 是热电极，其中 A 为正极，B 为负极，放置于被测介质温度为 T 的一端，称工作端或热端；另一端称参比端或冷端（通常处于室温或恒定的温度之中）。在此回路中产生的热电势可用下式表示

$$E_{AB}(\theta,\theta_0)=E_{AB}(\theta)-E_{AB}(\theta_0) \tag{4-1}$$

式中，$E_{AB}(\theta)$ 为工作端（热端）温度为 θ 时在 A、B 接点处产生的热电势；$E_{AB}(\theta_0)$

为参比端（冷端）温度为 θ_0 时在 A、B 另一端接点处产生的热电势。为了能正确测量温度，参比端温度需维持恒定，这样对一定材料的热电偶，其总热电势 E_{AB} 便是被测温度的单值函数了，即

$$E_{AB}(\theta,\theta_0)=f(\theta)-C=\varphi(\theta_0) \tag{4-2}$$

此时，只要测出热电势的大小，就能判断被测介质温度。

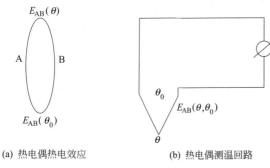

(a) 热电偶热电效应　　　(b) 热电偶测温回路

图 4-56　热电阻原理及测温回路示意图

根据热电偶的"中间导体定律"可知：热电偶回路中接入第三种导体后，只要该导体两端温度相同，热电偶回路中所产生的总热电势与没有接入第三种导体时热电偶所产生的总热电势相同。因此接入测量仪表时，只要同一仪表的导体两端温度相同，就不影响热电偶所产生的热电势值。因此可如图 4-56（b）所示在热电偶回路中接入各种显示仪表、变送器、连接导线等。

常用热电偶在参比端温度为 0℃时的热电势与温度的非线性对应关系都可以在热电偶的分度表中查到。与分度表所对应的该热电偶的代号则称为分度号，表 4-1 列出了几种工业常用热电偶的测温范围和使用特点。

表 4-1　工业常用热电偶的测温范围和使用特点

热电偶名称	分度号	测温范围/℃		特点
		长期	短期	
铂铑 30-铂铑 6	B	0～1600	1800	1.热电势小,测量温度高,精度高; 2.适用于中性和氧化性介质; 3.价格高
铂铑 10-铂	S	0～1300	1600	1.热电势小,精度高,线性差; 2.适用于中性和氧化性介质; 3.价格高
镍铬-镍硅 （镍铬-镍铝）	K	0～1000	1200	1.热电势大,线性好; 2.适用于中性和氧化性介质; 3.价格便宜,是工业上最常用的一种
镍铬-康铜	E	0～550	750	1.热电势大,线性差; 2.适用于氧化及弱还原性介质; 3.价格低

根据外形结构不同，工业上常用的热电偶有以下几种。

（1）普通型热电偶　普通型热电偶的基本结构见图 4-57，主要由热电极、绝缘管、保护套管、接线盒，接线柱组成。绝缘管材质的选取取决于测温范围，主要用于防止两根热电极短路。保护套管的材质要求耐高温、耐腐蚀、不透气和具有较高的热导率等，主要起保护热电极不受化学腐蚀和机械损伤的作用，接线盒主要起连接热电偶参比端与补偿导线的作用。

（2）铠装热电偶　铠装热电偶的结构如图 4-58 所示，主要由金属套管、绝缘材料（陶瓷）和热电极等组成，其优点是能弯曲、耐高压、热响应时间快和坚固耐用，可适应复杂结构的安装要求。

（3）多点式热电偶　多点式热电偶是由多支不同长度的热电偶感温元件，用多孔的绝缘

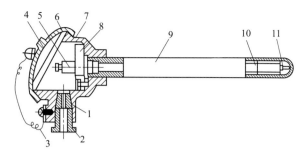

图 4-57　普通型热电偶的基本结构

1—出线孔密封圈；2—出线孔螺母；3—链条；4—面盖；5—接线柱；6—密封圈；7—接线盒；
8—接线座；9—保护套管；10—绝缘管；11—热电极

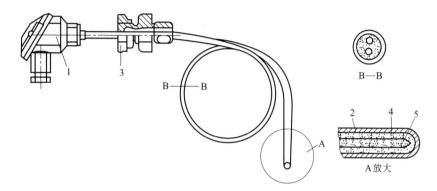

图 4-58　铠装热电偶的结构

1—接线盒；2—金属套管；3—固定装置；4—绝缘材料；5—热电极

管组装而成，适合于制药生产中同一设备不同高度的多点温度的测量。

（4）隔爆型热电偶　隔爆型热电偶主要在生产现场存在易燃易爆气体的条件下使用，其基本参数与普通型热电偶一样。

（5）表面型热电偶　通过真空膜法将两电极材料蒸镀在绝缘基底上的薄膜热电偶，专门用于测量各种形状的固体表面温度，优点是反应速率极快，热惯性极小，便于携带。

4.6.1.2　热电阻

（1）金属电阻　工业上常用的热电阻有铜电阻和铂电阻两种，见表 4-2。其测温原理是基于导体的电阻会随温度的变化而变化的特性，因此只要测出感温元件热电阻的阻值变化，就可得到被测介质温度。

表 4-2　工业常用热电阻

热电阻名称	0℃时阻值/Ω	分度号	测温范围	特点
铂电阻	50	Pt50	−200～500℃	1.精度高,价格高; 2.适用于中性和氧化性介质
	100	Pt100		
铜电阻	50	Cu50	−50～150℃	1.线性好,价格低; 2.适用于无腐蚀性介质

工业用热电阻的结构类型有普通型、铠装型、专用型及端面型等，普通型热电阻一般包括电阻体、绝缘材料、保护套管和接线盒等部分，见图 4-59。

铠装型热电阻将电阻体先拉制成型并与绝缘材料和保护套管连成一体，直径小，易弯

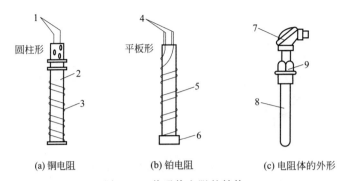

(a) 铜电阻　　　　　　(b) 铂电阻　　　　　　(c) 电阻体的外形

图 4-59　普通热电阻的结构

1—钢丝引出线；2—塑料骨架；3—铜电阻丝；4—银料引出线；5—铂电阻丝；

6—云母片骨架；7—接线盒；8—保护套管；9—螺纹接口

曲，适宜安装在管道狭窄和要求快速反应、微型化等特殊场合。专用型热电阻是指用于一些特殊测温场合的热电阻。如轴承热电阻带有防震结构，保证电阻丝紧密地贴在被测轴承表面，可以测量带轴承设备上的轴承温度；端面型热电阻由特殊处理的线材绕制而成，能更紧地贴在被测物体的端面。

（2）半导体热敏电阻　半导体热敏电阻的工作原理是某些半导体材料的电阻值会随温度的变化而变化，只要测定材料的温度即可得到其电阻，其结构如图 4-60 所示。按温度特性，热敏电阻可分为两类，随温度上升电阻增加的为正温度系数热敏电阻，反之为负温度系数热敏电阻。大多数热敏电阻都属于负温度系数的热敏电阻，称为 NTC 型热敏电阻，主要由锰、镍、铁、钴、钛、钼、镁等的复合氧化物经高温烧结而成，通过不同的材料组合得到不同的温度特性。NTC 型热敏电阻在低温段比在高温段灵敏。

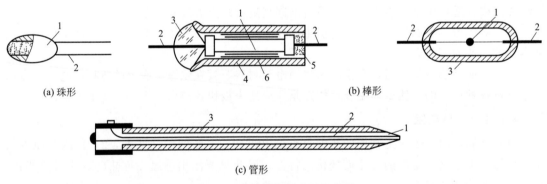

(a) 珠形　　　　　　　　　　　　　　　　　　(b) 棒形

(c) 管形

图 4-60　半导体热敏电阻的结构

1—热电阻体；2—引出线；3—玻璃壳层；4—保护套管；5—密封填料；6—锡箔

半导体热敏电阻的主要优点是结构简单、电阻值大、灵敏度高、体积小、热惯性小。主要缺点是线性及互换性差、测温范较窄。

4.6.2　流量检测仪表

流量是指单位时间内流过管道某一截面的流体数量的大小，即瞬时流量。而在某一时段内流过流体的总和，即瞬时流量在某一时段的累积量称为总流量，流量可以用质量流量 q_m 表示，也可以用体积流量 q_v 表示，若流体的密度是 ρ，那么它与质量流量 q_m 的关系是 $q_m = q_v \rho$。

气体是可压缩的，q_v 会随工作状态而变化，q_{vn} 就是折算到标准压力和温度状态下的体积流量（在仪表计量上多以 $20℃$ 及 1 个标准大气压为标准状态）。q_{vn} 与 q_m 和 q_v 的关系为

$$q_{vn} = q_m / \rho_n \qquad (4\text{-}3)$$
$$q_{vn} = q_v \rho / \rho_n \qquad (4\text{-}4)$$

式中，ρ_n 为气体在标准状态下的密度。

测量流体流量的仪表一般叫做流量计，测量流量的方法非常多，其测量原理和所应用的仪表结构形式各不相同，大致可以分成体积流量测量和质量流量测量两大类。

体积流量的测量方法又可分为速度法（又称间接法）和容积法（又称直接法），速度法是先测出管道内的平均流速，再乘以管道截面积求得流体的体积流量。所用的仪表叫速度式流量计，包括节流式流量计、靶式流量计、弯管流量计、转子流量计、电磁流量计、旋涡流量计、涡轮流量计、超声流量计等。容积法是以排出流体的固定容积量来计算流量的。所用的仪表即容积式流量计，主要的形式有椭圆齿轮流量计、腰轮流量计，皮膜式流量计等。适用于测量高黏度、低雷诺数的流体。

质量流量的测量方法分为直接法和间接法两类。直接法即用流量计直接测量质量流量，如量热式流量计、科氏力流量计、角动量式流量计等。间接法又称推导法，是用测量的流体的体积流量以及密度（或温度和压力）经过运算求得质量流量。主要有压力或温度补偿式质量流量计。

4.6.2.1 速度式流量计

（1）节流式流量计 节流式流量计是应用非常广泛的一类流量测量仪表，约占流量测量仪表总数的 70%，见图 4-61。它由节流装置和差压计两部分组成，充满圆管的流体流经节流件（如孔板）时，流束在孔板处形成局部收缩，由于流速增加、静压力降低而在孔板前后产生压差，这一压差与流量的平方成正比。

测量仪表有应变、电容和振弦式等差压变送器，以及双波纹管差压计等类型。这类仪表调试方便，且已规范化，只要将节流装置与差压计配套就可用于测量流体的流量。

图 4-61　一体化节流式流量计及可选用的节流件

（2）靶式流量计 外形见图 4-62，是在流体通过的管道中，垂直于流动方向插上一块圆盘形的靶构成的。流体通过时对靶片产生推力，经杠杆系统产生力矩，力矩与流量的平方近似成正比。靶式流量计适用于测量黏稠性及含少量悬浮固体的液体。

（3）涡轮流量计 涡轮流量计的外形如图 4-63 所示，是根据涡轮的旋转速度随流量变化

图 4-62　靶式流量计

图 4-63　涡轮流量计

而变化来测量流量的，安装在非导磁材料制成的水平管段内的涡轮，受到流体冲击而旋转时，由导磁性材料制成的涡轮叶片不断通过磁电感应转换器中的永久磁钢，而在感应线圈内产生脉动电势，经放大和整形后，获得与流量成正比的脉冲频率信号作为流量测量信息，再根据脉冲累计数可得知流量总量，这种检测元件的特点是精度高，动态响应好，压力损失较小，但是流体必须不含污物及固体杂质，以减少磨损和防止涡轮被卡，适宜于测量比较洁净而黏度又低的液体的流量。

（4）转子流量计　流量是根据转子在锥形管内的高度来测量的，外形见图4-64。其原理是流量越大，转子被托得越高，转子和管壁之间的间隙越大，以平衡转子的重量，也即流量越大，环隙面积越大，所以一般称为面积法，它较多适用于中、小流量的测量。

图 4-64　双转子流量计　　　　　　图 4-65　电磁流量计

（5）电磁流量计　电磁流量计的工作原理是电磁感应定律，导电液体在磁场中作垂直方向流动切割磁力线时，会产生感应电势 E，外形如图4-65所示。感应电势与流速成正比，感应电势由管道两侧的两根电极引出。

这种检测元件的特点是测量管内无活动及节流部件，是一段光滑直管，因此阻力损失极小，合理选用衬里及电极材料就可达到良好的耐腐蚀性和耐磨性，因此可测量强酸强碱溶液。此外，测量值不受液体密度、压力、温度及黏度的影响，动态响应快。但是被测介质必须是导电性液体，最低电导率大于 $20\mu s/cm$，而且被测介质中不应有较多的铁磁性物质及气泡。

图 4-66　管道式涡街流量计

（6）旋涡流量计　旋涡流量计又称涡街流量计，外形如图4-66所示。它是应用流体振荡原理来测量流量的，流体在管道中经过涡街流量变送器时，在三角柱型旋涡发生体后上下交替产生正比于流速的两列旋涡，旋涡的释放频率与流过旋涡发生体的流体平均速度及旋涡发生体特征宽度有关，根据这种关系，旋涡频率就可以计算出流过旋涡发生体的流体的平均速度，再乘以横截面积得到流量。

旋涡流量计具有测量精度高、应用范围广、无运动件、使用寿命长、检测元件不接触被测流体、节能效果明显等优点。可以用来测量各种管道中的液体、气体和蒸汽的流量，是目前工业上常用的新型流量检测仪表。

（7）超声波流量计　超声波流量计的外形如图4-67所示，是通过检测流体流动对超声波产生的影响来对液体流量进行测量的，其利用的是"时差法"。

由于超声波流量计利用超声波对流体的流量进行测量，因此其不仅可以测量常规管道流量，还可以测量不易观察、不易接触的管道的流量；其不仅可以测量常规流体流量，还可对具有强腐蚀性、放射性、易燃、易爆等特点的流体进行流量的测量。

超声波流量计的主要缺点是对所测流体的温度范围有所限制，目前我国的超声波流量计仅可用于200℃以下流体的测量；而且，超声波流量计的测量线路相当复杂，若需测量结果准确度为1%，则对声速的测量准确度需达到10^{-5}～10^{-6}数量级，对测量线路要求较高。

图 4-67　超声波流量计

4.6.2.2　容积式流量计

容积式流量计的工作原理为：流体通过流量计，就会在流量计进出口之间产生一定的压力差，流量计的转动部件（简称转子）在这个压力差的作用下产生旋转，并将流体由入口排向出口，在这个过程中，流体一次次地充满流量计的"计量空间"，然后又不断地被送往出口。在给定流量计条件下，该计量空间的体积是确定的，只要测得转子的转动次数，就可以得到通过流量计的流体体积的累积值，其外形见图 4-68。

图 4-68　容积式流量计

常见的容积式流量计有椭圆齿轮流量计、圆盘式流量计、腰轮流量计、双转子流量计等。该类流量计具有计量精度高、安装管道条件对计量精度没有影响、可用于高黏度液体的测量、范围度宽、直读式仪表无需外部能源可直接获得累积、流体体积测量总量清晰明了、操作简便。但也存在结构复杂、重量较大、成本较高、轴承易磨损等缺点，通常不适用于有异物和低黏度的液体的流量测量，在中、大口径流量计里的竞争力也较小。

4.6.2.3　质量流量计

（1）科里奥利质量流量计　简称科氏力流量计，外形见图 4-69，其工作原理为当一个位于旋转体系内的质点作朝向或者离开旋转中心的运动时，将产生一惯性力。通过直接法或间接法测量出在旋转管道中流动的流体作用于管道上的科里奥利力，就可以测得流体通过管道的质量流量。

科氏力流量计的特点是直接测量质量流量，不受流体物理性质（密度、黏度等）影响，测量精度高；测量值不受管道内流场影响，无上下游直管段长度的要求；可测量各种非牛顿流体以及黏滞的和含微粒的浆液。它的缺点是阻力损失较大，零点不稳定以及管路振动会影响测量精度。

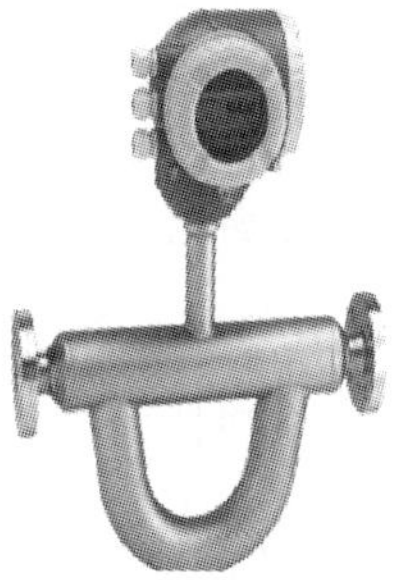

（2）量热式质量流量计　量热式质量流量计是利用流体流过外热源加热的管道时产生的温度场变化来测量流体质量流量的，外形见图 4-70，常用来测定气体流量。通过测量气体流经流量计内加热元件时的冷却效应来计量气体流量。气体通过的测量段内有两个热阻元件，其中一个作为温度检测器，另一个作为加热器。温度检测器用于检测气体温度，加热器则通过改变电流来保持其温度与被测气体的温度之间有一个恒定的温度差。当气体流速

图 4-69　科氏力流量计

图 4-70　量热式质量流量计

增加时，冷却效应变大，使须保持热电阻间恒温的电流也越大。此热传递正比于气体质量流量，即供给电流与气体质量流量之间有一对应的函数关系来反映气体的流量。

量热式质量流量计属非接触式流量计，可靠性高，可以测量微小气体流量，但是灵敏度较低，被测气体介质必须干燥洁净。

（3）间接式质量流量计　在测量体积流量的同时测量被测流体密度，再用运算器将两表的测量结果加以适当运算，间接得出质量流量。间接式质量流量计结构复杂，目前多将微机技术用于间接式质量流量计中以实现有关计算功能。

4.6.3　压力检测仪表

在制药生产过程中，压力是重要的控制参数之一，许多生产过程都是在一定的压力条件下进行的。如注射剂的高压蒸汽灭菌需控制压力在 0.15MPa 左右，减压蒸馏则要在比大气压低很多的真空下进行。如果压力不符合要求，不仅会影响生产的正常运行，降低产品质量，有时还会产生严重的安全事故。另外，有些变量的测量，也可以通过测量压力或差压而获得，如流量和物位等。

因为各种制药工艺设备和检测仪表都是在大气压力之下，本身就承受着大气压力。所以，工程上经常采用表压和真空度来表示压力的大小，除特别说明外，一般压力仪表所指示的压力都是表压或真空度。

4.6.3.1　压力检测仪表分类

压力检测仪表种类很多，按照其转换原理不同可以分为以下几种。

（1）液柱式压力计　该压力计是根据流体静力学原理，将被测压力转换成液柱高度进行测量的，最典型的是 U 形管压力计，结构简单且读数直观。

（2）弹性式压力计　该压力计是基于弹性元件的弹性变形特性进行测量的。弹性元件受到被测压力作用而产生变形，测出弹性元件变形的位移就可测出弹性力。此类压力计有弹簧管压力计、波纹管压力计、膜式压力计等。

（3）电气式压力计　该压力计是通过机械和电气元件将被测压力转换成电量来进行测量的仪表，如各种压力传感器和压力变送器等。

（4）活塞式压力计　该压力计是将被测压力转换成活塞上所加平衡砝码的质量来进行测量的，具有测量精度高、测量范围宽、性能稳定可靠等优点，一般作为标准型压力检测仪表来校验其他类型的测压仪表。

4.6.3.2　常用压力检测仪表

（1）弹性式压力表　弹性式压力表是根据各种形式的弹性元件受压后产生的变形与压力大小有确定关系的原理工作的，其结构简单、使用可靠、测压范围广（0～1000MPa），是目前工业上使用最广泛的压力表。常见的测压用弹性元件主要是膜片、波纹管和弹簧管。图 4-71 是常见弹性元件的示意图。

a.膜片。膜片是由金属或非金属材料做成的具有弹性的一种圆形薄板或薄膜，其周边固定在壳体或基座上。当膜片两边的压力不等时就会产生位移，将膜片沿着周口对焊，就构成了膜盒。

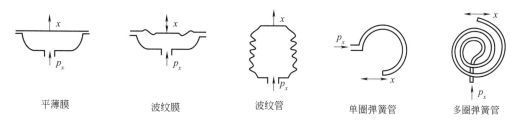

平薄膜　　　　　波纹膜　　　　　波纹管　　　　单圈弹簧管　　　　多圈弹簧管

图 4-71　常见弹性元件示意图

x—变形大小；P_x—压力大小

b. 波纹管。波纹管是一种轴对称的波纹状薄壁金属筒体，当它受到轴向力作用时能产生相对较大的位移，通常在其顶端装传动机构，带动指针直接读数。波纹管灵敏度较高，适合检测微压及低压信号，测压范围是 $1.0 \sim 1.0 \times 10^6$ Pa，但测量精度一般不高。

c. 弹簧管。弹簧管是一根弯成圆弧的、具有不等轴椭圆截面的空心金属管。其一端封闭并处于自由状态为自由端，另一端开口为固定端。被测压力由固定端通入弹簧管内腔。在压力的作用下，弹簧管横截面有变圆的趋向，弹簧管亦随之产生向外伸直的变形，从而引起自由端发生位移。由于所加压力与自由端的位移量成正比，可以由此得知被测压力的大小。单圈弹簧管中心角一般是 270°，为了增加位移量，可以做成多圈弹簧管型式。

弹簧管压力表的结构见图 4-72，具有结构简单、使用方便、价格便宜、使用范围广泛、测量范围宽的优点，可以测量负压、微压、低压、中压和高压，因而是目前工业上使用最多的测压仪表。

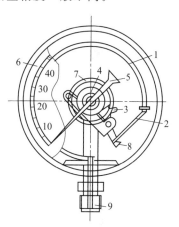

图 4-72　弹簧管压力表

1—弹簧管；2—拉杆；3—扇形齿轮；4—中心齿轮；5—指针；6—面板；7—游丝；8—调节螺钉；9—接头

（2）压力传感器　压力传感器是指能够检测压力并提供远传信号的装置，能够满足自动化系统集中检测显示和控制的要求，当压力传感器输出的电信号进一步变换成标准统一信号时，又称为压力变送器。常见的压力传感器有应变片式压力传感器、压电式压力传感器、压阻式压力传感器、电容式压力传感器等。

4.6.4　物位检测仪表

物位包括液位、料位及界位三个方面，其中液位指设备或容器中液体介质液面的高低，测量液位的仪表称为液位计。料位是指设备或容器中块状、颗粒状、粉末状固体堆积高度，测量料位的仪表称为料位计。界位是指两种液体（或液体与固体）分界面的高低，其测量仪表叫界面计。生产过程中经常需要对物位进行检测，主要目的是监控生产的正常和安全运行，保证物料平衡，而三种检测仪表统称为物位仪表。

4.6.4.1　物位检测仪表的分类

物位检测的对象不同，检测条件和检测环境也不相同，因而检测仪表种类很多。按其工作原理主要有以下几种类型。

（1）直读式物位仪表　这种仪表最简单也最常见。常见的是安装在设备容器窗口或接旁通的玻璃管液位计，用于直接观察液位的高低。该方法准确可靠，但只能就地指示，容器压力不能太高。

（2）差压式物位仪表　通过液柱或物料堆积会对某定点产生压力的原理而工作的，基于这种方法的液位计有压力式和差压式等。

（3）浮力式物位仪表　利用浮子高度随液位变化而改变，或液体对沉浸于液体中的沉筒的浮力随液位高度而变化的原理而工作的。前者称恒浮力法，后者称变浮力法。基于这种方法的液位计有浮子式、浮筒式及磁转式等。

（4）机械接触式物位仪表　通过测量物位探头与物料面接触时的机械力来测量物位。机械接触式物位仪表主要有重锤式、音叉式及旋翼式等。

（5）电气式物位仪表　使物位的变化转换为电阻、电容、磁场等电量的变化来实现测量的。这种方法既适用于测量液位，又适用于测量料位。主要有电接点式、磁致伸缩式、电容式、射频导纳式等。

（6）声学式物位仪表　利用物位变化引起声阻抗的变化、声波的遮断及反射特性等的不同来检测物位的，可以检测液位和料位。

（7）射线式物位仪表　放射线同位素所放出的射线（如 γ 射线等）穿过被测介质时会被介质吸收而减弱，吸收程度与物位厚度有关。

（8）光学式物位仪表　利用物位对光波的遮断和反射原理工作，光源有普通白炽灯光或激光等。

（9）微波式物位仪表　利用高频脉冲电磁波反射原理进行测量，如雷达液位计。

4.6.4.2　常用物位检测仪表

（1）差压式物位计　差压式物位计是利用静压原理来测量的，测量时，设容器底部的压力为 p_B，液面上的压力为 p_A，液位高度为 h，见图 4-73。根据静力学原理，$\Delta p = p_B - p_A = h\rho g$，由于液体密度 ρ 及 g 为定值，故压差与液位成正比。

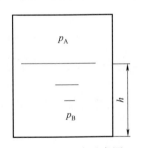

图 4-73　压力示意图

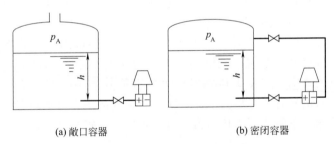

(a) 敞口容器　　　　　(b) 密闭容器

图 4-74　静压式液位测量原理

当被测容器是敞口容器时，如图 4-74(a) 所示，p_A 为大气压力，只需向差压变送器的负压室通大气即可。对于密闭容器，差压式液位计的一端接液相，另一端接气相，如图 4-74（b）所示。如果不需要远传信号，可在容器底部或侧面液位零位处安装压力表，可根据压力与液位的正比关系直接在压力表上按液位进行刻度。

在实际测量液位时，要注意使差压式液位计的零液位与检测仪表取压口的高度保持一致，否则会产生附加的静压误差，但是由于客观条件的限制现场测量时往往不能做到这一点，因此必须进行量程迁移和零点迁移。

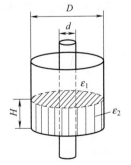

图 4-75　电容式物位计原理

（2）电容式物位计　电容式物位计是可以检测液位、料位和界位的一种物位计，其结构见图 4-75。其是基于圆筒电容器工作的，电容器由两个绝缘的同轴圆柱极板内电极和外电极组成，在两筒之间充以介电常数为 ε 的电解质时，当圆形电极间的一部分被物料浸没时，极板间存在的两种介质的介电常数将引起电容量的变化。设原有中间介质的介电常数是 ε_1，被测物料介电常数为 ε_2，被浸没电极相互遮盖部分的高度为 H，则电容变化量 ΔC 为

$$\Delta C = k \frac{(\varepsilon_2 - \varepsilon_1)}{\ln(D/d)} H \qquad (4\text{-}5)$$

所以当外电极的内径 D、内电极的外径 d 以及介电常数 ε_1、ε_2 不变时，电容变化量 ΔC 就与物位高度 H 成正比。因此只要测出电容变化量就可得物位。

电容式物位计的传感部分结构简单、使用方便。但由于电容变化量较小，准确测量电容量就成为物位检测的关键，往往需要借助复杂的电子线路才能实现，该物位计适用范围广泛，但要注意测量时如果介质的介电常数改变，往往需要及时调整仪表。

（3）超声物位计　超声物位计是一种优良的非接触的界面测量设备。物位测量过程中，超声波信号由超声波探头发出，经液体或固体物料表面反射后折回，由同一个探头接收，通过测量超声波的整个运行时间来实现物位的测量。图 4-76 是超声波物位检测原理图。

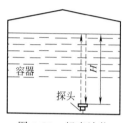

图 4-76　超声波物位检测原理

超声波物位计具有维护少、无污染、可靠性高、寿命长等优点，特别适用于液体、粒状、粉状物的测量以及高温、潮湿、有毒的恶劣测量环境，但不适用于对超声波有较强吸收能力的介质的测量。

除以上三种物位计外，常用的物位计还有核辐射物位计、磁翻转液位计、雷达液位计、音叉式物位开关等。

制药生产工业上常用的控制仪表除了温度、流量、压力、物位检测仪表外，还有成分和物性参数检测仪表、位移量检测仪表、转速检测仪表、振动检测仪表、重量检测仪表等，感兴趣的读者可查阅相关书籍，本章不再赘述。

习　题

1. 简述机械搅拌釜式反应器的整体结构。常用的搅拌器有哪些类型？
2. 列举几种常用的分离设备，并说出各自的结构特点。
3. 制药工业上常用的换热器有哪些？试比较其优缺点。
4. 制药企业常用的转运设备有哪些？简述其特点及应用场合。
5. 简述机械搅拌式发酵罐的搅拌器的作用。为什么常采用圆盘涡轮式搅拌器？机械搅拌器如何提高混合效果？
6. 制药工业中常用的温度、压力、流量、物位检测仪表分别有哪些？各自的应用场合是什么？

参考文献

［1］　张光新. 化工自动化及仪表. 第 2 版. 北京：化学工业出版社，2016.
［2］　宋瑞. 基础制药设备. 石家庄：河北科学技术出版社，2015.
［3］　张珩. 制药工程工艺设计. 第 3 版. 北京：化学工业出版社，2018.
［4］　吴勤勤. 控制仪表及装置. 第 4 版. 北京：化学工业出版社，2013.

［5］ 朱宏吉，张明贤.制药设备与工程设计.第 2 版.北京：化学工业出版社，2011.

［6］ 厉玉鸣.化工仪表及自动化.第 5 版.北京：化学工业出版社，2011.

［7］ 梁世中.生物工程设备.第 2 版.北京：中国轻工业出版社，2011.

［8］ 周丽莉.制药设备与车间设计.第 2 版.北京：中国医药科技出版社，2011.

［9］ 刘书志.制药工程设备.北京：化学工业出版社，2008.

［10］ 姚日生.制药工程原理与设备.北京：高等教育出版社，2007.

［11］ 宫锡坤.生物制药设备.北京：中国医药科技出版社，2005.

第 5 章

制药工程工艺管线及设计

5.1 管道设计概述

在生产实习中应了解在初步设计阶段的带控制点工艺流程图，首先要选择和确定管道、管件及阀件的规格和材料，并估算管道设计的投资费用；在施工图设计阶段，还需确定地沟的断面尺寸和位置，管道的支承方式和间距，管道和管件的连接方式，管道的热补偿与保温，管道的平、立面位置及施工、安装、验收的基本要求。施工图阶段管道设计的成果是管道平、立面布置图，管道轴测图及其索引，管架图，管道施工说明，管段表，管道综合材料表及管道设计预算。在生产实习中，要着重收集初步设计阶段所需的管道资料。其具体内容如下。

(1) 管径的计算和选择　根据物料性质和使用工况，选择各种介质管道的材料；根据物料流量和使用条件，计算管径和管壁厚度，再根据管道现有的生产情况和供应情况选定管道。

(2) 地沟断面的决定　地沟断面的大小及坡度应按管道的数量、规格和排列方法确定。

(3) 管道的设计　根据工艺流程图，结合设备布置图及设备施工图进行管道设计，应包含如下内容。

① 各种管道、管件、阀件的材料和规格，管道内介质的名称，介质流动方向用代号或符号表示；标高以地平面为基准面或以所在楼层的楼面为基准面。

② 同一水平面或同一垂直面上有数种管道，不易表达清楚时，应该画出其剖面图。

③ 如有管沟时应画出管沟的截面图。

(4) 提出资料　管道设计应提出的资料包括如下内容。

① 将各种地沟断面的尺寸数据提供给土建。

② 将车间上水、下水、冷冻盐水、压缩空气和蒸汽等用量及管道管径及要求（如温度、压力等条件）提供给公用系统。

③ 将管道管架条件（管道布置、载荷、水平推力、管架型式及尺寸等）提供给土建。

④ 设备管口修改条件返给设备布置。

⑤ 如甲方要求还需提供管道投资预算。

（5）编写施工说明　施工说明是对图纸内容的补充，图纸内容只能表达一些表面的尺寸要求，对其他的要求无法表达，所以需要以说明的形式对图纸进行补充，以满足工程设计要求。施工说明应包含设计范围，施工、检验、验收的要求及注意事项。例如焊接要求、热处理要求、探伤检验要求、试压要求、静电接地要求及各种介质的管道及附件的材料要求，各种管道的安装坡度及保温刷漆要求等问题。

5.2　管道及其选择

5.2.1　管道的标准化

管道材料的材质、制造标准、规格种类、验收等有很多要求，同种规格管道由于使用温度和压力不同，壁厚也不一样。为方便采购和施工，应尽量减少种类，尽量使用市场上已有品种和规格以降低采购、安装及检验成本，减少备品备件的数量，方便使用过程的维护和改造。

5.2.1.1　公称压力

制药产品种类繁多，即使是同一种产品，由于工艺方法的差异，对管道温度、压力和材料的要求也不相同。在不同温度下，同一种材料的管道所能承受的压力不一样。为了实现管道材料的标准化，需要统一压力的数值，减少压力等级的数量，以利于管件、阀件（门）等管道组成件的选型。公称压力是管道、管件和阀门在规定温度下的最大许用工作压力（表压，温度范围 0~120℃），由 PN 和无量纲数字组成，代表管道组成件的压力等级。管道系统中每个管道组成件的设计压力，应不小于在操作中可能遇到的最苛刻的压力与温度组合工况的压力。

5.2.1.2　公称直径

公称直径又称公称通径，它代表管道组成件的规格，一般由 DN 和无量纲数字组成。这个数字与端部连接件的孔径或外径（单位为 mm）等特征尺寸直接相关。不同规范的表达方式可能不同，所以也有使用其他标识尺寸的方法，例如螺纹、压配、承插焊或对接焊的管道元件，可用 NPS（公称管道尺寸）、OD（外径）、ID（内径）或 G（管螺纹尺寸标记）等标识的管道元件。同一公称直径的管道或管件，采用的标准确定后，其外径或内径即可确定。管壁厚可根据压力计算确定选取。管件和阀件的标准则规定了各种管件和阀件的外廓尺寸和装配尺寸。

5.2.2　管径的计算和确定

管径的选择是管道设计中的一个重要内容，除了安全因素外，管径的大小决定管道系统的建设投资和运行费用，管道投资费用与动力系统的消耗费用有着直接的联系。管径越大，建设投资费用越大，但动力消耗费用可降低，运行费用就小。

5.2.2.1　管道流速的确定

流量确定的情况下，管道流速就成了确定管径的决定因素，一般应考虑的因素如下。

（1）工艺要求　对于需要精确控制流量的管道，必须满足流量精确控制的要求。

（2）压力降要求　管道的压力降必须小于该管道的允许压力降。

（3）经济因素　流速应满足经济性要求。

（4）管壁磨损限制　流速过高会引起管道冲蚀和磨损的现象，部分腐蚀介质的最大流速见表 5-1。

表 5-1　部分腐蚀介质的最大流速

介质名称	最大流速/(m/s)	介质名称	最大流速/(m/s)
氯气	25.0	碱液	1.2
二氧化硫(气态)	20.0	盐水和弱碱液	1.8
氨气 $p \leq 0.7MPa$	20.2	酚水	0.9
$0.7MPa < p \leq 2.1MPa$	8.0	液氨	1.5
浓硫酸	1.2	液氯	1.5

流速的选取应综合考虑各种因素，一般来说，对于密度大的流体，流速值应取得小些，如液体的流速就比气体小得多。对于黏度较小的液体，可选用较大的流速，而对于黏度大的液体，如油类、浓酸、浓碱液等，则所取流速就应比水及稀溶液低。对含有固体杂质的流体，流速不宜太低，否则固体杂质在输送时，容易沉积在管内。在保证安全和工艺要求的前提下，尽量考虑经济性。常用介质的流速选取见表 5-2 的推荐值。

表 5-2　常用介质流速的推荐值

介质名称	流速/(m/s)	介质名称	流速/(m/s)
饱和蒸汽　主管	30～40	压缩气体　0.1～0.2MPa(A)	8.0～12
饱和蒸汽　支管	20～30	压缩气体　0.2～0.6MPa(A)	10～20
低压蒸汽　<1.0MPa	15～20	压缩气体　0.6～1.0MPa(A)	10～15
中压蒸汽　1.0～4.0MPa	20～40	压缩气体　1.0～2.0MPa(A)	8.0～10
高压蒸汽　4.0～12.0MPa	40～60	压缩气体　2.0～3.0MPa(A)	3.0～6.0
过热蒸汽　主管	40～60	压缩气体　3.01～25.0MPa(A)	0.5～3.0
过热蒸汽　支管	35～40	煤气	2.5～15
一般气体　常压	10～20	煤气　初压 200mmH$_2$O	0.75～3.0
高压乏气	80～100	煤气　初压 6000mmH$_2$O	3.0～12
蒸汽　加热蛇管入口管	30～40	半水煤气　0.01～0.15MPa(A)	10～15
氧气　0～0.05MPa	5.0～8.0	烟道气　烟道内	3.0～6.0
氧气　0.05～0.6MPa	6.0～8.0	烟道气　管道内	3.0～4.0
氧气　0.6～1.0MPa	4.0～6.0	氯化甲烷　气体	20
氧气　1.0～2.0MPa	4.0～5.0	氯化甲烷　液体	2
氧气　2.0～3.0MPa	3.0～4.0	二氯乙烯	2
车间换气通风　主管	4.0～15	三氯乙烯	2
车间换气通风　支管	2.0～8.0	乙二醇	2
风管距风机　最远处	1.0～4.0	苯乙烯	2
风管距风机　最近处	8.0～12	二溴乙烯　玻璃管	1
压缩空气　0.1～0.2MPa	10～15	自来水　主管 0.3MPa	1.5～3.5
压缩气体　真空	5.0～10	自来水　支管 0.3MPa	1.0～1.5

介质名称	流速/(m/s)	介质名称	流速/(m/s)
工业供水 <0.8MPa	1.5～3.5	PN<0.01MPa 低压乙炔	<15
压力回水	0.5～2.0	PN=0.01～0.15MPa 中压乙炔	<8
水和碱液 <0.6MPa	1.5～2.5	PN>0.15MPa 高压乙炔	≤4
自流回水 有黏性	0.2～0.5	氨气 真空	15～25
离心泵 吸入口	1～2	氨气 0.1～0.2MPa	8～15
离心泵 排出口	1.5～2.5	氨气 0.35MPa	10～20
往复式真空泵 吸入口	13～16	氨气 <0.06MPa	10～20
	最大 25～30	氨气 <1.0～2.0MPa	3.0～8.0
油封式真空泵 吸入口	10～13	氨气 5.0～10.0MPa	2～5
空气压缩机 吸入口	<10～15	变换气 0.1～1.5MPa	10～15
空气压缩机 排出口	15～20	真空管	<10
通风机 吸入口	10～15	真空度 650～700mmHg 管道	80～130
通风机 排出口	15～20	废气 低压	20～30
旋风分离器 入气	15～25	废气 高压	80～100
旋风分离器 出气	4.0～15	化工设备排气管	20～25
结晶母液 泵前速度	2.5～3.5	氢气	≤8.0
结晶母液 泵后速度	3～4	氮 气体	10～25
齿轮泵 吸入口	<1.0	氮 液体	1.5
齿轮泵 排出口	1.0～2.0	氯仿 气体	10
黏度和水相仿的液体	取与水相同	氯仿 液体	2
自流回水和碱液	0.7～1.2	氯化氢 气体(钢衬胶管)	20
锅炉给水 >0.8MPa	>3.0	氯化氢 液体(橡胶管)	1.5
蒸汽冷凝水	0.5～1.5	溴 气体(玻璃管)	10
凝结水(自流)	0.2～0.5	溴 液体(玻璃管)	1.2
气压冷凝器排水	1.0～1.5	硫酸 88%～93%(铅管)	1.2
油及黏度大的液体	0.5～2	硫酸 93%～100%(铸铁管、钢管)	1.2
黏度较大的液体(盐类溶液)	0.5～1	盐酸 (衬胶管)	1.5
液氨 真空	0.05～0.3	往复泵(水类液体) 吸入口	0.7～1.0
液氨 <0.6MPa	0.3～0.5	往复泵(水类液体) 排出口	1.0～2.0
液氨 <1.0MPa,2.0MPa	0.5～1.0	黏度 50cP 液体(ϕ25 以下)	0.5～0.9
盐水	1.0～2.0	黏度 50cP 液体(ϕ25～50)	0.7～1.0
制冷设备中盐水	0.6～0.8	黏度 50cP 液体(ϕ50～100)	1～1.6
过热水	2	黏度 100cP 液体(ϕ25 以下)	0.3～0.6
海水,微碱水 <0.6MPa	1.5～2.5	黏度 100cP 液体(ϕ25～50)	0.5～0.7
氢氧化钠 0%～30%	2	黏度 100cP 液体(ϕ50～100)	0.7～1.0
氢氧化钠 30%～50%	1.5	黏度 1000cP 液体(ϕ25 以下)	0.1～0.2
氢氧化钠 50%～73%	1.2	黏度 1000cP 液体(ϕ25～50)	0.16～0.25
四氯化碳	2	黏度 1000cP 液体(ϕ50～100)	0.25～0.35
工业烟囱(自然通风)	2.0～3.0	黏度 1000cP 液体(ϕ100～200)	0.35～0.55
	实际 3～4	易燃易爆液体	<1
石灰窑窑气管	10～12		

注：1. 以上主支管长 50～100m。

2. 1cP=10^{-3}Pa·s。

3. A 代表绝对压力。

5.2.2.2 管径计算

流体的管径是根据流量和流速确定的。根据流体在管内的速度,可用下式求取管径

$$d = 1.128\sqrt{\frac{V_s}{u}} \tag{5-1}$$

式中,d 为管道直径,m(或管道内径,mm);V_s 为管内介质的体积流量,m^3/s;u 为流体的流速,m/s。

管道的管径还应该符合相应管道标准的规格数据,常用公称直径的管道外径见表 5-3。

表 5-3 常用公称直径的管道外径

公称直径(DN)		无缝管		焊接管
mm	in[①]	英制管外径/mm	公制管外径/mm	英制管外径/mm
15	1/2	22	18	21.3
20	3/4	27	25	26.9
25	1	34	32	33.7
32	1¼	42	38	42.4
40	1½	48	45	48.3
50	2	60	57	60.3
65	2½	76	76	76.1
80	3	89	89	88.9
100	4	114	108	114.3
125	5	140	133	139.7
150	6	168	159	168.3
200	8	219	219	219.1
250	10	273	273	273
300	12	324	325	323.9
350	14	356	377	355.6
400	16	406	426	406.4
450	18	457	480	457
500	20	508	530	508

① 1in=2.54cm。

5.2.3 管壁厚度

管道的壁厚有多种表示方法,管道材料所用的标准不同,其所用的壁厚表示方法也不同。一般情况下管道壁厚有以下两种表示方法。

5.2.3.1 以钢管壁厚尺寸表示

中国、国际标准化组织 ISO 和日本部分钢管标准采用壁厚尺寸表示钢管壁厚系列。大部分国标管材都用厚度表示。

5.2.3.2 以管道表号表示

这是 1938 年美国国家标准协会 ANSIB36.10(焊接和无缝钢管)标准所规定的,属国

际通用壁厚系列，它在一定程度上反映了钢管的承压能力。

管道表号（Sch.）是管道设计压力与设计温度下材料许用应力的比值乘以 1000，并经圆整后的数值。即

$$\text{Sch.} = \frac{p}{[\sigma]^t} \times 1000 \tag{5-2}$$

式中，p 为设计压力，MPa；$[\sigma]^t$ 为设计温度下材料许用应力，MPa。

管径确定后，应该根据流体特性、压力、温度、材质等因素计算所需要的壁厚，然后根据计算壁厚确定管道的壁厚。工程上为了简化计算，一般根据管径和各种公称压力范围，查阅有关手册（如《化工工艺设计手册》等）可得管壁厚度。常用公称压力下管道壁厚见表 5-4～表 5-6。

表 5-4　无缝碳钢和合金钢管壁厚　　　　　单位：mm

材料	PN/MPa	DN																			
		10	15	20	25	32	40	50	65	80	100	125	150	200	250	300	350	400	450	500	600
20 12CrMo 15CrMo 12CrMoV	≤1.6	2.5	3	3	3	3	3.5	3.5	4	4	4	4	4.5	5	6	7	7	8	8	8	9
	2.5	2.5	3	3	3	3	3.5	3.5	4	4	4	4	4.5	5	5	7	7	8	8	9	10
	4.0	2.5	3	3	3	3	3.5	3.5	4	4.5	5	5.5	7	8	9	10	11	12	13	15	
	6.4	3	3	3	3.5	3.5	3.5	4	4.5	5	6	7	8	9	11	12	14	16	17	19	22
	10.0	3	3.5	3.5	4	4.5	4.5	5	6	7	8	9	10	13	15	18	20	22			
	16.0	4	4.5	5	5	6	6	7	8	9	11	13	15	19	24	26	30	24			
	20.0	4	4.5	5	6	5	7	8	9	11	13	15	18	22	28	32	36				
	4.0T	3.5	4	4	4.5	5	5	5.5													
10 Cr5Mo	≤1.6	2.5	3	3	3	3	3.5	3.5	4	4.5	4	4	4.5	5.5	7	7	8	8	8	8	9
	2.5	2.5	3	3	3	3	3.5	3.5	4	4.5	5	5.5	7	7	8	9	9	10	12		
	4.0	2.5	3	3	3	3	3.5	3.5	4	4.5	5	5.5	6	8	9	10	11	12	14	15	18
	6.4	3	3	3	3.5	4	4	4.5	5	6	7	8	9	11	13	14	16	18	20	22	26
	10.0	3	3.5	4	4	4.5	5	5.5	6	7	8	9	12	15	18	22	24	26			
	16.0	4	4.5	5	5	6	7	8	9	10	11	15	18	22	28	32	36	40			
	20.0	4	4.5	5	6	7	8	9	11	12	15	18	22	26	34	38					
	4.0T	3.5	4	4	4.5	5	5	5.5													
16Mn 15MnV	≤1.6	2.5	2.5	2.5	3	3	3	3	3.5	3.5	3.5	3.5	4	4.5	5	5.5	6	6	6	6	7
	2.5	2.5	2.5	2.5	3	3	3	3.5	3.5	3.5	3.5	4	4.5	5	5.5	6	7	7	8	9	
	4.0	2.5	2.5	2.5	3	3	3	3.5	3.5	4	4.5	5	6	7	8	9	10	11	12		
	6.4	2.5	3	3	3.5	3.5	4	4.5	5	6	7	8	9	11	12	13	14	16	18		
	10.0	3	3	3.5	3.5	4	4	4.5	5	6	7	8	9	11	13	15	17	19			
	16.0	3.5	3.5	4	4.5	5	6	6	7	9	11	12	16	19	22	25	28				
	20.0	3.5	4	4.5	5	5.5	6	7	8	9	13	15	19	24	26	30					

注：表中 4.0T 表示外径加工管螺纹的管道，适用于 $PN \leqslant 4.0$MPa 的阀件连接。

表 5-5　无缝不锈钢管壁厚　　　　　　　　　　　　　　　　　　　　　　　　单位：mm

材料	PN/MPa	DN																			
		10	15	20	25	32	40	50	65	80	100	125	150	200	250	300	350	400	450	500	600
0Cr8Ni9 含 Mo 不锈钢	≤1.0	2	2	2	2.5	2.5	2.5	2.5	2.5	2.5	3	3	3.5	3.5	3.5	4	4	4.5			
	1.6	2	2.5	2.5	2.5	2.5	2.5	3	3	3	3	3.5	3.5	4	4.5	5	5				
	2.5	2	2.5	2.5	2.5	2.5	2.5	3	3	3.5	3.5	4	4.5	5	6	6	7				
	4.0	2	2.5	2.5	2.5	2.5	2.5	3	3.5	4	4.5	5	6	7	8	9	10				
	6.4	2.5	2.5	2.5	3	3	3	3.5	4	4.5	5	6	7	8	10	11	13	14			
	4.0T	3	3.5	3.5	4	4	4	4.5													

表 5-6　焊接钢管壁厚　　　　　　　　　　　　　　　　　　　　　　　　　　单位：mm

材料	PN/MPa	DN															
		200	250	300	350	400	450	500	600	700	800	900	1000	1100	1200	1400	1600
碳钢焊接管（Q235A、20）	0.25	5	5	5	5	5	5	5	6	6	6	6	6	6	7	7	7
	0.6	5	5	5	6	6	6	7	7	7	8	8	8	8	9	10	
	1.0	5	5	6	6	6	7	7	8	8	9	9	11	11	12		
	1.6	6	6	7	7	8	8	10	11	12	13	14	15	16			
	2.5	7	8	9	9	10	11	12	13	15	16						
焊接不锈钢管	0.25	3	3	3	3	3.5	3.5	3.5	4	4	4	4.5	4.5				
	0.6	3	3	3.5	3.5	3.5	4	4.5	5	5	6	6					
	1.0	3.5	3.5	4	4.5	4.5	5	5.5	6	7	7						
	1.6	4	4.5	5	6	7	7	8	9	10							
	2.5	5	6	7	8	9	12	13	15								

5.2.4　常用管材

制药工业常用管道有金属管和非金属管。常用的金属管有铸铁管、硅铁管、焊接钢管、无缝钢管（包括热轧和冷拉无缝钢管）、有色金属管（如铜管、黄铜管、铝管、铅管）、衬里钢管。常用的非金属管有耐酸陶瓷管、玻璃管、硬聚氯乙烯管、软聚氯乙烯管、聚乙烯管、玻璃钢管、有机玻璃管、酚醛塑料管、石棉-酚醛塑料管、橡胶管和衬里管道（如衬橡胶、搪玻璃管等）。

常用管道的类型、选材和用途见表 5-7。

表 5-7　常用管道的类型、选材和用途

管道类型		适用材料	一般用途	标准号
无缝钢管	中低压用	普通碳素钢、优质碳素钢、低合金钢、合金结构钢	输送对碳钢无腐蚀或腐蚀速度很小的各种流体	GB/T 8163—2018 GB 3087—2008 GB 9948—2013
	高温高压用	20G、15CrMo、12Cr2Mo 等	合成氨、尿素、甲醇生产中大量使用	GB/T 5310—2017 GB 6479—2013
	不锈钢	0Cr18Ni9 等	液碱、丁醛、丁醇、液氨、硝酸、硝铵溶液的输送	GB/T 14976—2012
焊接钢管	水煤气输送管道	Q235-A		GB/T 3091—2015
	双面埋弧自动焊大直径焊接钢管		适用于输送水、压缩空气、煤气、冷凝水和采暖系统的管路	GB 9711—2011
	螺旋缝电焊钢管	Q235、16Mn 等		
	不锈钢焊接钢管	0Cr18Ni9 等		HG 20537-3.4—1992

管道类型		适用材料	一般用途	标准号
食品工业用不锈钢管		0Cr18Ni9 等	用于洁净物料的输送	QB/T 2467—2017
金属软管	钎焊不锈钢软管	0Cr18Ni9 等	一般用于输送带有腐蚀性的气体	
	P2 型耐压软管	低碳镀锌钢带	一般用于输送中性的液体、气体及混合物	
	P3 型吸尘管	低碳镀锌钢带	一般用于通风、吸尘的管道	
	PM1 型耐压管	低碳镀锌钢带	一般用于输送中性液体	
有色金属	铜管和黄铜管	T2、T3、T4、TUP、TU1、TU2、H68、H62	适用于一般工业部门,用作机器和真空设备上的管路及压力小于 10MPa 的氧气管道	GB/T 1527~1530—2017
	铅及其合金管	纯铅、Pb4、Pb5、Pb6、铅锑合金(硬铅)、PbSb4、PbSb6、PbSb8	适用于化学、染料、制药及其他工业部门作耐酸材料的管道,如输送 15%～65% 的硫酸、干或湿的二氧化硫、60% 的氢氟酸、浓度小于 80% 的乙酸;铅管的最高使用温度为 200℃,但温度高于 140℃ 时,不宜在压力下使用	GB/T 1472—2014
	铝及其合金	L2、L3、工业纯铝	铝管用于输送脂肪酸、硫化氢及二氧化碳,铝管最高使用温度 200℃,温度高于 160℃ 时,不宜在压力下使用。铝管还可以用于输送浓硝酸、乙酸、甲酸、硫的化合物及硫酸盐。不能用于盐酸、碱液,特别是含氯离子的化合物。铝管不可用对铝有腐蚀的碳酸镁、含碱玻璃棉保温	GB/T 6893—2010 GB/T 4436—2012
纤维缠绕玻璃钢管	承插胶黏直管、对接直管和 O 形环承插连接直管	玻璃钢	一般用在公称压力 0.6～1.6MPa、公称直径大于 50mm 的管道上	HG/T 21633—1991
	玻璃钢管	玻璃钢	低压接触成型直管使用压力≤0.6MPa,长丝缠绕直管使用压力≤1.0MPa	
增强聚丙烯管		聚丙烯	具有轻质高强、耐腐蚀性好、致密性好、价格低等特点。使用温度为 120℃,使用压力≤1.0MPa	HG 20539—1992
玻璃钢增强聚丙烯复合管		玻璃钢、聚丙烯	一般用于公称直径 15～400,PN≤1.6MPa 的管道上	HG/T 21579—1995
玻璃钢增强聚氯乙烯复合管		玻璃钢、聚氟乙烯	使用压力≤1.6MPa	HG/T 21636—1987 (规格尺寸) HG 20520—1992 (设计规定)
钢衬改性聚丙烯管		钢、聚丙烯	使用压力>1.6MPa	
钢衬聚四氟乙烯推压管		钢、聚四氟乙烯	使用压力>1.6MPa	HG/T 20538—2016
钢衬高性能聚乙烯管		钢、聚乙烯	具有耐腐蚀、耐磨损等特点	
钢喷涂聚乙烯管		钢、聚乙烯	使用压力≤1.6MPa	
钢衬橡胶管		钢、橡胶	使用压力可>1.6MPa	HG 21501—1993
钢衬玻璃管		钢、玻璃	使用压力可>1.6MPa	
搪玻璃管		搪、瓷釉	使用压力<0.6MPa	HG/T 2130—2009
化工用硬聚氯乙烯管(UPVC)		聚氯乙烯	使用压力≤1.6MPa	GB/T 4219.1—2008
ABS 管		ABS	使用压力≤0.6MPa	
耐酸陶瓷管		陶瓷	使用压力≤0.6MPa	
聚丙烯管		聚丙烯	一般用于化工防腐管道上	

管道类型	适用材料	一般用途	标准号
氟塑料管	聚四氟乙烯	耐腐蚀,且耐负压	
输水、吸水胶管	橡胶	① 夹套输水胶管,输送常温水和一般中性液体,公称压力≤0.7MPa ② 纤维缠绕输水胶管,输送常温水,工作压力≤1.0MPa ③ 吸水胶管,适用于常温水和一般中性液体	HG/T 2184—2008
夹布输气管	橡胶	一般适用输送压缩空气和惰性气体用	
输油、吸油胶管	耐油橡胶	① 夹布吸油胶管,适用于输送40℃以下的汽油、煤油、柴油、机油、润滑油及其他矿物油类。工作压力≤1.0MPa ② 吸油胶管,适用于抽吸40℃以下的汽油、煤油、柴油以及其他矿物油类	
输酸、吸酸胶管	耐酸胶	① 夹布输稀酸(碱)胶管,适用于输送浓度在40%以下的稀酸(碱)溶液(硝酸除外) ② 吸稀酸(碱)胶管,适用于抽吸浓度在40%以下的稀酸(碱)溶液(硝酸除外) ③ 吸浓硫酸管,适用于抽吸浓度在95%以下的浓硫酸及40%以下的硝酸	
蒸汽胶管	合成胶	① 夹布蒸汽胶管,适用于输送压力≤0.4MPa的饱和蒸汽或温度≤150℃的热水 ② 钢丝编织蒸汽胶管,供输送压力≤1.0MPa的饱和蒸汽	
耐磨吸引胶管	合成胶	适用于输送含固体颗粒的液体和气体	
合成树脂复合排吸压力软管	合成树脂	适用于输送或抽吸燃料油、变压器油、润滑油以及化学药品、有机溶剂	

5.3　阀门及其选择

阀门是管道系统的重要组成部件,在制药生产中起着重要的作用。阀门通过接通和截断介质,防止介质倒流,调节介质压力、流量、分离、混合或分配介质,防止介质压力超过规定数值,以保证设备和管道安全运行等。

5.3.1　阀门的分类

按照阀门的用途和作用分类,可分为:切断阀类(其作用是接通和截断管路内的介质,如球阀、闸阀、截止阀、蝶阀和隔膜阀);调节阀类(其作用是调节介质的流量、压力,如调节阀、节流阀和减压阀等);止回阀类(其作用是防止管路中介质倒流,如止回阀和底阀）；分流阀类（其作用是分配、分离或混合管路中的介质，如分配阀、疏水阀等）；安全阀类。

国内采用的分类法通常既考虑工作原理和作用，又考虑阀门结构，可分为：闸阀；蝶阀；截止阀；止回阀；旋塞阀；球阀；夹管阀；隔膜阀；柱塞阀等。

5.3.2 阀门的选择

常用介质的阀门选择见表5-8。

表 5-8　阀门选择

流体名称	管道材料	操作压力/MPa	连接方式	阀门类型		推荐阀门型号	保温方式
				支管	主管		
上水	焊接钢管	0.1~0.4	≤2″,螺纹连接≥2½″,法兰连接	≤2″,球阀≥2½″,蝶阀	蝶阀	Q11-116C DTD71F-1.6C	
清下水	焊接钢管	0.1~0.3			闸阀	Q41F-1.6C	
生产污水	焊接钢管、铸铁管	常压	承插,法兰,焊接			根据污水性质定	
热水	焊接钢管	0.1~0.3	法兰,焊接,螺纹	球阀	球阀	Q11F-1.6 Q41F-1.6	岩棉、矿物棉、硅酸铝纤维玻璃棉
热回水	焊接钢管	0.1~0.3					
自来水	镀锌焊接钢管	0.1~0.3	螺纹				
冷凝水	焊接钢管	0.1~0.8	法兰,焊接	截止阀 柱塞阀		J41T-1.6 U41S-1.6C	
蒸馏水	无毒 PVC、PE、ABS管、玻璃管、不锈钢管(有保温要求)	0.1~0.8	法兰,卡箍	球阀		Q41F-1.6C	
纯化水、注射用水、药液等	卫生级不锈钢薄壁管	0.1~0.8	卡箍	隔膜阀			
蒸汽	3″以下,焊接钢管 3″以上,无缝钢管	0.1~0.6	法兰,焊接	柱塞阀	柱塞阀	U41S-1.6(C)	岩棉、矿物棉、硅酸铝纤维玻璃棉
压缩空气	<1.0MPa 焊接钢管; >1.0MPa 无缝钢管	0.1~1.5	法兰,焊接	球阀	球阀	Q41F-1.6C	
惰性气体	焊接钢管	0.1~1.0	法兰,焊接				
真空	无缝管或硬聚氯乙烯管	真空	法兰,焊接				
排气		常压	法兰,焊接				
盐水	无缝钢管	0.3~0.5	法兰,焊接				软木、矿渣棉、泡沫聚苯乙烯、聚氨酯
回盐水		0.3~0.5	法兰,焊接				
酸性下水	陶瓷管、衬胶管、硬聚氯乙烯管	常压	承插,法兰			PVC、衬胶	
碱性下水	无缝钢管	常压	法兰,焊接			Q41F-1.6C	
生产物料	按生产性质选择管材	≤42.0	承插,焊接,法兰				
气体(暂时通过)	橡胶管	<1.0					
液体(暂时通过)	橡胶管	<0.25					

注：1.表中的"″"指英寸。

2.PVC 为聚氯乙烯；PE 为聚乙烯；ABS 为丙烯腈（A）、丁二烯（B）、苯乙烯（S）三种单体的三元共聚物。

5.3.3 常用的阀门介绍

常用阀门及其应用范围见表 5-9。

表 5-9 常用阀门及其应用范围

阀门名称及示图	基本结构与原理	优点	缺点	应用范围
旋塞阀	中间开孔柱锥体作阀芯,靠旋转锥体来控制阀的启闭	结构简单,启闭迅速,流体阻力小,可用于输送含晶体和悬浮物的液体管路中	不适于调节流量,磨光旋塞塞工时,旋转旋塞较费力,高温时会由于膨胀而旋转不动	120℃以下输送压缩空气、废蒸汽-空气混合物;在 120℃、10×10^5Pa[或$(3\sim5)\times10^5$Pa更好]下输送液体,包括含有结晶及悬浮物的液体,不得用于蒸汽或高热流体
球阀	利用中心开孔的球体作阀芯,靠旋转球体控制阀的启闭	价格比旋塞贵,比闸阀便宜,操作可靠,易密封,易调节流量,体积小,零部件少,重量轻。公称压力大于 16×10^5Pa,公称直径大于 76mm。现已取代旋塞	流体阻力大,不得用于输送含结晶和悬浮物的液体	在自来水、蒸汽、压缩空气、真空及各种物料管道中普遍使用。最高工作温度300℃,公称压力为 325×10^5Pa
闸阀	阀体内有一平板与介质流动方向垂直,平板升起阀即开启	阻力小,易调节流量,可作大管道的切断阀	价贵,制造和修理较困难,不宜用非金属抗腐蚀材料制造	用于低于 120℃低压气体管道,压缩空气、自来水和不含沉淀物介质的管道干线,大直径真空管等。不宜用于带纤维状或固体沉淀物的流体。最高工作温度低于 120℃,公称压力低于 100×10^5Pa
截止阀(节流阀)	采用装在阀杆下面的阀盘和阀体内的阀座相配合,以控制阀的启闭	价格比旋塞贵,比闸阀便宜,操作可靠,易密封,能较精确调节装置,制造和维修方便	流体阻力大,不宜用于高黏度流体和悬浮液以及结晶性液体,因结晶固体沉积在阀座影响紧密性,且磨损阀盘与阀座接触面,造成泄漏	在自来水、蒸汽、压缩空气、真空及各种物料管道中普遍使用。最高工作温度300℃,公称压力为 325×10^5Pa
止回阀(单向阀)	用来使介质只做单一方向的流动,但不能防止渗漏	升降式比旋启式密闭性能好,旋启式阻力小,只要保证摇板旋转轴线的水平,可以任意形式安装	升降式阻力较大,卧式宜装水平管上,立式应装垂直管线上。本阀不宜用于含固体颗粒和黏度较大的介质	适用于清净介质

阀门名称及示图	基本结构与原理	优点	缺点	应用范围
疏水阀（圆盘式） 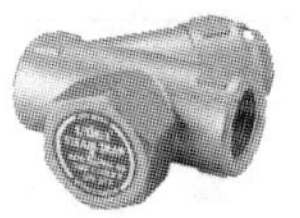	当蒸汽从阀片下方通过时，因流速高、静压低，阀门关闭；反之，当冷凝水通过时，因流速低、静压降甚微，阀片重力不足以关闭阀片，冷凝水便连续排出	自动排除设备或管路中的冷凝水、空气及其他不凝性气体，同时又能阻止蒸汽的大量逸出		凡需蒸汽加热的设备以及蒸汽管路等都应安装疏水阀
安全阀 	压力超过指定值时即自动开启，使流体外泄，压力恢复后即自动关闭以保护设备与管道	杠杆式使用可靠，高温时只能用杠杆式。弹簧式结构精巧，可装于任何位置	杠杆式，体积大，占地大，弹簧在长期缓热作用下弹性会逐渐减少。安全阀须定时鉴定检查	直接排放到大气的可选用开启式，易燃易爆和有毒介质选用封闭式，将介质排放到排放总管中去。主要地方要安装双阀
隔膜阀 	利用弹性薄膜（橡皮、聚四氟乙烯）作阀的启闭机构	阀杆不与流体接触，不用填料箱，结构简单，便于维修，密封性能好，流体阻力小	不适用于有机溶剂和强氧化剂的介质	用于输送悬浮液或腐蚀性液体
蝶阀 	阀的关阀件是一圆盘形结构	结构简单，尺寸小，重量轻，开闭迅速，有一定调节能力		用于气体、液体及低压蒸汽管道，尤其适合用于较大管径的管路上
减压阀 	用以降低蒸汽或压缩空气的压力，使之形成生产所需的稳定的较低压力		常用的活塞式减压阀不能用于液体的减压，而且流体中不能含有固体颗粒，故减压阀前要装管道过滤器	

5.3.4 新型阀门

抗生素工业对阀门的要求非常高，开发出的能够实现零泄漏无死角的新型抗生素阀，能有效解决抗生素发酵过程中因阀门泄漏导致染菌的问题，也能解决传统阀门蒸汽灭菌存在的死角问题。各种新型阀门有：三通抗生素截止阀（见图5-1）、气动三通移种专用阀（见图5-2）、调节型放料阀（见图5-3）和具有完全切断功能的气动O形切断球阀（见图5-4）等。

图 5-1　三通抗生素截止阀　　　图 5-2　气动三通移种专用阀　　　图 5-3　气动手动调节型放料阀

图 5-4　气动 O 形切断球阀　　　图 5-5　卡接无菌取样阀　　　图 5-6　气动罐底阀

　　为了防止发酵过程取样染菌，开发了卡接无菌取样阀，见图 5-5。无菌取样阀采用 316L 型不锈钢的卡箍或卡焊两种连接方式，手动取样，但带有调节限位装置。而新型自动化气动或手动进料两用阀门能满足对发酵液的碳源、氮源定量要求高的情况，图 5-6 所示的气动罐底阀连接方式为焊接，采用 304、316、316L 等不锈钢，公称直径规格为 DN10～DN50。其优点为气动自控放料，或手动操作，并带有调节限位装置。

　　具有卫生级、洁净级的新型阀门、管件逐步面世。如用于原料药精干包和药物制剂生产过程的卫生级气动不锈钢直通隔膜阀（见图 5-7），采用焊接、卡焊等连接，选用 316L 不锈钢材料，阀门规格常见的有 DN25～DN50。此阀门特点为控制方式采用常闭，阀体密封性极好，堰槽采用球体结构，真正做到了无死角。其可安装于任何位置，介质流向对阀门开闭没有影响。广泛应用于发酵罐、配制罐、灌装机、冷冻干燥设备、无菌过滤器、制水设备、纯化水（PW）、注射用水（WFI）输送与分配无菌超滤机、无菌流体输送及清洗（CIP）、灭菌（SIP）等。

图 5-7　卫生级气动不锈钢直通隔膜阀

5.4 管件

管件的作用是连接管道与管道、连接管道与设备、安装阀门、改变流向等，如有弯头、活接头、三通、四通、异径管、内外接头、螺纹短节、视镜、阻火器、漏斗、过滤器、防雨帽等。可参考《化工工艺设计手册》（化学工业出版社，2009）选用。图 5-8 为常用管件。图 5-9 为卫生级管件。

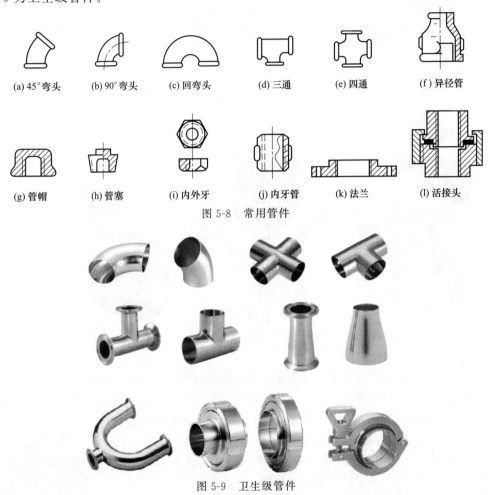

（a）45°弯头　（b）90°弯头　（c）回弯头　（d）三通　（e）四通　（f）异径管

（g）管帽　（h）管塞　（i）内外牙　（j）内牙管　（k）法兰　（l）活接头

图 5-8　常用管件

图 5-9　卫生级管件

5.5 管道的连接

管道连接方法有螺纹连接、法兰连接、承插连接和焊接连接，见图 5-10。管道连接在一般情况下首选焊接结构，如不能焊接时可选用其他结构，如镀锌管采用螺纹连接。在需要更换管件或者阀门等情况下应选用可拆式结构，如法兰连接、螺纹连接及其他一些可拆卸连接结构。输送洁净物料的管路所采用的连接方式和结构应不能对所输送的物料产生污染。

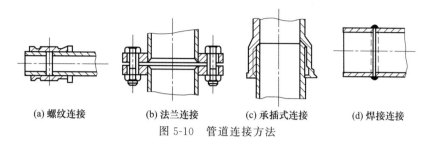

| (a) 螺纹连接 | (b) 法兰连接 | (c) 承插式连接 | (d) 焊接连接 |

图 5-10　管道连接方法

此外还有卡箍连接和卡套连接等。卡箍连接是一种新型钢管连接方式，也叫沟槽连接，见图 5-11。卡箍连接件包括两大类产品。

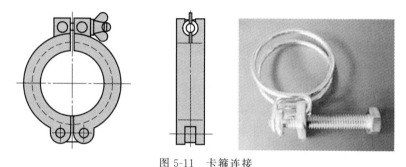

图 5-11　卡箍连接

① 起连接密封作用的管件有刚性接头、挠性接头、机械三通和沟槽式法兰，其由三部分组成：密封橡胶圈、卡箍和锁紧螺栓。位于内层的橡胶密封圈置于被连接管道的外侧，并与预先滚制的沟槽相吻合，再在橡胶圈的外部扣上卡箍，然后用两颗螺栓紧固即可。由于其橡胶密封圈和卡箍采用特有的可密封的结构设计，使得沟槽连接件具有良好的密封性，并且随管内流体压力的增高，其密封性相应增强。

② 起连接过渡作用的管件有弯头、三通、四通、异径管、盲板等。卡箍是用两根钢丝环绕成环状。卡箍具有造型美观、使用方便、紧箍力强、密封性能好等特点。

卡套连接是用锁紧螺帽和丝扣管件将管材压紧于管件上的连接方式，见图 5-12。卡套式管接头由三部分组成：接头体、卡套、螺母。当卡套和螺母套在钢管上插入接头体后，旋紧螺母时，卡套前端外侧与接头体锥面贴合，内刃均匀地咬入无缝钢管，形成有效密封。

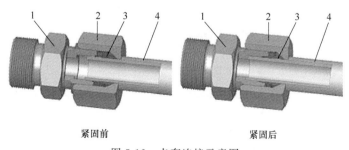

紧固前　　　　　　　　　　紧固后

图 5-12　卡套连接示意图

1—接头体；2—螺母；3—卡套；4—管材

5.6 典型设备的管道布置

5.6.1 含输送泵的分压管线设计

流体输送是制药工业中常采用的物料转运形式。有时为了避免管道或设备流体压力过大，需要增设旁路（分压管线）来分流流体，降低主管线压力。含输送泵的分压管线设计见图 5-13。

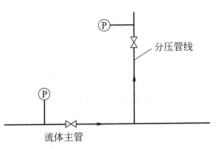

图 5-13 含输送泵的分压管线设计

5.6.2 漏炭过程的回流管线设计

在原料药的精烘包工序中，活性炭脱色过滤是常见的单元操作。常见设备有脱色釜和压滤罐，粗品在脱色釜中溶解，在脱色釜中加入活性炭，保温脱色一段时间后经压滤罐过滤除去活性炭。根据架桥原理，当过滤开始滤饼还未形成时，实际工艺中会有部分粒度细小的活性炭从滤布漏入脱色液中，若不采取工艺措施，这些活性炭在后序的结晶过程中会和精品一起收集起来，严重影响产品的质量，因此，最简单的分离方法就是在压滤釜的透过液管线上，设置一个视镜观察，且设置一个支路管线直接到达脱色釜，使之构成循环。直至滤饼形成、滤液清澈方可使滤液去结晶罐。漏炭过程的回流管线设计见图 5-14。

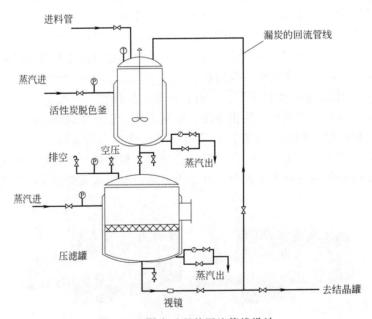

图 5-14 漏炭过程的回流管线设计

5.6.3 反应釜或回流釜的回流管线设计

在单元反应中，经常需要在回流温度下进行反应。实际上，即使反应温度低于回流温度，为优化工人操作环境，减少溶剂挥发，也会在反应釜或某些单元操作中设计回流管线。具体设计见图5-15。回流釜中的溶剂蒸气经过蒸气上升管进入换热器，换热器将有机溶剂蒸气冷凝后经由U形弯送回反应釜。U形弯的主要作用是实现液封，一方面实现上升的有机溶剂蒸气只能从上升管进入换热器，另一方面也能实现整个系统保证常压的状况下，减少有机蒸气散入环境中。

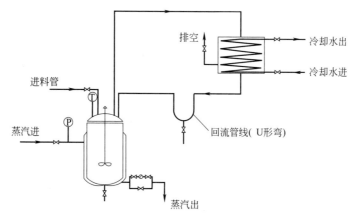

图 5-15　反应釜或回流釜的回流管线设计

5.6.4　喷雾干燥的二级水沫除尘管线设计

喷雾干燥是原料药常见的干燥方式。但喷雾干燥的设计难点之一在于喷雾干燥的废气必须经过严格的处理，防止药物粉尘随气体散落到周围环境中，这一点在生产抗生素等高致敏性药物时尤为重要。工业上常用二级水沫除尘的方法为淋洗除去废气中的活性药物粉尘。喷雾干燥的二级水沫除尘管线设计见图5-16。图中，热空气和药物浓缩液在喷雾干燥塔内进行热交换，药物粉尘经过重力和离心力的双重作用沉降下来，含尘废气则由切向排出，排出后一般经二级旋风分离器回收活性药物粉尘，然后含尘废气再次切向排出，此时的含尘废气送入水沫除尘器中，喷嘴会喷出雾状水沫，通过气体洗涤的方式收集药物活性粉尘溶液。洗涤液收集在下方的储罐中，洗涤后的废气则从水沫除尘器顶部排出。

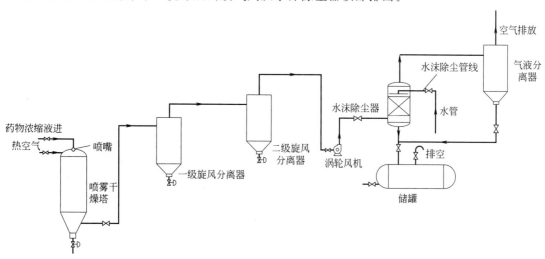

图 5-16　喷雾干燥的二级水沫除尘管线设计

5.6.5 微真空尾气吸收管线设计

药厂尾气吸收是实现 EHS（environment、health、safety，环境、健康、安全）的重要步骤之一。利用水冲泵进行微真空尾气吸收管线设计见图 5-17。具体工艺中可以根据尾气的成分设计不同的吸收液，可以设计如图 5-17 所示的二级吸收系统。真空环境由水冲泵实现。

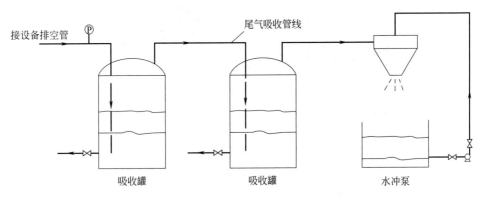

图 5-17　微真空尾气吸收管线设计

5.6.6 精馏过程的回流管线设计

精馏是制药车间的常见单元操作，实习中常见精馏过程的回流管线设计，见图 5-18。图中是一个间歇式精馏塔，轻组分通过两个换热器冷凝，冷凝液一部分进入收集罐收集，一部分重新回到精馏塔，回流比可以通过两个转子流量计进行调节，转子流量计前都设计了相应的排空、取样阀。

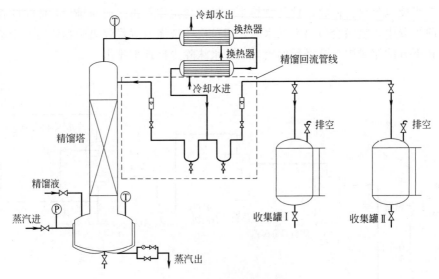

图 5-18　精馏过程的回流管线设计

5.6.7 反应釜的管路设计

人工手动控制的间歇反应器的 PI（仪表）流程比较简单。加料、反应和出料皆由人工操作控制，主要控制指标是反应温度（压力）和反应时间。

自动控制的间歇反应器的 PI 流程要更加复杂，控制质量和劳动生产率都要高得多。图 5-19 为氯乙烯悬浮聚合釜（33m³）的 PI 流程图。进出料等操作采用自动计量（计量槽或流量计）、手动遥控进料，在进料总管中部串联一切断阀（球阀），进料完毕后关闭球阀，各管道就形成二道切断阀的密封。安全阀前不能有阀，故它装在切断阀与进口之间。

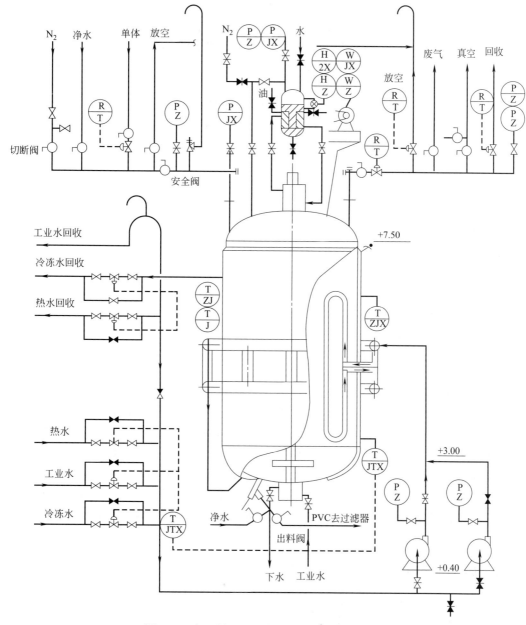

图 5-19　氯乙烯悬浮聚合釜（33m³）的 PI 流程

釜顶右部为聚合釜的各种气体出口的管道，在总管上亦串联有切断阀（球阀和手动遥控阀），紧急放空和单体回收皆由手动遥控。这样，主要的辅助操作皆能在控制室遥控，劳动强度低。釜顶及管道上的仪表主要为指示、记录和报警压力表。底部出料阀为底伸式出料阀，可防止堵塞，在出料管上还设有冲洗水管，以清洗阀与出料管。

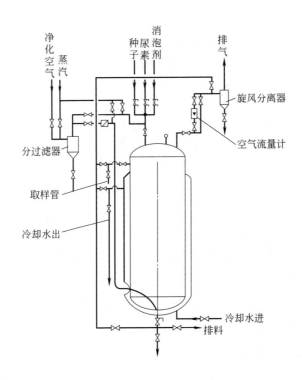

图 5-20　发酵罐的管路

5.6.8　发酵罐的管路设计

如果发酵罐的管路配置不良，造成死角、无法灭菌或设备渗漏，都会使生产发生染菌现象。图 5-20 为有氧发酵的发酵罐的管路，与发酵罐连接的管路有进气管、进料管、出料管、蒸汽管、水管、取样管、排气管等。为了减少管路，有些管要尽可能合并，然后再与发酵罐相连。如有的配置是将接种管、尿素管、消泡剂管合并后再与发酵罐相连，做到一管多用。但排气管道一般要单独设置，不能将排气管道相互串通，避免相互干扰。进气管宜于由罐外下部进入（根据不同需求也可以采用上进空气）。在接种管、尿素管、消泡剂管以及它们合并后与发酵罐相连管路上的阀门两面安置小排气阀门，通蒸汽灭菌时打开，消除死角。

5.6.9　离子交换树脂柱的管路设计

离子交换树脂柱常用于药物的分离、脱色处理。如硫酸新霉素采用强酸型阳离子交换柱进行产品洗脱纯化，其脱色使用阴离子交换柱的管路流程。具体工艺如下。

（1）阳离子交换柱　用饮用水反洗。通洗涤剂，通低氨洗涤，通低氨洗涤结束后取样分析。水洗，用饮用水洗涤，正洗 3h 后反洗 30min，再正洗，在出口处测 pH 值达标时结束洗涤。用饮用水洗 30min，再接着反洗。最后通入解吸氨将新霉素解吸下来。

（2）阴离子交换柱　先将饮用水洗好的阴树脂通入柱子内，再通入盐酸溶液，当出口浓度达标时停止通盐酸，用盐酸浸泡一段时间。用水正洗 3h 后再反洗 30min，再正洗，在出水口处测 pH 值达标时停止水洗。通碱，当出口浓度达标时，停止通碱，用碱浸泡一段时间。用水洗正洗，当 pH 达标且水洗无杂质时为止。最后通过串联将阳离子柱中的溶液送入阴离子交换柱中脱色。通过如图 5-21 所示的管路可以实现上述全部工艺操作。

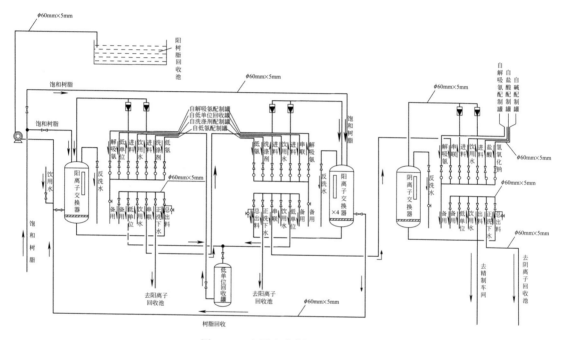

图 5-21　离子交换树脂柱的管路

5.6.10　多功能提取罐的管路设计

多功能提取罐适用于中药制药的常压、微压、水煎、温浸、热回流、强制循环渗漏作用、芳香油提取及有机溶剂回收等多种工艺操作。为了在同一设备上实现上述操作，配管设计有很多技巧。具体设计见图 5-22。

5.6.11　三效浓缩蒸发器的管路设计

三效浓缩蒸发器采用列管式循环外循式加热工作原理，具有蒸发速度快、有效保持物料原效、节能效果显著等特点，适合于制药行业特别是中药提取液的蒸发浓缩工艺过程。三效浓缩蒸发器的管路流程如图 5-23 所示。当对浓缩的中药提取液浓度要求较高时可改为二效浓缩蒸发器接一球形蒸发器，浓缩效果更佳。

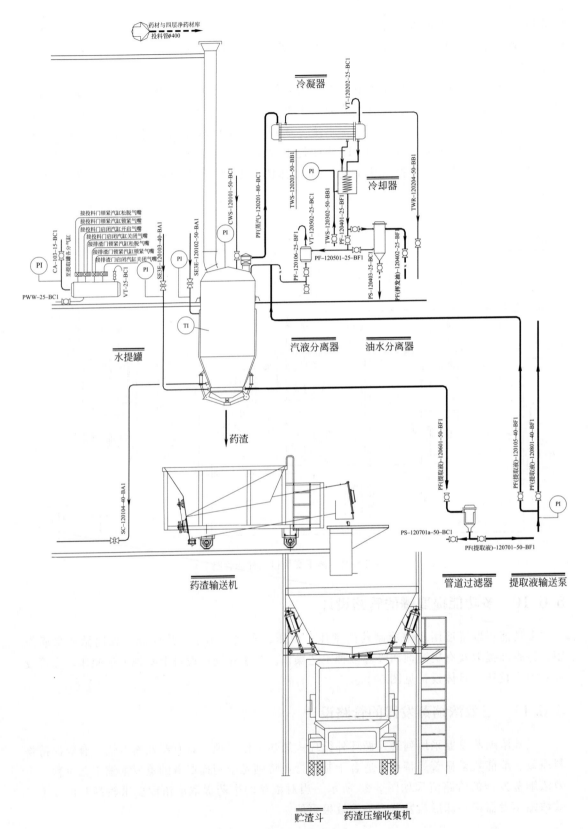

图 5-22 多功能提取罐的管路

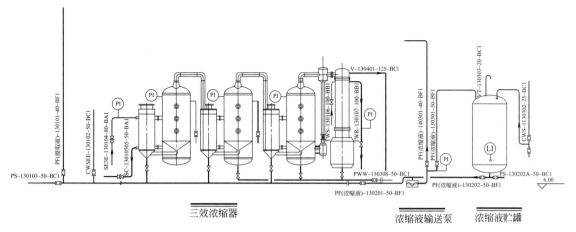

图 5-23　三效浓缩蒸发器的管路

5.7　管道布置图

管道布置设计是在施工图设计阶段中进行的。在管道布置设计中，一般需绘制下列图样：

（1）管道布置图　用于表达车间内管道空间位置的平、立面图样。

（2）管道轴测图　用于表达一个设备至另一个设备间的一段管道及其所附管件、阀门等具体布置情况的立体图样。

（3）管架图　表达非标管架的零部件图样。

（4）管件图　表达非标管件的零部件图样。

5.7.1　管道布置图的内容

管道布置图含管道布置图和分区索引图。各部分内容如下。

5.7.1.1　管道布置图

管道布置图一般包括以下内容。

（1）一组视图　画出一组平、立面剖视图，表达整个车间（装置）的设备、建筑物以及管道、管件、阀门、仪表控制点等的布置安装情况。

（2）尺寸与标注　注出管道以及有关管件、阀门、仪表控制点等的平面位置尺寸和标高，并标注建筑定位轴线编号、设备位号、管段序号、仪表控制点代号等。

（3）方位标　表示管道安装的方位基准。

（4）管口表　注写设备上各管口的有关数据。

（5）标题栏　注写图名、图号、设计阶段等。

图 5-24、图 5-25 为某车间设备的局部管道平面布置图和管道立面布置图。

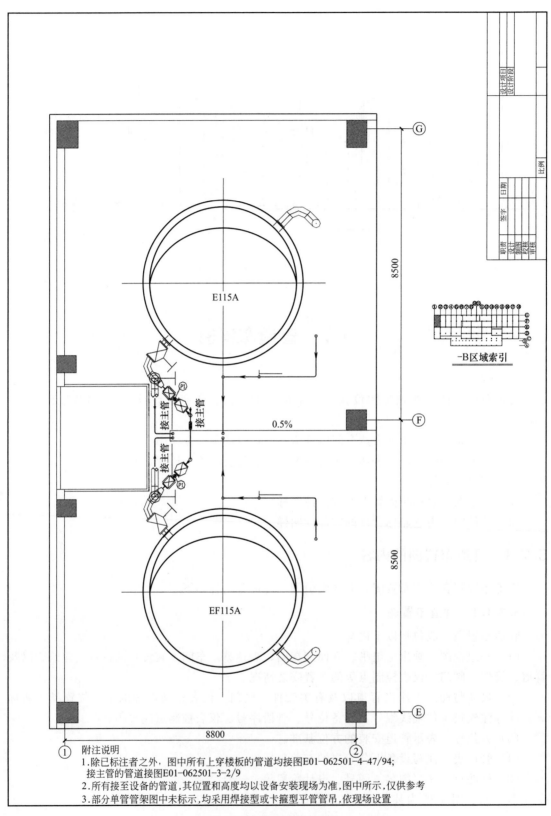

附注说明

1. 除已标注者之外，图中所有上穿楼板的管道均接图E01-062501-4-47/94；接主管的管道接图E01-062501-3-2/9
2. 所有接至设备的管道，其位置和高度均以设备安装现场为准，图中所示，仅供参考
3. 部分单管管架图中未标示，均采用焊接型或卡箍型平管管吊，依现场设置

图 5-24　管道平面布置图

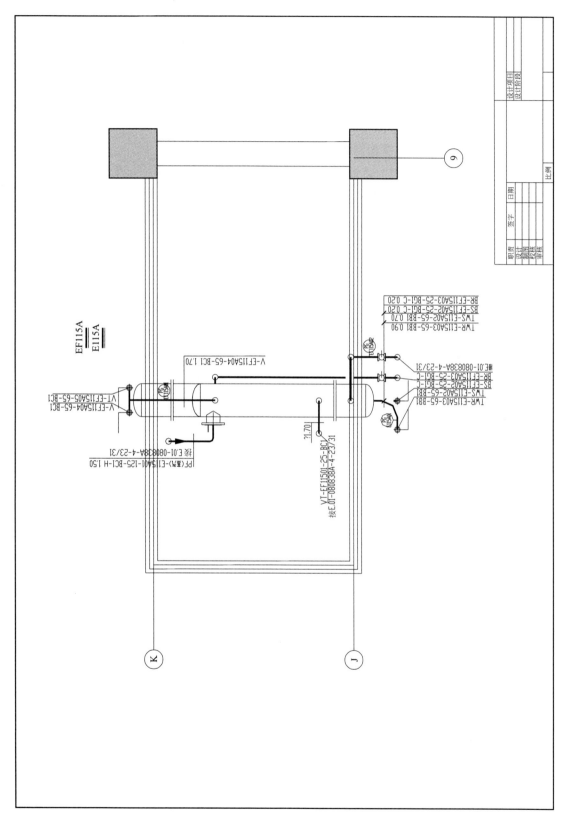

图 5-25　管道立面布置图

5.7.1.2 分区索引图

当整个车间（装置）范围较大，管道布置比较复杂，装置或主项在管道布置图不能在一张图纸上完成时，则管道布置图需分区绘制。这时，还应同时绘制分区索引图，以提供车间（装置）分区概况。

5.7.2 管道布置图的绘制步骤

5.7.2.1 管道平面布置图的绘制步骤

① 确定表达方案，视图的数量、比例和图幅后，用细实线画出厂房平面图。画法同设备布置图，标注柱网轴线编号和柱距尺寸。

② 用细实线画出所有设备的简单外形和所有管口，加注设备位号和名称。

③ 用粗单实线画出所有工艺物料管道和辅助物料管道平面图，在管道上方或左方标注管段编号、规格、物料代号及其流向箭头。

④ 用规定的符号或代号在要求的部位画出管件、管架、阀门和仪表控制点。

⑤ 标注厂房定位轴线的分尺寸和总尺寸、设备的定位尺寸、管道定位尺寸和标高。

⑥ 绘制管口方位图。

⑦ 在平面图上标注说明和管口表。

⑧ 校核审定。

5.7.2.2 管道立面布置图的绘制步骤

① 画出地平线或室内地面、各楼面和设备基础，标注其标高尺寸。

② 用细实线按比例画出设备简单外形及所有管口，并标注设备名称和位号。

③ 用粗单实线画出所有主物料和辅助物料管道，并标注管段编号、规格、物料代号、流向箭头和标高。

④ 用规定符号画出管道上的阀门和仪表控制点，标注阀门的公称直径、形式、编号和标高。

5.7.3 管道布置图的视图

5.7.3.1 图幅与比例

① 图幅。管道布置图图幅一般采用A0，比较简单的也可采用A1或A2，同区的图应采用同一种图幅，图幅不宜加长或加宽。

② 比例。常用比例为1∶30，也可采用1∶25或1∶50。但同区的或各分层的平面图应采用同一比例。

5.7.3.2 视图的配置

管道布置图中需表达的内容通常采用平面图、立面图、剖视图、向视图、局部放大图等一组视图来表达。

平面图的配置一般应与设备布置图相同，对多层建（构）筑物按层次绘制。各层管道布置平面图是将楼板（或层顶）以下的建（构）筑物、设备、管道等全部画出。当某层的管道上、下重叠过多，布置较复杂时，可再分上、下两层分别绘制。

管道布置在平面图上不能清楚表达的部分，可采用立面剖视图或向视图补充表示。该剖视图或者轴测图可画在管道平面布置图边界线外的空白处，或者绘在单独的图纸上。一般不允许在管道平面布置图内的空白处再画小的剖视图或者轴测图。绘制剖视图时应按照比例画，可根据需要标注尺寸。轴测图可不按照比例画，但应该标注尺寸。剖视图一般用符号A—A、B—B等大写英文字母表示，在同一小区内符号不能重复。平面图上要表示剖切位置、方向及标号。为了表达得既简单又清楚，常采用局部剖视图和局部视图。剖切平面位置线的标注和向视图的标注方法均与机械图标注方法相同。管道布置图中各图形的下方均需注写"±0.000平面""A—A剖视"等字样。

5.7.3.3　视图的表示方法

管道布置图应完整表达装置内管道状态，一般包含以下几部分内容：建（构）筑物的基本结构、设备图形、管道、管件、阀门、仪表控制点等的安装布置情况；尺寸与标注，注出与管道布置有关的定位尺寸、建筑物定位轴线编号、设备位号、管道组合号等；标注地面、楼面、平台面、吊车的标高；管廊应标注柱距尺寸（或坐标）及各层的顶面标高；标题栏，注出图名、图号、比例、设计阶段及签名。

5.7.3.4　管道布置图上建（构）筑物应表示的内容

建筑物和构筑物应按比例根据设备布置图画出柱梁、楼板、门、窗、楼梯、吊顶、平台、安装孔、管沟、箅子板、散水坡、管廊架、围堰、通道、栏杆、爬梯和安全护栏等。生活间、辅助间、控制室、配电室等应标出名称。标出建筑物、构筑物的轴线及尺寸。标出地面、楼面、操作平台面、吊顶、吊车梁顶面的标高。

按比例用细实线标出电缆托架、电缆沟、仪表电缆盒、架的宽度和走向，并标出底面标高。

5.7.3.5　管道布置图上设备应表示的内容

用细实线按比例以设备布置图所确定的位置画出所有设备的外形和基础，标出设备中心线和设备位号。设备位号标注在设备图形内，也可以用指引线指引标注在图形附近。

画出设备上有接管的管口和备用口，与接管无关的附件如手（人）孔、液位计、耳架和支脚等可以略去不画。但对配管有影响的手（人）孔、液位计、支脚、耳架等要画出。

吊车梁、吊杆、吊钩和起重机操作室要表示出来。

卧式设备的支撑底座需要按比例画出，并标注固定支座的位置，支座下如为混凝土基础时，应按比例画出基础的大小。

重型或超限设备的"吊装区"或"检修区"和换热器抽芯的预留空地用双点划线按比例表示。但不需标注尺寸。

5.7.3.6　管道布置图上管道应表示的内容

（1）管道　管道布置图的管道应严格按工艺要求及配管间距要求，依比例绘制，所示标高准确，走向来去清楚，不能遗漏。

管道在图中采用粗实线绘制，大管径管道（$DN \geqslant 400$mm 或 16in）一般用双线表示。绘成双线时，用中实线绘制。地下管道可画在地上管道布置图中，并用虚线表示，在管道的适当位置画箭头表示物料流向。

当几套设备的管道布置完全相同时，可以只绘一套设备的管道，其余可简化并以方框表示，但在总管上绘出每套支管的接头位置。

管道的连接形式，如图 5-26（a）所示，通常无特殊必要，图中不必表示管道连接形式，只需在有关资料中加以说明即可，若管道只画其中一段时，则应在管道中断处画上断裂符号，如图 5-26（b）所示。

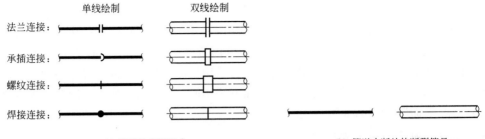

（a）管道的连接形式   （b）管道中断处的断裂符号

图 5-26   管道连接及中断的画法

管道转折的画法如图 5-27 所示。管道向下转折 90°角的画法见图 5-27（a），单线绘制的管道，在投影有重影处画一细线圆，在另一视图上画出转折的小圆角，如公称直径 $DN\leqslant$ 50mm 或 2in 管道，则一律画成直角。管道向上转折 90°角的画法见图 5-27（b）、（c）。双线绘制的管道，在重影处可画一"新月形"剖面符号（也可只画"新月形"，不画剖面符号）。非 90°角转折的管道画法见图 5-27（d）。

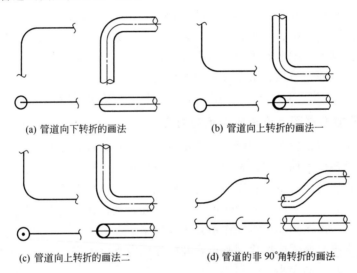

（a）管道向下转折的画法   （b）管道向上转折的画法一

（c）管道向上转折的画法二   （d）管道的非 90°角转折的画法

图 5-27   管道转折的画法

管道交叉的画法见图 5-28，当管道交叉投影重合时，其画法可以把下面被遮盖部分的投影断开，如图 5-28（a）所示；也可以将上面管道的投影断裂表示，见图 5-28（b）。

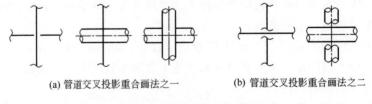

（a）管道交叉投影重合画法之一   （b）管道交叉投影重合画法之二

图 5-28   管道交叉的画法

当管道投影发生重叠时，则将可见管道的投影断裂表示，不可见管道的投影画至重影处稍留间隙并断开，见图 5-29（a）；当多根管道的投影重叠时，可采用图 5-29（b）的表示方法，图中单线绘制的最上一条管道画以"双重断裂"符号；也可如图 5-29（c）所示在管道投影断开处分别注上 a、a 和 b、b 等小写字母，以便辨认；当管道转折后投影发生重叠时，则下面的管道画至重影处稍留间隙断开表示，如图 5-29（d）所示。

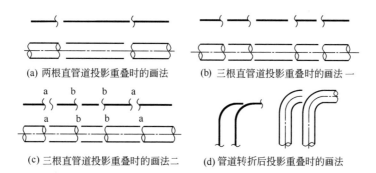

(a) 两根直管道投影重叠时的画法　　(b) 三根直管道投影重叠时的画法 一

(c) 三根直管道投影重叠时的画法二　　(d) 管道转折后投影重叠时的画法

图 5-29　管道投影重叠的画法

在管道布置中，当管道有三通等引出分支管时，画法如图 5-30 所示。不同管径的管道连接时，一般采用同心或偏心异径管接头，画法如图 5-30 所示。此外，管道内物料的流向必须在图中画上箭头予以表示，对用双线表示的管道，其箭头画在中心线上，单线表示的管道，箭头直接画在管道上，如图 5-30 所示。表 5-10 列出了管道及附件的规定图形符号。

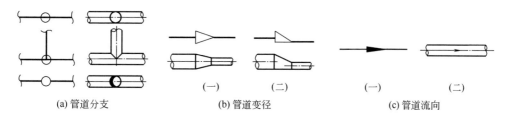

(a) 管道分支　　　　(b) 管道变径　　　　(c) 管道流向

图 5-30　管道分支、管道变径、管道流向的画法

表 5-10　管道及附件的规定图形符号

名　称	主　视	俯　视	侧　视	轴侧视	备　注
截止阀	XRO				
闸阀					
旋塞阀					
三通旋塞阀					

名　称	主　视	俯　视	侧　视	轴侧视	备　注
四通旋塞阀					
直流截止阀					
节流阀					
球阀					
角式截止阀					
蝶阀					
隔膜阀					
减压阀					
止回阀					
弹簧式安全阀					
底阀			同主视		
管形过滤器		同主视			

名　称		主　视	俯　视	侧　视	轴侧视	备　注
Y形过滤器		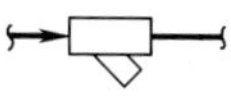			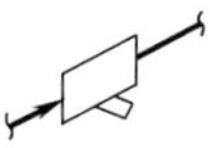	
T形过滤器		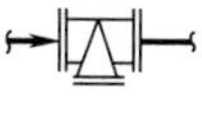	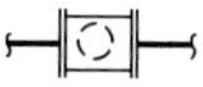		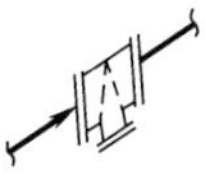	
流水器		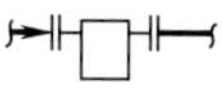				
阻火器						
墨斗						
视镜			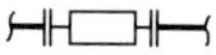		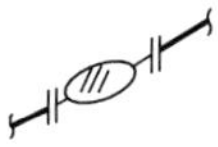	
伸缩节	波纹管式	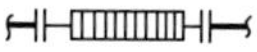			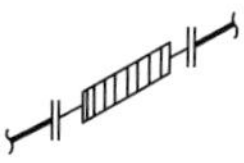	
	流函式					
隐蔽壁						
限流孔板		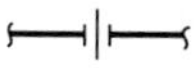 XRO			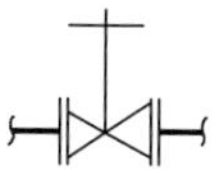 XRO	限流孔板 XRO 的 "X" 为孔板孔径（mm），例 "3RO"

　　（2）管件、阀门、仪表控制点　管道上的管件（如弯头、三通异径管、法兰、盲板等）和阀门通常在管道布置图中用简单的图形和符号以细实线画出，其规定符号见相应图例，阀门与管件须另绘结构图。特殊管件如消声器、爆破片、洗眼器、分析设备等在管道布置图中允许作适当简化，即用矩形（或圆形）细线表示该件所占位置，注明标准号或特殊件编号。

　　管道上的仪表控制点用细实线按规定符号画出。一般画在能清晰表达其安装位置的视图上，其规定符号参见相关书籍。

　　（3）管道支架　管道支架是用来支承和固定管道的，其位置一般在管道布置图的平面图中，用符号表示，如图 5-31 所示。

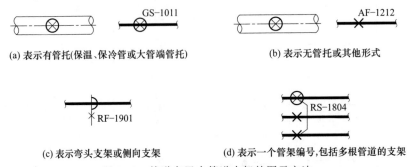

(a) 表示有管托(保温、保冷管或大管端管托)　　　(b) 表示无管托或其他形式

(c) 表示弯头支架或侧向支架　　　(d) 表示一个管架编号,包括多根管道的支架

图 5-31　管道布置中管道支架的图示方法

5.7.4　管道布置图的标注

管道布置图上应标注尺寸、位号、代号、编号等内容。

（1）建（构）筑物　在图中应注出建筑物定位轴线的编号和各定位轴线的间距尺寸及地面、楼面、平台面、梁顶面、吊车等的标高，标注方式均与设备布置图相同。

（2）设备和管口表

① 设备　设备是管道布置的主要定位基准，设备在图中要标注位号，其位号应与工艺管道仪表流程图和设备布置图上的一致，注在设备图形近侧或设备图形内，如图 5-25 所示，也可注在设备中心线上方，而在设备中心线下方标注主轴中心线的标高（$\phi+\times.\times\times$）或支承点的标高（POS+$\times.\times\times$）。

在图中还应注出设备的定位尺寸，并用 5mm×5mm 方块标注与设备图一致的管口符号，以及由设备中心至管口端面距离的管口定位尺寸，如图 5-32 所示（如若填写在管口表上，则图中可不标注）。

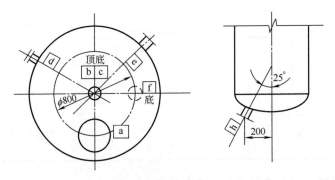

图 5-32　设备管口方位标注示例

② 管口表　管口表在管道布置图的右上角，表中填写该管道布置图中的设备管口。

（3）管道　在管道布置图中应注出所有管道的定位尺寸、标高及管段编号。

① 管段编号　同一段管道的管段编号要和带控制点的工艺流程图中的管段编号一致。一般管道编号全部标注在管道的上方，也可分两部分别标注在管道的上下方，如图 5-33 所示。

物料在两条投影相重合的平线管道中流动时，可标注为图 5-34 所示的形式。

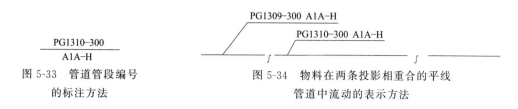

图 5-33 管道管段编号
的标注方法

图 5-34 物料在两条投影相重合的平线
管道中流动的表示方法

管道平面图上两根以上管道相重时，可表示为图 5-35 所示的形式。

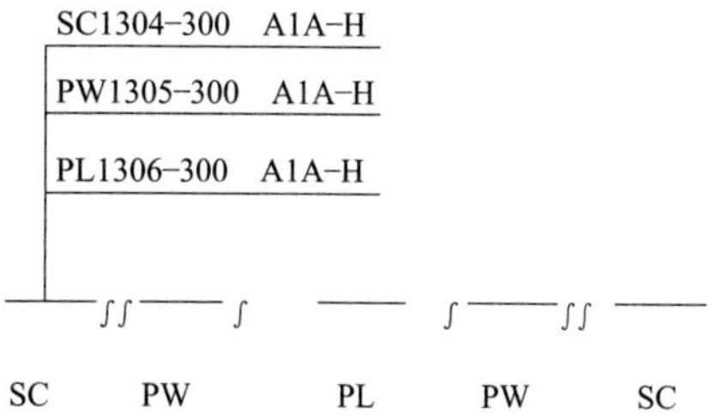

② 定位尺寸和标高 管道布置图以平面图为主，标注所有管道的定位尺寸及安装标高。如绘制立面剖视图，则管道所有的安装标高应在立面剖视图上表示。与设备布置图相同，图中标高的坐标以 m 为单位，小数点后取三位数；其余尺寸如定位尺寸以 mm 为单位，只注数字，不注单位。

图 5-35 管道平面图上两根以上
管道相重时的表示方法

在标注管道定位尺寸时，通常以设备中心线、设备管口中心线、建筑定位轴线、墙面等为基准进行标注。与设备管口相连的直接管段，因可用设备管口确定该段管道的位置，故不需要再标注定位尺寸。

管道安装标高以室内地面标高 0.000m 或 EL100.000m 为基准。管道按管底外表面标注安装高度，其标注形式为"BOP EL××.×××"，如按管中心线标注安装高度，则为"EL××.×××"。标高通常注在平面图管线的下方或右方，如图 5-36 所示，管线的上方或左方则标注与工艺管道仪表流程图一致的管段编号，写不下时可用指引线引至图纸空白处标注，也可将几条管线一起引出标注，此时管道与相应标注都要用数字分别进行编号，如图 5-36 所示。

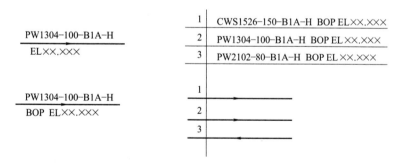

图 5-36 管道高度的标注方法

对于有坡度的管道，应标注坡度（代号）和坡向，如图 5-37 所示。

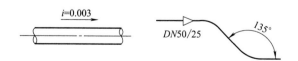

图 5-37 管道坡度和坡向的标注以及异径管和非 90°角的标注
i—坡度符号；0.003—坡度数

（4）管件、阀门、仪表控制点　管道布置图中管件、阀门、仪表控制点按规定符号画出后，一般不再标注，对某些有特殊要求的管件、阀门、法兰，应标注某些尺寸、型号或说明。

习　题

1. 选择阀门的注意事项包括哪些？

2. 管道布置图涵盖哪些内容？

3. 管线保温的方法有哪些，各有什么特点？

4. 管线标注 PG1310-300 A1A-H 的含义是什么？

5. 管线设计中的一个重要内容是管件的布置，试思考截止阀的安装有什么注意事项？

6. 卫生级阀门在洁净工厂得到了广泛的应用，卫生级管件有哪些具体产品？各有什么特点？适用于哪些场合？

7. 管道平面和立面布置图上如何标注设备和管道的定位尺寸？

8. 管道的公称直径的定义是什么，常见的公称直径单位有几种表示方法？如何换算？

参考文献

[1]　刘荣杰.化工设计.北京：中国石化出版社，2010.

[2]　马瑞兰，金玲.化工制图.上海：上海科学技术文献出版社，2000.

[3]　国家医药管理局上海医药设计院.化工工艺设计手册.第 5 版.北京：化学工业出版社，2016.

[4]　陈燕忠，朱盛山.药物制剂工程.第 3 版.北京：化学工业出版社，2018.

第6章

制药生产实习图纸绘制

6.1　工艺流程图

工艺流程图是以图解的形式表示生产工艺过程。它能有效地表达原辅料流向、工艺参数、单元操作过程、设备仪表和套用回收等。工艺流程图分为工艺流程框图、设备工艺流程图、物料流程图（PF 或 PFD 图）和带控制点的工艺流程图（PI 或 PID 图）。因此，在生产实习中现场工艺过程的识读与工艺流程图的绘制是制药工程专业学生必备的一项基本实践技能。

6.1.1　工艺流程图的绘图原则

为保证图纸的质量和绘图的效率，在绘制工艺流程图前，应根据选定的图幅和工艺流程草图的内容进行工艺流程图的图面布置，然后再绘制工艺流程图。

工艺流程图的图面布置要考虑以下几点。

（1）设备在图面上的布置，一般应顺流程从左到右，但同时也应顺管道的连接。

（2）绘图区域一般确定为图纸的 3/4（窄边）～4/5（宽边），并注意与图框线至少保留 10～20mm 的距离。

（3）塔、反应器、贮罐、换热器、加热炉一般从图面水平中线往上布置。

（4）泵、压缩机、鼓风机、振动机械、离心机、运输设备、称量设备布置在图面 1/4 线以下。

（5）中线以下 1/4 高度供走管道使用。

（6）其他设备布置在流程要求的位置。例如：高位冷凝器要布置在回流罐上面，再沸器要靠塔放置，吊车放在起吊对象的附近等。

（7）对于没有安装高度（或位差）要求的设备，在图面上的位置要符合工艺流程流向，以便于管道的连接。对于有安装高度（或位差）要求的设备及关键的操作台，要在图面上适宜位置表示出这个设备（或平台）与地面或其他设备（平台）的相对位置，注以尺寸（或标高），但不需要按实际比例绘制。

（8）管道仪表流程图总图面的安排不宜太挤，四周要留有一定空隙，推荐与边框线的最小距离和一般图面安排如图 6-1 所示。

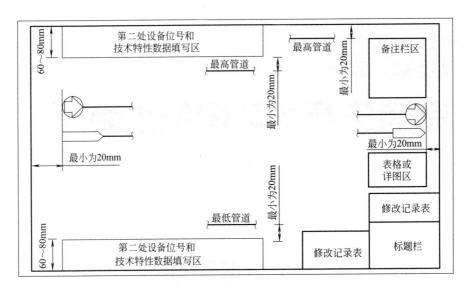

图 6-1　管道仪表流程图的一般图面布置

（9）设备位号应尽可能设计在同一水平线上，在工艺流程图中，除设备外，其他检测仪表、流量计、阀门、重要管件和控制系统的信号线，以及相关的符号、代号等，均应集中给出图例，图例的大小应与流程图中所画的大小相同，一般图例布置在图纸的右上角。

（10）工艺流程图中设备图例应尽可能排成一排，设备特别多时可排成上、下两排，不宜再多。应特别注意根据两设备之间需绘制物料流程线的多少来调整设备之间的相对距离，必须保证两平行物料流程线之间的距离大于或等于 5mm，并注意在设备图例中标注设备位号有足够空间。物料流程线的相对位置应合理分布，应尽可能缩短物料流程线的长度，减少物料流程线的转折与交叉，避免物料流程线穿过设备；物料流程线进出设备接口的相对位置应与实际情况相近，并应与相关管道、阀门、设备的文字标注保留足够的空间。

6.1.2　工艺流程图绘图过程与步骤

工艺流程图的绘制，一般可分为三个步骤进行。

（1）草图设计　流程草图一般以流程示意说明，或流程框图为绘制依据，草图设计的目的是为正式工艺流程图的绘制提供一张更为详细、完善和图面布置大致合理的参考图，但必须将实际流程所采用的全部设备、辅助装置、物流和相关的全部检测仪表、控制点与控制系统等内容绘出，并给出适当的文字说明，以便为正式工艺流程图的绘制提供一张详细、可靠的参考图样。

（2）图面设计　为保证图纸的质量和绘图的效率，在绘制正式工艺流程图之前，应当先进行工艺流程图的图面设计。图面设计的目的是使正式工艺流程图的绘制工作尽可能做到事先心中有数和有的放矢，使正式图纸的图文、线段清晰，图面美观，以确保正式图纸的质量。

（3）绘制正式工艺流程图　正式工艺流程图的绘制，一般是以流程草图为参考图，根据图面设计的结果来进行的。只要按照正式绘图的步骤和要求，以及标准图线和图例绘图，即可获得高质量的图纸。

6.1.3　几种典型工艺流程图

6.1.3.1　工艺流程框图

工艺流程框图（如外消旋体羟丙哌嗪的工艺流程框图，见图6-2）的主要任务是：定性地表示原料转变为产品的路线和顺序，以及要采用的各种化工单元操作和主要设备。

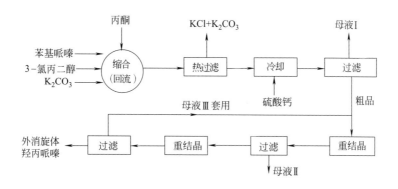

图6-2　外消旋体羟丙哌嗪的工艺流程框图

在设计工艺流程框图时，要根据生产要求，从建设投资、生产运行费用、利于安全、方便操作、简化流程、减少"三废"排放等角度进行综合考虑，反复比较，以确定生产的具体步骤，优化单元操作和设备，从而达到技术先进、安全适用、经济合理、"三废"得以治理的预期效果。

6.1.3.2　设备工艺流程图

确定最优方案后，经过物料衡算和能量衡算，对整个生产过程中投入和产出的各种物流，以及采用设备的台数、结构和主要尺寸都已明确后，便可正式开始设备工艺流程图的设计。设备工艺流程图是以设备的外形、设备的名称、设备间的相对位置、物料流向及文字的形式定性地表示出由原料变成产品的生产过程。

进行设备工艺流程图的设计必须具备工业化生产的概念。例如，医药中间体3-氯-1,2-丙二醇的制备过程中，看似简单的一个反应分离过程，但在工业化生产中就不是那么简单了。必须考虑下述一系列问题：

① 首先要有扩环罐；

② 如果是间歇操作，要有环氧氯丙烷计量罐和水计量罐，以便正确地将二者反应原料送入扩环罐；

③ 加热系统的安装，如蒸汽管线以及疏水器的使用；

④ 冷却系统在蒸馏过程和反应过程是必不可少的，如列管式冷凝器的采用以及一级、二级冷凝形式的考虑；

⑤ 对于输送系统而言，应考虑采用什么方法将过滤后的滤液送入相应的蒸馏罐中，如

果采用空压输送方式，应添加空压装置和管线，以及放空设施；

⑥ 根据系统的流体性质来考虑设备材质问题；

⑦ 减压操作过程涉及采用何种真空系统和如何进行管线布置问题，同时也考虑放空设施的采用；

⑧ 设计分段收集过程的设备和管线的连接。

上述进行设备工艺流程图的设计中所需考虑的问题可看图 6-3。设计人员必须培养工业化大规模生产的概念。

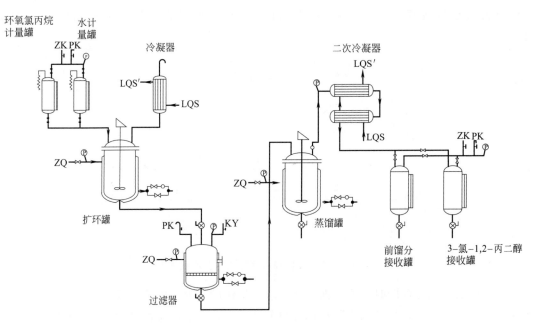

图 6-3 3-氯-1,2-丙二醇生产过程的设备工艺流程图

ZQ—蒸汽；ZK—真空；PK—排空；KY—空压；LQS—冷却水进；LQS′—冷却水出

6.1.3.3 物料流程图

工艺流程图设计完成后，随即开始进行物料衡算，将物料衡算的结果标注在工艺流程图中，使它成为物料流程图，即工艺流程成为定量的。物料流程图是初步设计的成果，编入初步设计说明书中。可参见图 6-4 盐酸林可霉素提取工段的物料流程图。

由图可知，物料流程图由框图和图例组成。每一个框表示过程名称、物料组成和数量。通常绘制时是从左往右开展的，分成三个纵行。左边的一纵行表示加入的原料或者中间体的类型和数量；中间的一纵行表示主要反应和操作过程；右边的一纵行表示副产物和"三废"的情况。为突出物料流程的主线，有时可将中间一纵行的框绘制成双线。

6.1.3.4 带控制点的工艺流程图

设备工艺流程图绘制和物料衡算、热量衡算、设备设计与选型完成后，就可进行车间布置和仪表自控设计。根据车间布置和仪表自控设计结果，绘制初步设计阶段的带控制点的工艺流程图（也称管道及仪表流程图，pipe and instrument diagram，PID），其各个组成部分与设备工艺流程图一样，由物料流程、图例、设备位号、图签和图框组成，见图 6-5。带控制点的工艺流程图的详细绘制要求等见 6.2 节 PID 图。

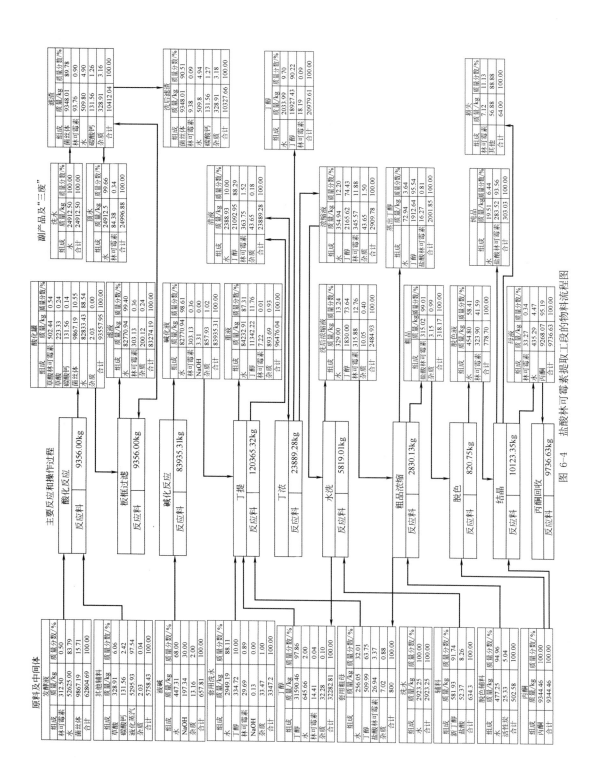

图 6-4　盐酸林可霉素提取工段的物料流程图

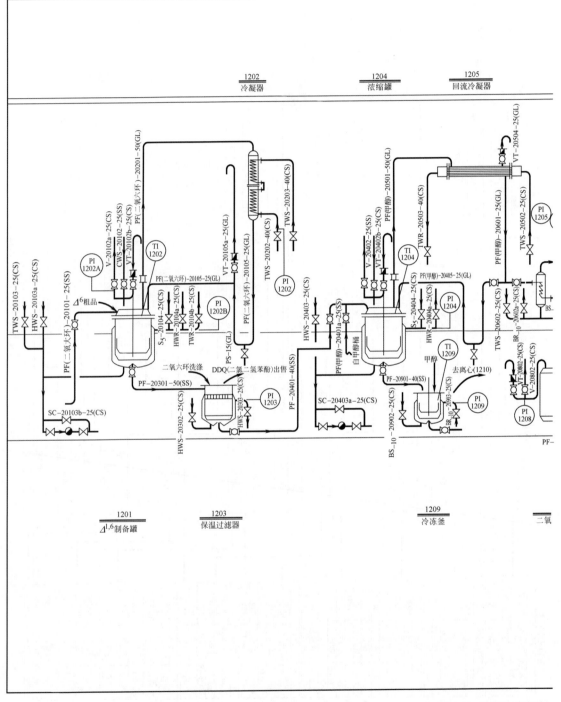

图 6-5　某药厂带控制

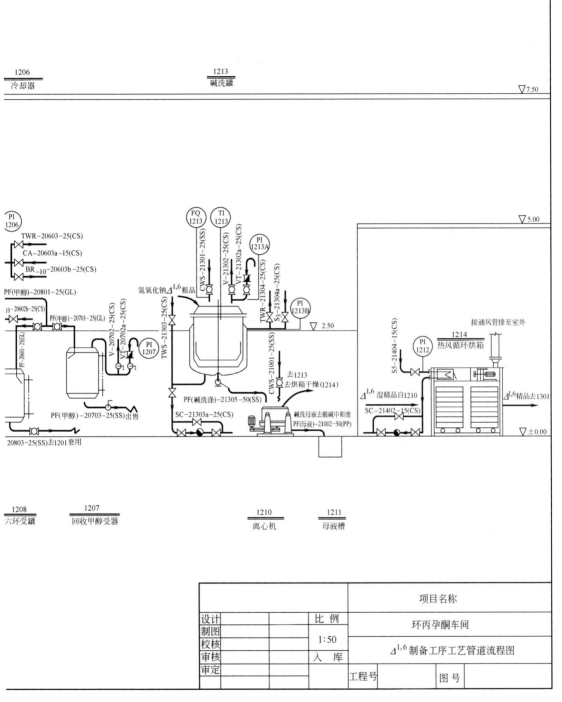

					项目名称		
设计			比 例		环丙孕酮车间		
制图							
校核			1:50		$\Delta^{1,6}$制备工序工艺管道流程图		
审核			入 库				
审定					工程号		图号

点的工艺流程图

6.2 PID图

带控制点的工艺流程图是借助图例规定的图形符号和文字代号，用图示的方法把某种制药产品生产过程所需的全部设备、仪表、管道、阀门及主要管件，按其各自功能，在满足工艺要求和安全经济等原则下组合起来，以起到描述工艺装置的结构和功能的作用。PID图不仅是设计、施工的依据，也是管理、试运转、操作、维修和开停车等方面所需的技术资料的一部分。PID图有助于简化承担该工艺装置的开发、工程设计、施工、操作和维修等任务的各部门之间的交流。

PID图是一种示意性展开图，通常以工艺装置的主项（工段或工序）为单元绘制，也可以装置为单元绘制，按工艺流程次序把设备、管道流程自左至右展开画在同一平面上。

PID图一般包括以下几个方面内容。

（1）图形　用规定的图形符号和文字代号表示设计装置的各工序中工艺过程的全部机械设备，全部管道，阀门，主要管件（包括临时管道、阀门和管件），公用工程站和隔热装置，全部工艺分析取样点和检测、指示、控制功能仪表，供货（成套、配套）和设计要求的标注。

（2）标注　对上述图形内容进行编号和标注；对安全生产、试车、开停车和事故处理在图上需要说明事项进行标注；对机械设备等的技术选择性数据进行标注（如果需要）；对设计要求进行标注。

（3）备注栏、详图和表格。

（4）标题栏及修改栏。

6.2.1　PID图绘图规范

PID图绘图规范要求可参照中华人民共和国行业标准《管道仪表流程图设计规定》（HG 20559—93）执行。

6.2.1.1　PID图规格

一般情况下，PID图应采用标准规格，并带有设计单位名称的统一标题栏。PID图一般采用 A1 标准尺寸图纸横幅绘制，简单流程可采用 A2 图纸。但一套图纸的图幅宜一样。流程图可按主项分别绘制，也可按生产过程分别绘制，原则上一个主项绘制一张图，若流程很复杂，可分成几部分绘制。

图框是采用粗线条在图纸幅面内给整个图（包括文字说明和标题栏在内）的框界。常见图幅尺寸见表 6-1（GB/T 14689—2008）。图幅还可按规定加长，见图 6-6。

表 6-1　基本幅面表及图框尺寸　　　　　　　　　　　　　　　　　　单位：mm

尺寸	幅面代号				
	A0	A1	A2	A3	A4
$B \times L$	841×1189	595×841	420×594	297×420	210×297

注：B——宽度；L——长度。

6.2.1.2 PID图中文字和字母的高度

PID图中的文字字体要求匀称工整，并尽可能采用长仿宋体。字或字母之间要留适当间隙，使之清晰可见。汉字高度不宜小于2.5mm（2.5号字），0号（A0）和1号（A1）标准尺寸图纸的汉字高度应大于5mm。指数、分数、注脚尺寸的数字一般采用小一号字体。分数数字最小高度为3mm，且和分数线之间至少应有1.5mm的空隙，推荐的字体适用对象如下：

a.7号和5号字体用于设备名称、备注栏、详图的题首字；

b.5号和3.5号字体用于其他具体设计内容的文字标注、说明、注释等；

c.文字、字母、数字的大小在同类标注中大小应相同。

字体高度可参照表6-2。

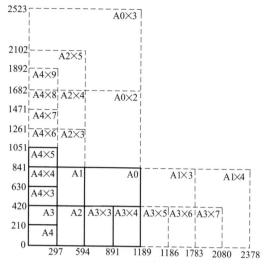

图6-6　图纸幅面尺寸

表6-2　字体高度

书写内容	字体高度/mm	书写内容	字体高度/mm
图标中的图名及视图符号	7	图纸中的数字及字母	3.5
工程名称	5	图名	7
文字说明	5	表格中文字	5

6.2.1.3 PID图中图线宽度的规定

所有线条要清晰、光洁、均匀，线与线间要有充分的间隔，平行线之间的最小间隔不小于最宽线条宽度的两倍，且不得小于1.5mm，最好为10mm。在同一张图上，同一类的线条宽度应一致，一根线条的宽度在任何情况下，都不应小于0.25mm。

在工艺流程图中，PID图中的线条宽度可参照表6-3绘制。

表6-3　PID图中的线条宽度

线宽类别/mm	使用情况
粗线条(1.0)	主要工艺物料管道、主产品管道和设备位号线
中线条(0.5)	次要物料、产品和其他辅助物料管道，设备、机械图形符号，代表设备、公用工程站等的长方框，管道的图纸接续标志，管道的界区标志
细线条(0.25)	其他图形和线条。如：阀门、管件等图形符号和仪表图形符号线、仪表管线、区域线、尺寸线、各种标志线、范围线、引出线、参考线、表格线、分界线、保温和绝热层线、伴管、夹套管线、特殊件编号框以及其他辅助线条

6.2.1.4 PID 图中设备图例

设备和装置按表 6-4PID 图常用设备图例绘出。未规定的设备和装置的图例可根据实际外形和内部结构特征简化画出。

表 6-4　PID 图常用设备图例

设备类型及代号	图例
塔（T）	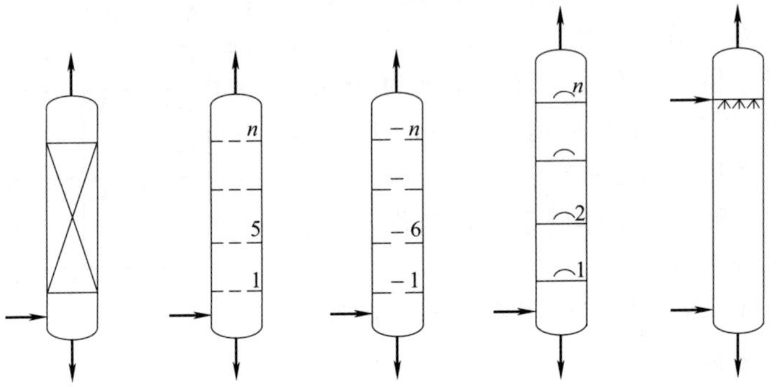 填料塔　筛板塔　浮阀塔　泡罩塔　喷洒塔
塔内件	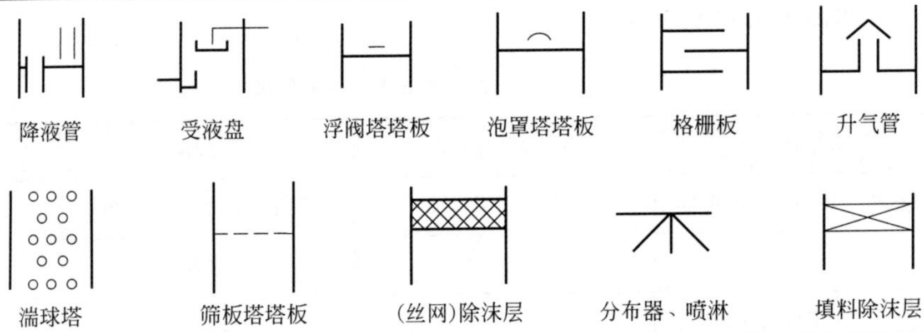 降液管　受液盘　浮阀塔塔板　泡罩塔塔板　格栅板　升气管 湍球塔　筛板塔塔板　(丝网)除沫层　分布器、喷淋　填料除沫层
反应器（R）	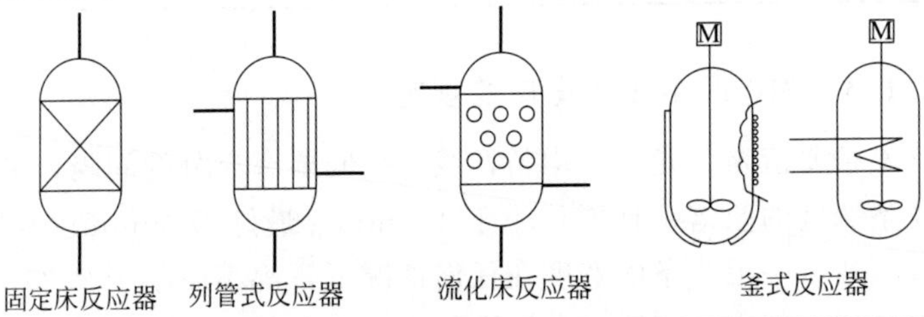 固定床反应器　列管式反应器　流化床反应器　釜式反应器
工业炉（F）	 箱式炉　圆筒炉　圆筒炉
火炬、烟囱（S）	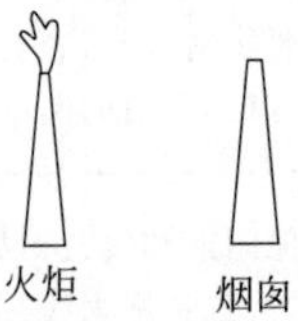 火炬　烟囱

设备类型及代号	图　例

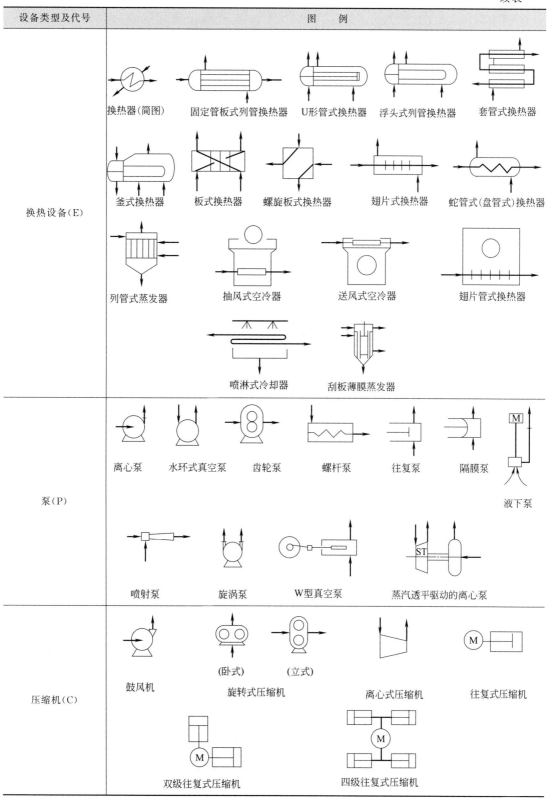

换热设备（E）

换热器（简图）　固定管板式列管换热器　U形管式换热器　浮头式列管换热器　套管式换热器

釜式换热器　板式换热器　螺旋板式换热器　翅片式换热器　蛇管式（盘管式）换热器

列管式蒸发器　抽风式空冷器　送风式空冷器　翅片管式换热器

喷淋式冷却器　刮板薄膜蒸发器

泵（P）

离心泵　水环式真空泵　齿轮泵　螺杆泵　往复泵　隔膜泵

液下泵

喷射泵　旋涡泵　W型真空泵　蒸汽透平驱动的离心泵

压缩机（C）

鼓风机　（卧式）　（立式）　离心式压缩机　往复式压缩机

旋转式压缩机

双级往复式压缩机　四级往复式压缩机

设备类型及代号	图 例
起重运输机械（L）	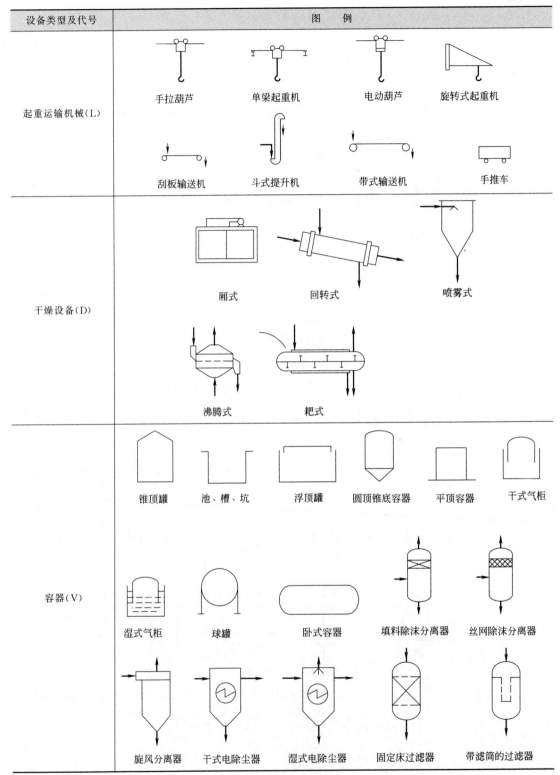
干燥设备（D）	
容器（V）	

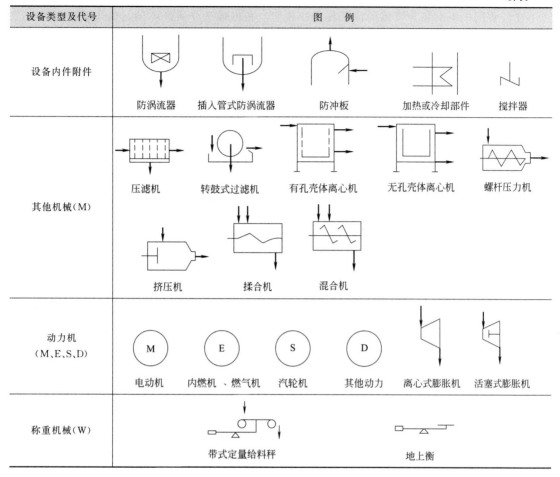

设备类型及代号	图　例

设备内件附件：防涡流器　插入管式防涡流器　防冲板　加热或冷却部件　搅拌器

其他机械(M)：压滤机　转鼓式过滤机　有孔壳体离心机　无孔壳体离心机　螺杆压力机　挤压机　揉合机　混合机

动力机(M、E、S、D)：电动机　内燃机、燃气机　汽轮机　其他动力　离心式膨胀机　活塞式膨胀机

称重机械(W)：带式定量给料秤　地上衡

各图例在绘制时其尺寸和比例可在一定范围内调整。一般在同一工程项目中，同类设备的外形尺寸和比例应该有一个定值或一规定范围。绘图时各图例要形象、明了、表达确切。图面要清楚美观，各图例的相对大小要适当。设备（机器）主体与其附属设备或内外附件要注意尺寸和比例的协调。各图例在绘制时允许有方位变化，也允许几个图例进行组合或叠加。

设备装置上的所有接口（包括人孔、手孔、装卸料口等）一般要画出，其中与配管有关以及与外界有关的管口（如直连阀门的排液口、排气口、放空口及仪表接口等）则必须画出。管口一般用单细实线表示，也可以与所连管道线宽度相同，个别管口用双细实线绘制。一般设备管口法兰可不绘制。设备装置的支承和底座可不表示。设备装置自身的附属部件与工艺流程有关的，如设备上的液位计、安全阀、列管换热器上的排气口、柱塞泵所带的缓冲缸等，它们不一定需要外部接管，但对生产操作和检测都是必需的，有的还要调试，因此图上要表示出来。

6.2.1.5　PID图中管道、阀门和管件图例

按表6-5PID图上管道、管件、阀门和管道附件图例绘出全部工艺管道以及与工艺有关的辅助管道，绘出管道上的阀门、管件和管道附件（不包括管道间的连接件，如三通、弯头、法兰等），为安装和检修等原因所加的法兰、螺纹连接件等仍需绘出和标注。阀门图例

尺寸一般为长 6mm，宽 3mm 或长 8mm，宽 4mm。

在流程图中不对各种管道的比例作统一规定。根据输送介质的不同，流体管道可用不同宽度的实线或虚线表示，PID 图上管道、管件、阀门和管道附件图例见表 6-5。

表 6-5　PID 图上管道、管件、阀门和管道附件图例

名　称	图　例	备　注
主物料管道		粗实线
辅助物料管道		中实线
引线、设备、管件、阀门、仪表等图例		细实线
原有管道		管线宽度与其相接的新管线宽度相同
可拆短管		
伴热(冷)管道		
电伴热管道		
夹套管	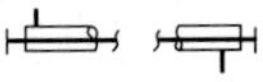	
管道隔热层		
翅片管	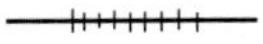	
柔性管		
管道相连		
管道交叉(不相连)		
地面	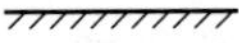	仅用于绘制地下、半地下设备
管道等级、管道编号分界	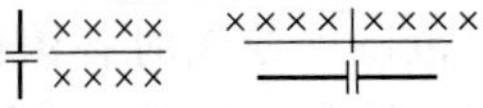	××××表示管道编号或管道等级代号
责任范围分界线	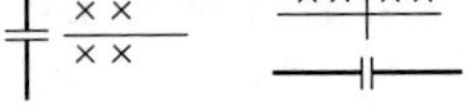	WE 随设备成套供应 B.B 买方负责；B.V 制造厂负责； B.S 卖方负责；B.I 仪表专业负责
隔热层分界线	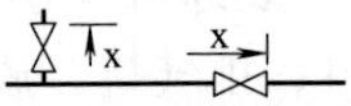	隔热层分界线的标识字母"x"与隔热层功能类型代号相同
伴管分界线	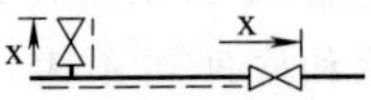	伴管分界线的标识字母"x"与伴管的功能类型代号相同
流向箭头		
坡度	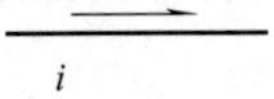 i	i 为坡度
进、出装置或主项的管道或仪表信号线的图纸接续标志，相应图纸编号填在空心箭头内	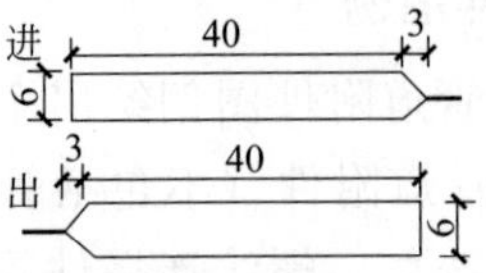	尺寸单位：mm 在空心箭头上方注明进或出的设备位号或管道号或仪表位号

名　称	图　例	备　注
同一装置或主项内的管道或仪表信号线的图纸接续标志，相应图纸编号的序号填在空心箭头内	进 出	尺寸单位：mm 在空心箭头上方注明进或出的设备位号或管道号或仪表位号
取样、特殊管（阀）件的编号框	(A)　(SV)　(SP)	A：取样；SV：特殊阀件； SP：特殊管件；圆框直径：10mm
闸阀		
截止阀		
节流阀		
球阀		
旋塞阀		
隔膜阀		
角式截止阀		
角式节流阀		
角式球阀		
三通截止阀		
三通球阀		
三通旋塞阀		
四通截止阀		
四通球阀		
四通旋塞阀		
升降式止回阀		
旋启式止回阀		
蝶阀		
减压阀		
弹簧式安全阀		阀出口管为水平方向
重锤式安全阀		阀出口管为水平方向
疏水阀		

名　称	图　例	备　注
底阀		
直流截止阀		
呼吸阀		
阻火器		
视镜、视钟		
消声器		在管道中
消声器		放大气
限流孔板	RO（多板）　RO（单板）	圆形直径 10mm
爆破片		真空式　压力式
喷射器		
文氏管		
Y 形过滤器		
锥形过滤器		方框 5mm×5mm
T 形过滤器		方框 5mm×5mm
罐式(篮式)过滤器		方框 5mm×5mm
管道混合器		
膨胀节		
喷淋管		
焊接连接		仅用于表示设备管口与管道为焊接连接
螺纹管帽		
法兰连接		
软管接头		
管端盲板		
管端法兰(盖)		
管帽		
同心异径管		

名　称	图　例	备　注
偏心异径管	底平　　顶平	
圆形盲板	 正常开启　　正常关闭	
8字盲板	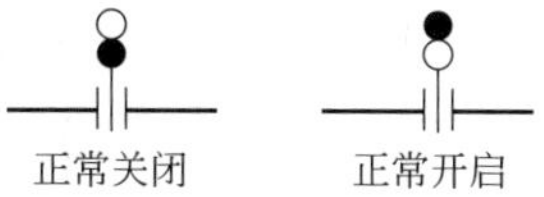 正常关闭　　正常开启	
放空帽(管)	帽　　　管	
漏斗	 敞口　　　封闭	
鹤管		
安全淋浴器		
洗眼器		
常开式阀门	 C.S.O	未经批准,不得关闭(加锁或铅封)
常闭式阀门	 C.S.C	未经批准,不得开启

　　管道的伴热管要全部绘出,夹套管可只要绘出两端头的一小段,有隔热的管道在适当部位画上隔热标志。

　　固体物料进出设备用粗虚(或实)弧形线或折线表示。

　　按系统分绘流程图时,在工艺管道及仪表流程图中的辅助系统管道与公用系统管道只画与设备(或工艺管道)相连接的一小段(包括阀门、仪表等控制点)。

　　管线应横平竖直,转弯应画成直角,要避免穿过设备,避免管道交叉,必须交叉时,一般采用竖断横不断的画法。管道线之间、管道线与设备之间的间距应匀称、美观。

6.2.1.6　PID图中常用物料的代号

　　物料代号用于管道编号,分为工艺物料代号及辅助、公用工程系统物料代号两类。

　　按物料的名称和状态取其英文名称的首字母组成物料代号,一般用2～3个大写英文字母表示。常用物料代号见表6-6。

根据工程项目的具体情况，可以将辅助、公用工程系统物料代号作为工艺物料代号使用；也可以适当增补新的物料代号，但不得与表6-6中规定的物料代号相同。

表6-6　常用物料代号

类别	代号	物料名称	类别	代号	物料名称
工艺物料	PA	工艺空气	油	DO	污油
	PG	工艺气体		FO	燃料油
	PGL	气液两相流工艺物料		GO	填料油
	PGS	气固两相流工艺物料		LO	润滑油
	PL	工艺液体		RO	原油
	PLS	液固两相流工艺物料		SO	密封油
	PS	工艺固体	制冷剂	AG	气氨
	PW	工艺水		AL	液氨
空气	AR	空气		ERG	气体乙烯或乙烷
	CA	压缩空气		ERL	液体乙烯或乙烷
	IA	仪表空气		FRG	氟利昂气体
蒸汽及冷凝水	HS	高压蒸汽（饱和或微过热）		FRL	氟利昂液体
	HUS	高压过热蒸汽		PRG	气体丙烯或丙烷
	LS	低压蒸汽（饱和或微过热）		PRL	液体丙烯或丙烷
	LUS	低压过热蒸汽		RWR	冷冻盐水（回水）
	MS	中压蒸汽（饱和或微过热）		RWS	冷冻盐水（供水）
	MUS	中压过热蒸汽	其他	DR	排液、导淋
	SC	蒸汽冷凝水		FSL	熔盐
	TS	伴热蒸汽		FV	火炬排放气
水	BW	锅炉给水		H	氢
	CSW	化学污水		HO	加热油
	CWR	循环冷却水（回水）		IG	惰性气体
	CWS	循环冷却水（供水）		N	氮
	DNW	脱盐水		O	氧
	DW	饮用水、生活用水		SL	淤浆
	FW	消防水		VE	真空排放气
	HWR	热水（回水）		VT	放空
	HWS	热水（供水）	燃料	FG	燃料气
	RW	原水、新鲜水		FL	液体燃料
	SW	软水		FS	固体燃料
	WW	生活废水		NG	天然气

6.2.1.7 PID 图中隔热、保温、防火和隔声代号

隔热（绝热）是指借助隔热材料将热（冷）源与环境隔离，它分为热隔离（绝热）和冷隔离（隔冷）。保温（冷）是借助热（冷）介质的热（冷）量传递使物料保持一定的温度，根据热（冷）介质在物料（管）外的存在情况保温管分为伴管、夹套管、电加热等。防火是指对管道、钢支架、钢结构、设备的支腿、裙座等钢材料作防火处理。隔声是指对发出声音的声源采用隔绝或减少声音传出的措施。隔热、保温、防火和隔声代号用于工艺流程图等工程设计资料中对管道号的标注。隔热、保温、防火和隔声代号采用一个或两个大写英文印刷体字母表示，两个英文字母大小要相同。代号分为两类：通用代号和专用代号。

a.通用代号泛指隔热、保温特性，不特定指明具体类别，优先用于物料流程图（PFD图）和管道仪表流程图（PID图）的 A 版。

b.专用代号是指特定的类别。随工程设计的进展和深化，在管道仪表流程图（PID图）的 B 版（内审版）及以后各版图中要采用专用代号。

PID 图的隔热、保温、防火和隔声代号见表 6-7。

表 6-7　PID 图的隔热、保温、防火和隔声代号

类　别		功能类型代号		备　注
		通用代号	专用代号	
隔热	隔热	I①	H	采用隔热材料
	隔冷		C	采用隔冷材料
	人身保护(防烫)		P	采用隔热材料
	防冻		W	采用隔热材料
	防表面结露		D	采用隔热材料
保温	蒸汽伴热管	T②	T	伴管和采用隔热材料
	热(冷)水伴管		TW	伴管和采用隔热材料
	热(冷)油伴管		TO	伴管和采用隔热材料
	特殊介质伴热(冷)管		TS	伴管和采用隔热材料
	电伴热(电热带)		TE	电热带和采用隔热材料
	蒸汽夹套	J	J	夹套管和采用隔热材料
	热(冷)水夹套		JW	夹套管和采用隔热材料
	热(冷)油夹套		JO	夹套管和采用隔热材料
	特殊介质夹套		JS	夹套管和采用隔热材料
防火		F	F	采用耐火材料、涂料
隔声		N③	N	采用隔声材料

① 对于既要热隔离(绝热)，又要冷隔离(隔冷)的复合类型,采用通用代号"I"标注。

② 采用导热胶泥敷设伴热管和加热板时,功能类型代号按伴管类标注,但需要在有关资料和图纸上标明导热胶泥的规格和型号。

③ 既要隔热,又要隔声的复合情况,采用主要功能作用的类型代号标注。

绘图过程中，如果图例较多，需给出工艺专业图例首页，如图 6-7 所示。

1.管线表示法

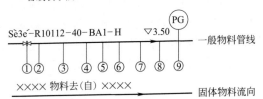

$Sè3è^{-}R10112-40-BA1-H$ ▽3.50 PG ——— 一般物料管线

①②③④⑤⑥⑦⑧⑨

××××物料去(自)×××× ——— 固体物料流向

① 阀件符号,见3
② 流体代号,见4
③ 管道编号
④ 公称直径,单位mm
⑤ 管道等级代号,见6
⑥ 隔热符号:H—保温;C—保冷; P—防烫;D—防结露
⑦ 管道底或管架顶标高
⑧ 物料流向
⑨ 仪表符号,见2

装置内的接续标志

物料来自……
图号E.01-××××××-×-××/××

物料去至……
图号E.01-××××××-×-××/××

进出装置的接续标志

物料来自……

物料去至……

2.仪表和自控符号

项目	首位字母	后继字母	项目	首位字母	后继字母
A	分析	报警	L	物位	灯
C	电导率	控制	M	水分或湿度	
D	密度		P	压力、真空	连接或测试点
F	流量		Q	数量	
G	毒性气体或可燃气体	视镜、观察	S	速度、频率	开关、连锁
H	手动		T	温度	传送(变送)
K	时间、时间程序	操作器	V	振动、机械监视	阀、风门、百叶窗
(VFD)	(电机)变频控制				

安装位置		
①就地安装仪表	②集中仪表盘安装仪表	③就地仪表盘安装仪表

3.阀门管件

名称	图例	名称	图例
截止阀		疏水阀	
闸阀		顶底阀	
柱塞阀		呼吸阀	
球阀		U形隔膜阀	
旋塞阀			
隔膜阀		阻火器	
角式截止阀		视镜	
角式节流阀		视盅	
减压阀		气体过滤器	
卫生级呼吸阀		软连接	

4.流体代号

介质名称	流体代号	主管编号
饱和蒸汽(0.3MPa)	S3	101
纯蒸汽	PS	102
自来水	CWS	103
纯化水	PW	104
注射用水	WFI	105
压缩空气(0.6MPa)	CA	106
冷冻水(供)	CHWS1	107a
冷冻水(回)	CHWR1	108a
冷冻水(供)	CHWS2	107b
冷冻水(回)	CHWR2	108b
真空	V	
蒸汽冷凝水	SC	
氮气	N	
排空	VT	
生产污水	IS	

6.管道材料等级索引

等级	典型介
BA1	饱和蒸汽(0.3 蒸汽冷凝水〜
BB1	冷冻水(供、
BC1	饱和蒸汽(0.3 真空压缩空气、自来水、生产污水、排空、冷冻物料(无毒、非易燃、
BF1	纯化水、压缩氮气、生产污
BF3	注射用水、纯蒸汽、物料(无毒、非易燃压缩空气、氮气、

图 6-7 工艺专业

5.管道材料等级编号说明

a.管道材料等级号由两个英文字母和一个数字共三部分组成,第一部分代表压力等级,第二部分代表管道材质,第三部分用以区分相似的情况。

b.压力和材料代号见下表。

B C 2
├── 序号
├── 管道材质
└── 管道的压力等级

第一部分		第二部分		第三部分
符号	意义	符号	意义	顺序区别号
A	≤0.6MPa	A	碳钢(无缝管)	顺序区别号
B	1.0MPa	B	碳钢(焊接管,镀锌管)	顺序区别号
C	1.6MPa	C	304(0Cr18Ni9)	顺序区别号
D	2.5MPa	D	316(0Cr17Ni12Mo2)	顺序区别号
E	4.0MPa	E	316L(00Cr14Ni12Mo2)	顺序区别号
F	6.3MPa	F	不锈钢薄壁管	顺序区别号
G	10.0MPa	G	低合金管	顺序区别号
H	16.0MPa	H	塑料管	顺序区别号
K	25.0MPa	K	碳钢衬胶	顺序区别号
		L	钢塑复合管	顺序区别号
		M	铜	顺序区别号
				顺序区别号

质	温度范围 /℃	腐蚀裕度 /mm	法兰型式、压力等级、基本材料	压力管道设计类别、级别
MPa) 自来水	0～159	1.5	PN10平焊RF面HG/T 20592—2009 碳钢(20无缝管)	饱和蒸汽 GC3
回)	0～50	1.5	PN10平焊RF面HG/T 20592—2009 碳钢(Q235−A焊接钢管)	
MPa) 蒸汽冷凝水 水(供、回) 非易爆)	0～159	0	PN10平焊RF面HG/T 20592—2009 06Cr19Ni10(304)	
空气、水	0～80	0	1.0MPa卡箍QB/T 2005—2010 06Cr19Ni10(304)	
消毒液 、非易爆) 排控	0～133	0	1.0MPa卡箍QB/T 2005—2010 022Cr17Ni12Mo2(316L)	

注册章 STAMP FOR REGISTER

出图专用章　STAMP FOR ISSUE

设计经理 Design Manager			工程号 Project No.	
专业负责人 Discipline Chief			阶段 Phase	
审定 Authorized By			专业 Discipline	
审核 Approved By			比例 Scale	
校核 Checked By			日期 Date	
设计 Designed By			版次 Revision	

图号　Drawing No.

图例首页

6.2.1.8 PID图设备的标注

每台设备均有相应的位号。设备位号，第一部分用大写英文字母表示设备类别，第二部分用阿拉伯数字表示设备所在位置（工序）及同类设备的顺序，一般数字为3～4位，最后根据相同设备的数量及排列顺序，标注大写英文字母A、B、C…作为每台设备的尾号。如图6-8所示。

P   03   01   A

图6-8 设备位号的组成

6.2.1.9 PID图管道的标注

一般标注在管道上方，对个别由于管道太短写不下的情况，可以用引线引出来写（最好平行于管道线）。管道的标注如图6-9所示。

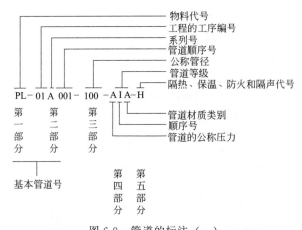

图6-9 管道的标注（一）

也可将管道号、管径、管道等级和隔热、保温、防火和隔声代号分别标注在管道的上下方，如图6-10所示。

6.2.1.10 PID图仪表、控制点的标注

PID图上需要用细实线在相应的管道上用符号将仪表及控制点正确地绘出。符号包括图形符号和表示被测变量、仪表功能的字母代号（见表6-8）。仪表序号编制按工艺生产流程同种仪表依次编号，如图6-11所示。

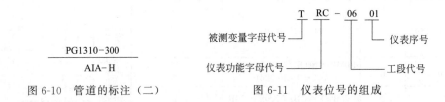

PG1310-300

AIA-H

图6-10 管道的标注（二）　　　　图6-11 仪表位号的组成

表6-8 被测变量及仪表功能字母组合示例

仪表功能 ＼ 被测变量	温度	温差	压力或真空	压差	流量	物粒	分析	密度
指示	TI	TdI	PI	PdI	FI	LI	AI	DI
指示、控制	TIC	TdIC	PIC	PdIC	FIC	LIC	AIC	DIC
指示、报警	TIA	TdIA	PIA	PdIA	FIA	LIA	AIA	DIA

仪表功能 ＼ 被测变量	温度	温差	压力或真空	压差	流量	物粒	分析	密度
指示、开关	TIS	TdIS	PIS	PdIS	FIS	LIS	AIS	DIS
记录	TR	TdR	PR	PdR	FR	LR	AR	DR
记录、控制	TRC	TdRC	PRC	PdRC	FRC	LRC	ARC	DRC
记录、报警	TRA	TdRA	PRA	PdRA	FRA	LRA	ARA	DRA
记录、开关	TRS	TdRS	PRS	PdRS	FRS	LRS	ARS	DRS
控制	TC	TdC	PC	PdC	FC	LC	AC	DC
控制、变速	TCT	TdCT	PCT	PdCT	FCT	LCT	ACT	DCT

在管道及仪表流程图中，仪表位号中的字母代号填写在圆圈的上半圆中，数字编号填写在圆圈的下半圆中，如图 6-12 所示。

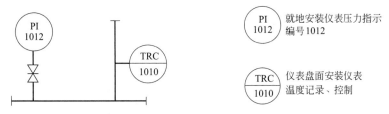

图 6-12　仪表的标注

6.2.2　PID 图绘图过程及步骤

① 根据图面布置确定的设备图例大小、位置，以及相互之间的距离，采用细点划线从左至右按流程确定各设备的中心位置。

② 用细实线按照流程顺序和标准图例画出设备（机器）的规定图例，各设备（机器）横向间留有一定的间距，以便布置管道流程线，并注意管道仪表流程图图面布置的几个原则。

③ 先用细实线按照流程顺序和物料种类，逐一绘出各主要物流线，并配以表示流向的箭头。

④ 用细实线绘出管道流程图的阀件、管件以及与工艺有关的检测仪表，调节控制系统，分析取样点的符号和代号。

⑤ 绘制完成后，按照流程顺序检查，看是否有漏绘、错绘情况，并进行适当的修改和补绘。

⑥ 按标准将物料流程的线条改成粗实线，并给出表示物料流向的标准箭头。

⑦ 分别对设备（机器）、管道等进行标注。

⑧ 给出集中图例与代号、符号说明。

⑨ 填写标题栏，并给出相应的文字说明。

若用 AutoCAD 绘制工艺流程图，可直接用规定线条绘制相关物料线和设备线。

6.2.3 典型制药过程 PID 图

甲醇作为一种良好的溶剂，在制药过程中应用比较广泛，特别是在原料药的提取、萃取以及洗涤药液等方面。同时，为了节约成本，降低对环境的影响，制药过程中用到的甲醇通常都要回收利用，图 6-13 是某药厂甲醇回收工艺的 PID 图。

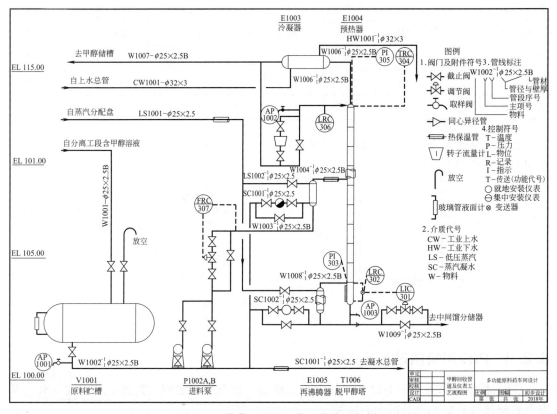

图 6-13　某药厂甲醇回收工艺的 PID 图

制药过程中，对药品粗品进行精制，经常用到的方法是精馏，图 6-14 是精馏塔的 PID 图。

硫辛酸是属于 B 族维生素的一类化合物，是人体内不可缺少的抗氧剂，具有极高的医用价值和抗衰老潜能。其某种生产工艺为：以硫化钠、硫黄为最初原料，得到二硫化钠后，加入 6,8-二氯辛酸乙酯，经过环合反应生成硫辛酸乙酯，硫辛酸乙酯在氢氧化钠水溶液中水解，随后酸化生成硫辛酸，得到的硫辛酸粗品进一步精制即可得到最终产品。工艺全流程主要包括：环合反应工段、水解反应工段、水解反应后处理工段及粗品精制工段。图 6-15（见插页图）是硫辛酸环合和水解工段的 PID 图，环合反应在环合反应釜中进行操作，水解反应在水解反应釜中进行操作。

缬沙坦是一款血管紧张素 II 受体拮抗剂抗高血压类药物，主要用于治疗高血压、充血性心力衰竭、后心肌梗死等，具有降血压效果持久稳定、毒副作用小的特点。其可以采用以 N-正戊酰基缬氨酸甲酯为原料，与氢气加氢还原后进一步精制的工艺进行生产。图 6-16（见插页图）是缬沙坦氢化还原工段及精制工段的 PID 图。

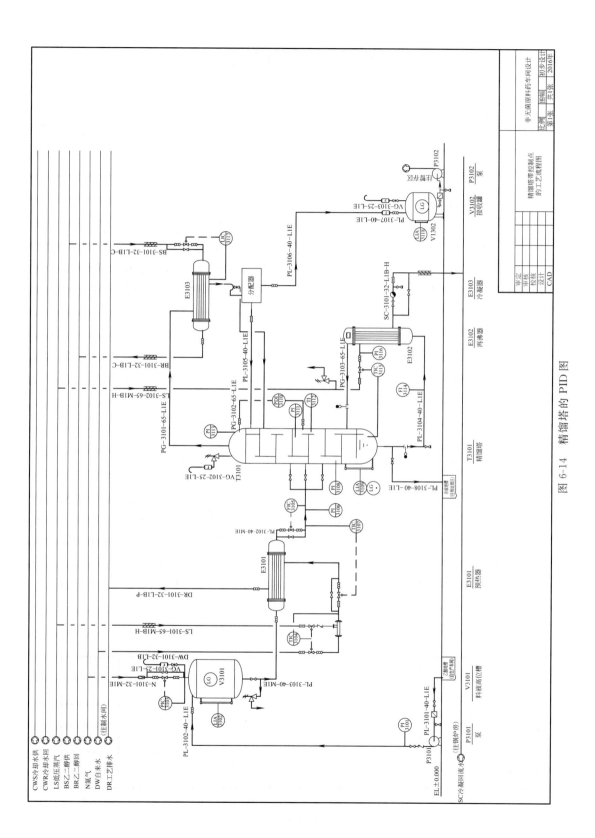

图 6-14 精馏塔的 PID 图

6.3　车间布置图

车间布置中用以表示一个车间（装置）或一个工段（分区或工序）的生产和辅助设备在厂房建筑内外安装布置的图样称为车间布置图（包括车间平面布置图和车间立面布置图）。

6.3.1　车间的总体布置

6.3.1.1　车间组成

车间一般由生产部分（一般生产区和洁净区）、辅助生产部分和行政-生活部分组成。辅助生产部分包括物料净化用室、原辅料包装清洁室、灭菌室；称量室、配料室、设备容器具清洁室、清洁工具洗涤存放室、洁净工作服洗涤干燥室；动力室（真空泵和压缩机室）、配电室、分析化验室、维修保养室、通风空调室、冷冻机室、原辅料和成品仓库等。行政-生活部分由办公室、会议室、厕所、淋浴室与休息室等组成。

6.3.1.2　车间平面布置

典型的原料药车间的平面布置有三种形式："一"字形布置，"L"形布置，"U"形布置，详见图 6-17～图 6-19。三种平面布置均按工艺流程顺序及人、物明确分流的原则设计，每种布置都按照上述设计要点设置了功能区域，但各有特点。

"一"字形的平面布置，车间外观比较齐整，但车间外有突出的溶剂暂存区域及污水预收集系统，对厂区的总体规划有一定的影响，而且反应或合成区域的宽度通常不宜太宽，太宽不利于区域的防爆泄爆处理及人员的安全疏散。为满足生产需要，车间设计必然会变得细长，这对厂区的要求较高。

"L"形布置和"U"形布置可解决上述不利影响，但车间的外观设计上有一定的局限性，而且"L"形和"U"形在平面设计中车间的公用系统及辅助部分会设置在"L"字及"U"字的突出端，距离使用点较远，增加了系统的管路长度。因此在具体设计中应综合考虑不同的影响因素选用不同的布置形式，甚至可将不同的布置形式加以融合，但无论采用何种布置形式都应该考虑原料药车间的设计要点，以满足生产及规范的要求，达到优化设计的目标。

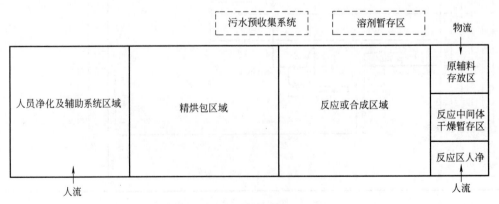

图 6-17　"一"字形布置的原料药车间

图 6-18　"L" 形布置的原料药车间

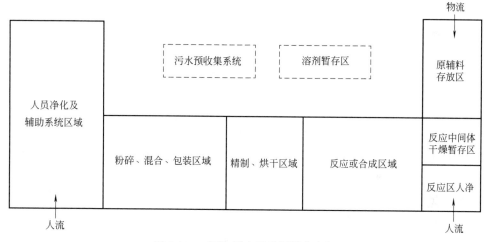

图 6-19　"U" 形布置的原料药车间

6.3.2　原料药"精烘包"工序车间布置

"精烘包"是原料药生产的最后工序，也是直接影响成品质量的关键步骤。它包括：粗品溶解、脱色过滤、重结晶、过滤、干燥、粉碎、筛分、包装、浓缩液无菌过滤、喷雾（或冷冻）干燥、筛分等步骤。除粗品溶解和脱色过滤过程为一般生产区外，其他过程均为洁净区。原料药车间的"精烘包"工序对车间洁净度的要求较高，新建或改造时必须严格遵循《药品生产质量管理规范》（GMP）。2010 年版 GMP 把生产车间划分为：一般生产区和洁净区（A、B、C、D 级洁净区）。

6.3.2.1　原料药"精烘包"生产环境洁净级别

原料药"精烘包"生产环境洁净级别按照 GMP 规定：非无菌原料药精制、干燥、粉碎、包装等生产操作的暴露环境应按 D 级洁净区要求设置。质量标准中有热原或细菌内毒素等检验项目时，厂房设计应特别注意防止微生物污染，根据产品的预定用途、工艺要求采取相应的控制措施。质量控制实验室通常应当与生产区分开。

无菌药品包括无菌制剂和无菌原料药。无菌药品要求不能含有有活性的微生物，必须符合内毒素的限度要求，即无菌、无热原或细菌内毒素、无不溶性微粒/可见异物。无菌药品按生产工艺分为两类：采用最终灭菌的工艺为最终灭菌产品；部分或全部工序采用无菌生产工艺的为非最终灭菌产品。无菌药品的生产必须严格按照精心设计并经验证的方法及规程进行，产品的无菌或其他质量特性绝不能只依赖于任何形式的最终处理或成品检验（包括无菌检查）。因此，无菌原料药的粉碎、过筛、混合、分装的车间布置设计须在 B 级背景下的 A 级生产环境中进行。

无菌原料药的"精烘包"工艺通常是把精制过程（包括原料溶解）和无菌过程（从除菌过滤至包装）结合在一起，将无菌过程作为生产工艺的一个单元操作来完成（见图 6-20）。目前生产上最常用的是无菌过滤法，即将非无菌中间体或原材料配制成溶液，再经 $0.22\mu m$ 孔径的除菌过滤器过滤以达到除去细菌的目的，在以后精制的一系列单元操作中一直保持无菌，最后生产出符合无菌要求的原料药。在灭菌生产工艺中，除了除菌过滤外，还包括设备灭菌、包装材料灭菌、无菌衣物灭菌等。这些灭菌过程经验证能保证从非无菌状态转化成无菌状态。

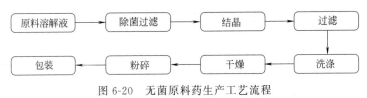

图 6-20　无菌原料药生产工艺流程

无菌原料药的生产环境等级主要有如下几个等级。

（1）B 级背景下的 A 级　无菌原料药暴露的环境，如出箱、分装、取样、压盖、加晶种、多组分混合（开桶，上料）等。接触无菌原料药的内包材或其他物品灭菌后的暴露环境，包括其转运过程，常会用到可移动的层流车。无菌原料药生产中，很多设备在原位灭菌系统（sanitize in place，SIP）或高压蒸汽灭菌后，使用前需要再进行管线连接组装，所有的连接组装操作必须在 A 级层流保护下进行。无菌产品或灭菌后的物品的转运、储存环境，除非在完全密封的条件下，不能保存在 B 级环境下，加盖的桶、盒子等不能视为完全密封保存。通常用层流操作台（罩）来维持该区的环境状态。层流系统在其工作区域必须均匀送风，风速指导值为 $0.36\sim0.54m/s$。应有数据证明层流的状态并须验证。推荐使用隔离罩或隔离器。

（2）B 级区　指为高风险操作 A 级区提供的背景区域。在密封系统下进行的无菌结晶、过滤、洗涤、干燥、混粉、过筛、内包装贴签等操作的环境。

（3）C 级下的局部层流　接触无菌原料药的物品灭菌前精洗以及精洗后的暴露环境；除菌过滤器安装时的暴露环境；B 级区下使用的无菌服清洗后的净化与整理环境；待灭菌的设备最终清洗时的暴露环境。

（4）C 级区　无菌原料药配料的环境；无菌原料药内包材或其他灭菌后进入无菌室的物品的粗洗环境；从 D 级区到 B 级区的缓冲。

（5）D 级区　从一般区到 C 级区的缓冲。

6.3.2.2　人员和物料净化

（1）人员净化出入口与物料净化出入口应分别独立设置，物料传送路线应短捷，并避免与人流路线交叉。输送人员和物料的电梯宜分开设置，电梯不应设置在洁净区内，需设置在洁净区的电梯，应采取确保制药洁净区空气洁净度等级的措施。

（2）从一般区进入无菌 B 级区的人流和物流通道要有 D，C，B 的洁净级别梯度。

（3）进入洁净区的人员必须按图 6-21 及图 6-22 的程序进行净化。

凡进入 D 级洁净区的人员（包括操作人员、机修人员、后勤人员）均需经过以下程序

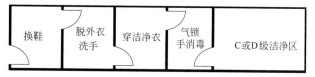

换鞋→穿洁净衣→手消毒→气锁→进入

图 6-21 人员从一般区进入洁净区（C 或 D 级）示意图

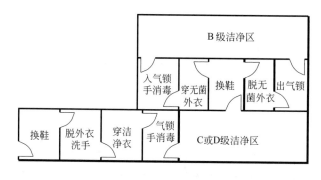

(a)从C或D级洁净区进B级洁净区更衣示意图

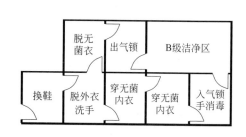

(b) 从一般区进B级洁净区更衣示意图

图 6-22 人员进入无菌洁净区示意图

凡进入 B 级洁净区的人员均需经过以下程序

换鞋→脱外衣→洗手、消毒→穿无菌内衣→穿无菌外衣→手消毒→气锁→进入

应当按照气锁方式设计更衣室，使更衣的不同阶段分开，尽可能避免工作服被微生物和微粒污染。更衣室应当有足够的换气次数。更衣室后段的静态级别应当与其相应洁净区的级别相同。必要时，可将进入和离开洁净区的更衣间分开设置，一般情况下，洗手设施只能安装在更衣的第一阶段。

（4）物料（包括原辅料、包装材料、容器工具等）在进入洁净区前均需在物净间内进行物净处理（清除外表面上的灰尘污染及脱除外包），再用消毒水擦洗消毒，然后在设有紫外灯的传递窗内消毒，传入洁净区。物料也可通过经过验证的其他方式进入洁净区。对在生产过程中易造成污染的物料应设置专用的出入口。进入无菌洁净室（区）的原辅料、包装材料和其他物品还应在出入口设置物料、物品灭菌用的灭菌室和灭菌设施。大宗无菌原料药从无菌区传出可通过传递窗（B/C 或 B/D）进行，也可有单独的物料传出通道。如果需要无菌操作人员从 B 级区开门将无菌原料药（API）送入，非无菌操作人员从另一侧进入该房间将无菌 API 取出时，该房间应有消毒功能，在传递后消毒。消毒后该房间应达到 B 级洁净度。最好要具有互锁装置。物料进出洁净区的方式见图 6-23。

6.3.2.3 原料药"精烘包"工序车间布置图举例

图 6-24 是某原料药"精烘包"工序车间平面布置图。该车间设计了 B 级和 C 级洁净区，满足了无菌原料药的洁净度级别要求。

6.3.3 制剂车间布置

6.3.3.1 制剂车间组成

从功能上分，制剂车间可由下述几个部分组成。

（1）仓储区 制剂车间仓库的位置安排大致有两种：一种是集中式，即原辅材料、包装

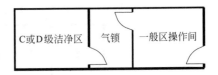

(a) 从一般区进C或D级洁净区物净示意图

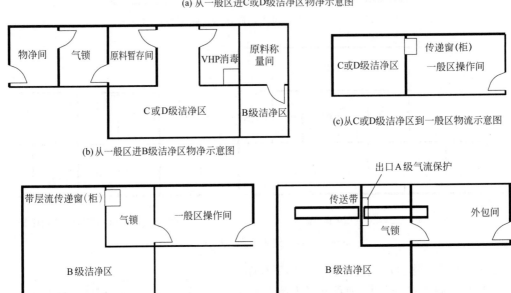

(b) 从一般区进B级洁净区物净示意图

(c) 从C或D级洁净区到一般区物流示意图

(d) 从B级洁净区到一般区物流示意图

图 6-23 物料进出洁净区的方式

VHP—汽化双氧水灭菌法

材料、成品均在同一仓库区，这种形式是较常见的，在管理上也较方便，但要求分隔明确、收存货方便；另一种是原辅材料与成品库（附包装材料）分开设置，各设在车间的两侧，这种形式在生产过程的进行路线上较流畅，减少往返路线，但在车间扩建上要特殊安排。

仓储的布置现在一般采用多层装配式货架，物料均采用托板分别储存在规定的货架位置，装载方式有全自动电脑控制堆垛机、手动堆垛机及电瓶叉车。高架仓库是目前仓库发展的热点，受药品的性质及采购特点的限制，故多采用背靠背的托盘货架存放方式。

（2）备料室 生产过程要求备料室要靠近生产区。根据生产工艺要求，备料室内应设有原辅料存放间、称量配料间、称量后原辅料分批存放间、生产过程中剩余物料的存放间、粉碎间、过筛间、筛后原辅料存放间。称量室宜靠近原辅料室，其空气洁净度等级宜同配料室；当原辅料需要粉碎处理后才能使用时，还需要设置粉碎、过筛间以及筛后原辅料存放间。

（3）辅助区 辅助区包括清洗间、清洁工具间、维修间、休息室、更衣室和盥洗室等。

① 清洗间。洁净厂房内，应有无菌服装（特别是生产或分装青霉素类药物）的洗涤、干燥室，设备及容器具洗涤区。清洗洗涤区洁净级别应与该生产所在房间的级别相同，并符合相应的空气洁净度要求。

② 清洁工具间。专门负责车间的清洁消毒工作，故房间内要设有清洗、消毒用的设备。凡用于清洗揩抹用的拖把及抹布要进行消毒处理。此房间还要储存清洁用的工具、器件，包括清洁车等。清洁工具间可一个车间设置一间，一般设在洁净区附近，也可设在洁净区内。

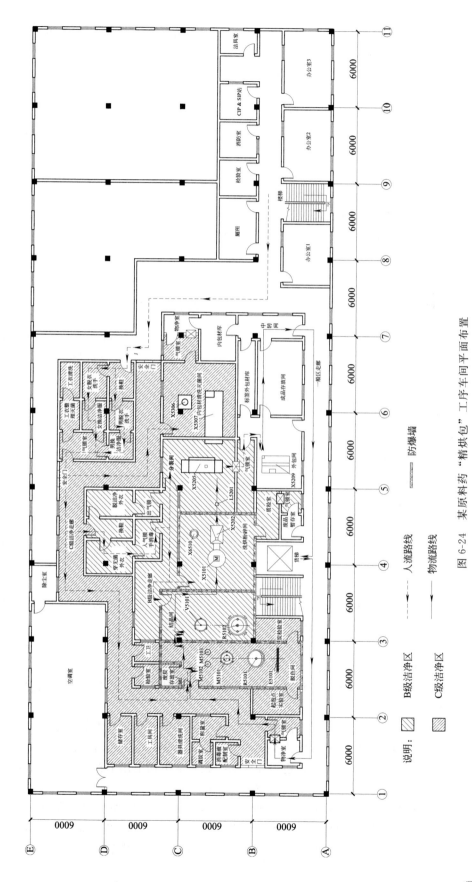

图 6-24　某原料药"精烘包"工序车间平面布置

说明：　 - - - - - 人流路线　　防爆墙

　　　　　 ——— 物流路线

B级洁净区　　　C级洁净区

③ 维修间。维修间应尽可能与生产区分开，存放在生产区的工具，应放置在专门的房间的工具柜中。

（4）生产区　生产区包括生产工艺实施所需房间。生产工艺区，应有合理平面布置；严格划分洁净区域；防止污染与交叉污染；方便生产操作。生产区应有足够的平面和空间，有足够的场所合理安放设备和材料，以便操作人员能有条理地进行工作，从而防止不同药品之间发生混杂，防止其他药品或其他物质带来的交叉污染，并防止任何生产或控制步骤事故的发生。

此外，对于一些特殊的生产区，如发尘量大的粉碎、过筛、压片、充填、原料药干燥等岗位，若不能做到全封闭操作，则除了设计必要的捕尘、除尘装置外，还应考虑设计缓冲室，以避免对邻室或共用走道产生污染。另外，如固体制剂配浆、注射剂的浓配等散热、散湿量大的岗位，除设计排湿装置外，也可设计缓冲室，以避免散湿和散热量大而影响相邻洁净室的操作和环境空调参数。

（5）中贮区　制药车间内部应设置降低人为差错、防止混药的中贮区（又称中转站），其空间大小应足以存放物料、中间产品、待验品和成品，且便于明确分区，以最大限度地减少差错和交叉污染。

不管是上下工序之间的暂存还是中间产品的待验，都需有场地有序地暂存，中贮区面积的设置有几种排法：可将贮存、待验场地在生产过程中分散设置，也可将中贮区相对集中设置。

（6）质检区　药品的质检区（分析、检验、留样观察等实验室）应与药品生产区分开设置。阳性对照、无菌检查、微生物限度检查、抗生素微生物检定等实验室以及放射性同位素检定室等应分开设置；无菌检查室、微生物限度检查实验室应为无菌洁净室，其空气洁净度等级不应低于 B 级，并应设置相应的人员净化和物料净化设施；抗生素微生物检定实验室和放射性同位素检定室的空气洁净度等级不宜低于 D 级；有特殊要求的仪器应设置专门的仪器室；原料药中间产品质量检验对环境有影响时，其检验室不应设置在该生产区内。

（7）包装区　包装区平面布置设计的一般原则是：包装车间与邻近生产车间和中心贮存库相毗连；包装车间要设置与生产规模相适应的物料暂存空间；生产线与生产线要隔离设置；前、后包装工序要隔离。

（8）公用工程　为避免外来因素对药品产生污染，在进行工艺设备平面布置设计时，洁净生产区内只设置与生产有关的设备、设施。其他公用工程辅助设施如压缩空气压缩机、真空泵、除尘设备、除湿设备、排风机等应与生产区分区布置。

（9）人物流净化通道　洁净区的通道，应保证通道直达每一个生产岗位。不能把其他岗位操作间或存放间作为物料和操作人员进入本岗位的通道，更不能把一些双开门的设备作为人员的通道，如双门烘箱。这样可有效地防止因物料运输和操作人员流动而引起的不同品种药品的交叉污染。

多层厂房内运送物料和人员的电梯应分开。由于电梯和井道是很大的污染源，且电梯及井道中的空气难以进行净化处理，故洁净区内不宜设置电梯。因工艺流程的特殊要求、厂房结构的限制、工艺设备需立体布置，物料要在洁净区内从下而上用电梯运送时，电梯与洁净区之间应设气闸或缓冲间等来保证生产区空气洁净度。

进入洁净区的操作人员和物料应分别设置入口通道。生产过程中使用或产生的如活性炭、残渣等容易污染环境的物料和废弃物，应设置专门的出入口，以免污染原辅料或内包材料。如废品（碎玻璃、分装、压塞、轧盖废品，空包装桶，不合格品）的运出要采取通道用传递柜＋气锁的方式实行通道单设。进入洁净区的物料和运出洁净区的成品的进出口最好分开设置。

6.3.3.2 制剂车间布置图举例

（1）小容量注射剂车间布置图 小容量注射剂主要通过最终灭菌工艺生产（A/C级下小容量生产）。其中有些原料药的化学性质决定了无法耐受任何形式的最终灭菌工艺。这种情况下，需要采用无菌生产工艺进行生产，即为非最终灭菌的小容量注射剂（A/B级下小容量生产）。可最终灭菌的小容量注射剂的生产工序包括：配制（称量、配制、粗滤、精滤）、安瓿洗涤及干燥灭菌、灌封、灭菌、灯检、印字（贴签）及包装。图6-25为小容量注射剂车间平面布置图。

（2）片剂车间布置图 片剂为固体口服制剂的主要剂型，产品属非无菌制剂。片剂的生

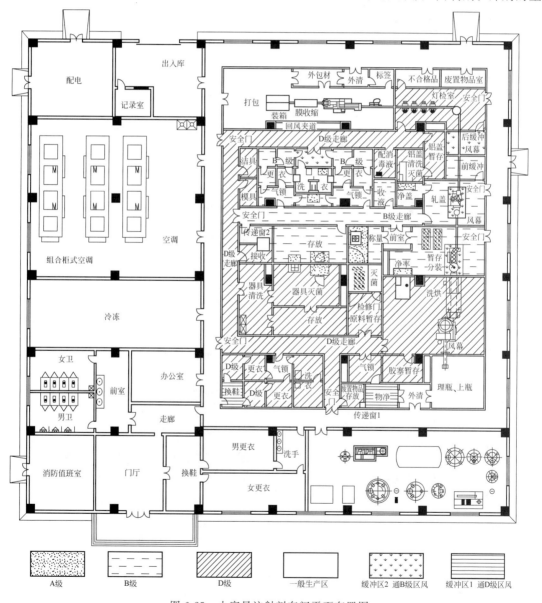

图 6-25　小容量注射剂车间平面布置图

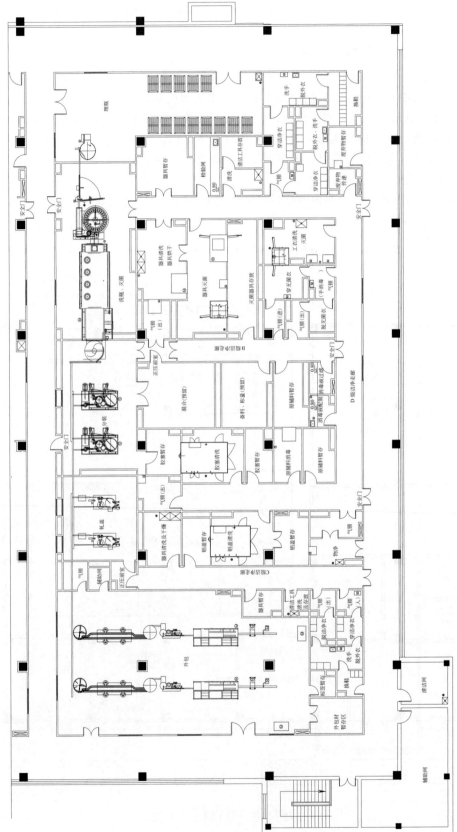

图 6-28 无菌分装粉针剂车间工艺布置图

图 6-29　冻干粉针剂车间平面布置图

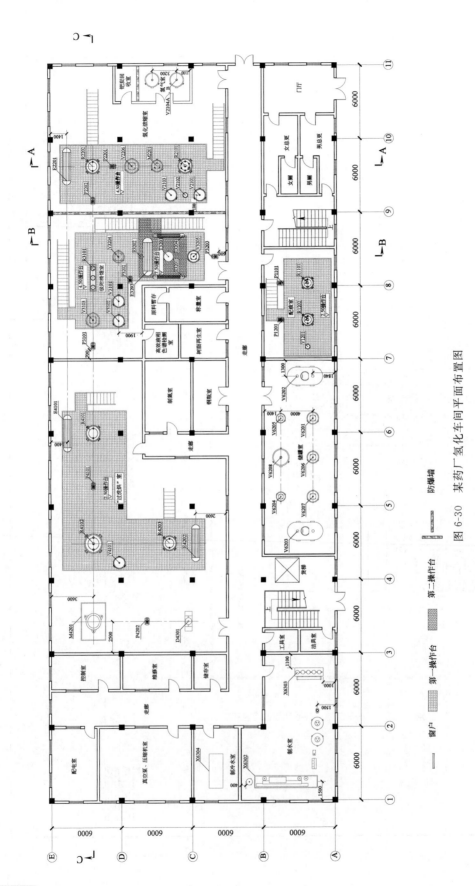

图 6-30　某药厂氢化车间平面布置图

—— 窗户　　▦ 第一操作台　　▨ 第二操作台　　] [防爆墙

产工序包括原辅料预处理、配料、制粒、烘干、压片、包衣、洗瓶、包装。片剂车间的空调系统除要满足厂房的净化要求和温湿度要求外，重要的一条就是要对生产区的粉尘进行有效控制，防止粉尘通过空气系统发生混药或交叉污染。为实现上述目标，除在车间的工艺布局、工艺设备选型、厂房、操作和管理上采取一系列措施外，对空气净化系统要做到：在产尘点和产尘区设隔离罩和除尘设备；控制室内压力，产生粉尘的房间应保持相对负压；合理的气流组织；对多品种换批次生产的片剂车间，各生产区均需分室，产生粉尘的房间不采用循环风，外包装可同室但需设屏障。

片剂车间一般为固体制剂综合车间的一部分，图 6-26 和图 6-27 为固体制剂综合车间平面布置图，压片操作在该综合车间的二层进行（见插页图）。

（3）粉针车间布置图 粉针剂属于无菌分装注射剂，所需无菌分装的药品多数不耐热，不能采用灌装后灭菌的方式，故生产过程必须是无菌操作；无菌分装的药品，特别是冻干产品吸湿性强，故分装室环境的相对湿度、容器、工具的干燥和成品的包装严密性应特别注意。

图 6-28 为无菌分装粉针剂车间工艺布置图。该工艺选用联动线生产，瓶子的灭菌设备为远红外隧道烘箱，瓶子出隧道烘箱后即受到局部 A 级的层流保护。胶塞处理选用胶塞清洗灭菌一体化设备，出胶塞及胶塞存放均设置 A 级层流保护。

（4）冻干粉针剂车间布置图 图 6-29 为冻干粉针车间平面布置图，从图中可以看出：灌装间、冻干间、轧盖间、灯检间、包装间在一条连贯的输送线上，通过自动移动（AGV）小车、输瓶转盘、输瓶网带传输；浓配间、稀配间、灌装间在一条线上，通过管路输送料液；胶塞暂存、存放、处理与灌装机集中于一处，便于胶塞处理完后直接送去灌装机半加塞；铝盖的暂存、存放、清洗灭菌与轧盖机集中于一处，便于铝盖处理完后直接送去轧盖；将配液、灌装、冻干相邻安排，能缩短管路长度以及 AGV 小车的轨道长，尽量减少成本。

（5）氢化车间平面布置图 制药生产过程中，氢化反应非常普遍，主要包括芳环加氢、氢解脱氮、氢解脱氧、烯烃加氢等几大反应类型。图 6-30 为某药厂氢化车间平面布置图。

习 题

1.工程流程图中的管道如何标注？

2.解释 $\overset{FRC}{1010}$ 代表的含义。

3.车间布置图的内容包括什么？

4.无菌产品的和非无菌产品的人员净化程序有何异同？

参考文献

[1] 胡建生.化工制图.北京：化学工业出版社，2015.

[2] 张立军.化工制图.北京：化学工业出版社，2016.

[3] 于颖.制药工程制图.北京：化学工业出版社，2013.

[4] 刘落宪.制药工程制图.北京：中国标准出版社，2013.

[5] 陈砺，王红林，严宗诚.化工设计.北京：化学工业出版社，2017.

[6] 韩永萍.药物制剂生产设备及车间工艺设计.北京：化学工业出版社，2015.

[7] 张珩，张秀兰.制药工程工艺设计.第 3 版.北京：化学工业出版社，2018.

第7章

医药技术经济与管理

7.1 医药技术经济与管理的内涵

7.1.1 医药技术经济与管理的基本概念

医药技术经济与管理学科是以医药学为基础，主要运用经济学和管理学的方法与原理研究医药系统及其活动所形成的知识体系，是一门具有交叉或综合性学科性质的医药社会学科。其中，医药系统是指所有以医疗卫生服务为中心连结起来的组织、机构、资源和活动。医药系统具有以下两个典型特征。

（1）高技术性　现代科学技术不断应用于医药领域，使医药技术呈现出多样化、复杂化和综合化的特点，提出了系统地、综合地运用科学技术来解决系统优化的问题。

（2）社会效益和经济效益并重　由于医药产品和服务的特殊性，消费需求兼有公私两重性，要求医药系统注重社会效益，讲求社会道德和社会责任，为保护人民健康和生命，保护劳动力，维护再生产提供安全有效的服务。

医药技术经济与管理学科既涵盖医药学、经济学、管理学、社会学等学科的相关科学领域，又形成以医药系统问题为核心且相对独立的研究领域，具有强烈的实践性质和政策导向作用。

7.1.2 医药技术经济与管理的研究对象和结构

医药技术经济与管理是以医药系统为研究对象，研究我国医药经济与管理的理论与方法，并应用于我国医药卫生政策研究及医药系统运行研究。

医药技术经济与管理的结构分为层次结构和逻辑结构两大类。

关于层次结构，医药技术经济与管理包含医药系统的三个层次。

① 宏观层次。研究医药市场的一般均衡。医药卫生服务总需求分为基本需求与特殊需求两个部分，医药卫生服务总供给分为政府供给与市场供给两个部分。以此为基础，研究医药卫生管理体制和运行机制、医药卫生政策等。

② 产业层次。按照产业组织理论的要求，以市场结构、市场行为和市场绩效为脉络，

同时以医药组织与机构之间的市场关系为主要研究内容，分析市场的结构特点，医药组织与机构所采取的行为以及产生的绩效，进一步说明该绩效如何引导行为改变，使市场结构发生变化。

③ 微观层次。研究医药组织与机构在一定的政策与市场结构下如何提高运营效率。

从逻辑结构上来看，医药技术经济与管理包含医药系统的三个方面。

① 资源稀缺性是经济学与管理学共同的前提，医药卫生资源的开发与配置就成为本学科的逻辑起点。

② 由于政府与市场是医药卫生资源配置的两种手段，因此本学科的中间结构从两个方面展开，以市场为基础性手段、以政府与市场的制度协同为条件分析医药系统三个层次的经济活动特点和管理活动规律，由此形成医药产品和服务供给体系及其演进路径。

③ 逻辑终点就是基本原理和规律在实践中的应用，主要讨论医药系统的目标、结构、制度、活动及其评价等应用性问题。就是要在新的空间和时间上，认识医药系统的变化特征和行为规律，产生能高效达成目标的新的理论、方法和对策。

7.2 医药技术经济评价的原则

对工程项目进行技术经济评价，必须遵循以下几个主要原则。

第一，正确处理政治、经济、技术、社会等各方面的关系。

对一个技术方案进行评价，不只是技术问题，往往同时涉及社会、环境、资源等方面的问题，甚至有时还涉及政治、国防、生态等问题。所以考察和评价一个技术方案，在政治上，必须符合国家经济建设的方针、政策和有关法律法规等；在经济上，应用较少的投入获得较多较好的产出；在技术上，应尽可能采用先进、安全、可靠的技术；在社会上，应当符合社会发展规划，有利于社会、文化发展和就业的要求；在环境保护方面，应当符合环境保护法和维持生态平衡的要求。对一个技术方案的取舍，取决于上述几个方面综合评价的结果。

第二，正确处理宏观经济效果与微观经济效果之间的关系。

对技术方案进行经济评价，由于出发点不同，可以分为国民经济评价和财务评价。国民经济评价就是从国民经济综合平衡的角度分析、计算此方案对于国民经济所产生的效益，也就是宏观经济效果。所谓财务评价，指在国家现行的财务税收制度和价格条件下，分析技术方案经济上的可行性，也就是微观经济效果。显然，技术方案的经济评价应以国民经济评价为主，特别是当两者发生矛盾时，应当以国民经济评价作为评价的依据。实际上，这是局部利益服从整体利益的问题。任何时候都要兼顾国家、地方、企业三者的利益，这是技术经济评价中的一项重要的原则。

第三，技术方案的比较必须坚持可比原则。

为了完成某项任务，实现某一项目标，常常需要拟定几个不同的技术方案进行分析、比较，从中筛选出最优方案。但在比较时，必须使它们具有共同的比较基础，即使方案与方案之间具有可比性，可比原则主要反映在以下四个方面。

(1) 满足需要方面的可比　任何技术方案的主要目标是为了满足一定的需要，例如筹建某一新厂，制定两个方案，如果甲方案和乙方案要进行比较，从技术经济观点来看，两个方案都必须满足相同的社会需要，如在产品数量、品种、质量等方面均能达到目标规定的标准，两个方案能够相互替代，否则对这两个方案进行比较就失去意义，这两个方案就没有可比性。

（2）消耗费用方面的可比　由于各个技术方案都有各自的技术特点，为了达到目标的要求，所消耗的各项费用和费用的结构也有所不同，当分析、计算投资等消耗费用时，不能只考虑技术方案本身各个部门的消耗费用，还应考虑为了实现本技术方案所引起的其他相关部门（如原材料、燃料、动力、生产及运输等部门）的投资和费用。

（3）价格方面的可比　在评价经济效益时，各项消耗的支出和产生的收入都应按其价值来计算，由于社会产品的价值（社会必要劳动时间）很难计算，因此实际上都是按照它们的货币形态即价格来计算的。一般来说，在财务评价中采用现行价格，在国民经济评价中采用影子价格。

（4）时间方面的可比　对于不同技术方案的经济比较，应该采用相等的计算期作为比较的基础，国家一般都有规定。

另外，不同的技术方案在进行经济比较时，还要考虑资金投入的时间和资金发挥效益的时间，为使方案在时间上可比，应当采用共同的基准时间点为基础，然后把不同时间上的资金投入或所得的效益都折算到基准时间点进行比较。显然，早占用、早消耗意味着对国家的资金耗费比迟占用、迟消耗要大，而早生产比晚生产能早发挥效益。要为社会早创造财富、多创造财富。

7.3　产品生产和销售的成本估算

7.3.1　产品成本的构成及其分类

7.3.1.1　产品成本的构成

产品成本是指工业企业用于生产和经营销售产品所消耗的全部费用，包括耗用的原料及主要材料费、辅助材料费、动力费、人员工资及福利费、固定资产折旧费、低值易耗品摊销及销售费用等。通常把生产总成本划分为制造成本、行政管理费、销售和分销费用、财务费用和折旧费四大类，前三类成本的总和称为经营成本，其关系见图7-1。

从图7-1中可以看出，经营成本是指生产总成本减去折旧费和财务费用（利息）。经营成本的概念在编制项目计算期内的现金流量表和方案比较中是十分重要的。

7.3.1.2　产品成本的分类

产品成本根据不同的需要分类并具有特定的含义，国内在计划和核算成本中，通常将全部生产费用按费用要素和成本计算项目来分类。前者称为要素成本，后者称为项目成本。为了便于分析和控制各个生产环节上的生产耗费，产品成本通常计算项目成本。项目成本是按生产费用的经济用途和发生地点来归集的，其构成见图7-2。

在投资项目的经济评价中，还要求将产品成本划分为可变成本与固定成本。可变成本是指在产品总成本中随着产量增减而增减的费用，如生产中的原材料费用，人工工资（计件）等。固定成本是指在产品的总成本中，在一定的生产能力范围内，不随产量的增减而变动的费用，如固定资产折旧费、行政管理费及人工工资（计时工资）等，项目经济评价中可变成本与固定成本的划分通常是参照类似企业两种成本占总成本的比例来确定。

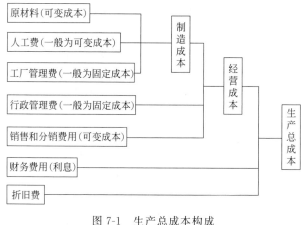

图 7-1　生产总成本构成

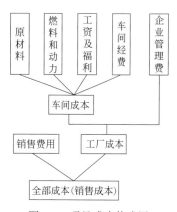

图 7-2　项目成本构成图

在技术经济分析和项目经济评价中，还会遇到以下几个不同名称的成本概念。

（1）设计成本　指根据设计规定和标准计算所得的成本。它反映企业的经济合理性，对技术方案用于小企业的生产经营活动起一定的指导和检验作用。

（2）机会成本　由于资源的有限和稀缺，人们在生产某种产品的时候，往往不得不放弃另一种产品的生产。也就是人们生产某一种产品的真正成本就是不能生产另一种产品的代价。亦即选中方案的机会成本就是被放弃方案所牺牲的效益。可见，机会成本并不是一项实际支出，而是在经营决策中以未被选择方案所丧失的利益为尺度，来评价被选择方案的一种假定性成本。如果投资者对拟建项目投资所取得的效益低于这个机会成本（放开的效益），投资者会认为他的投资没有得到补偿，而不愿对其进行投资。机会成本是从国民经济角度分析资源合理分配和利用的更为广泛的概念，它有助于致力于寻求最有效的资源配置，把有限的资源用到最有利的投资机会上。

（3）边际成本　指凡增加一个单位产品时使可变成本或总成本增加的数值，称为边际成本。从大规模生产的经济效果来看，边际成本开始随产量的递增而递减，但是，当产品增加到一定限度时，会使边际成本逐渐递增。计算边际成本是用边际分析的方法来判断增减产量在经济上是否合算。

（4）沉没成本　指设备会计账面值与残值之间的差额，是过去发生的成本费用，与当前考虑的可比方案（投资决策）无关。例如，某一设备的原值为 10 万元，而当前它的会计账面值是 4 万元，残值为 0.8 万元，但这台设备已使用多年，如果现在考虑准备添置一台新设备要 15 万元，此时就可以不考虑旧设备的投资成本，因为这 3.2 万元（4 万－0.8 万）属可沉没成本，亦称账面损失或资本亏损，与新的投资决策无关，故在决策中不予考虑。

7.3.2　产品成本估算

产品成本估算是以成本核算原理为指导，在掌握有关定额、费率及同类企业成本水平等资料的基础上，按产品成本的基本构成，分别估算产品总成本及单位成本。为此，先要估算以下费用。

（1）原材料　指构成产品主要实体的原料及主要材料和有助于产品形成的辅助材料，公式如下

$$单位产品原材料成本＝单位产品原材料消耗定额×原材料价格 \tag{7-1}$$

（2）工资及福利　指直接参加生产的工人工资和按规定提取的福利费。工资部分按实际直接生产工人定员人数和同行业实际平均工资水平计算；福利费按工资总额的一定百分比计算。

（3）燃料和动力　指直接用于工艺过程的燃料和直接供给生产产品所需的水、电、蒸气（汽）、压缩空气等费用（亦称公用工程费用），分别根据单位产品消耗定额乘以单价计算。

（4）车间经费　指为管理和组织车间生产而发生的各种费用。一种方法是根据车间经费的主要构成内容分别计算折旧费、维修费和管理费。另一种方法则是按照车间成本的前三项之和的一定百分比计算。无论采用哪种方法，估算时都应分析同类型企业的开支水平，再结合本项实际考虑一个改进系数。

以上（1）～（4）的费用之和构成车间成本。

（5）企业管理费　指为组织和管理全厂生产而发生的各项费用。企业管理费的估算与车间经费估算的做法相类似。一种方法是分别计算厂部的折旧费、维修费和管理费。另一种方法是按车间成本或直接费用的一定百分比计算。企业管理费的估算也应在对现有同类企业的费用情况分析后求得，企业管理费与车间成本之和构成工厂成本。

（6）销售费用　指在产品销售过程中发生的运输、包装、广告、展览等费用。销售费用与工厂成本两者之和构成销售成本，即总成本或全部成本。销售费用的估算一般在分析同类企业费用情况的基础上，考虑适当的改进系数，按照直接费用或工厂成本的一定比例求得。

上述计算在多品种生产企业中较为复杂、烦琐，因为某些生产耗费即间接费用需要在若干相关的成本计算对象之间进行分摊。

（7）经营成本　经营成本的估算在上述总成本估算的基础上进行。计算公式如下

$$经营成本＝总成本－折旧费－流动资金利息 \qquad (7-2)$$

投产期各年的经营成本按下式估算

$$经营成本＝单位可变经营成本×当年产量＋固定总经营成本 \qquad (7-3)$$

在医药生产过程中，往往在生产某一产品的同时，还生产一定数量的副产品。这部分副产品应按规定的价格计算其产值，并从上述工厂成本中扣除。

此外，有时还有营业外的损益，即非生产性的费用支出和收入。如停工损失、三废污染、超期赔偿、科技服务收入、产品价格补贴等，都应计入成本（或从成本中扣除）。

7.3.3　折旧费的计算方法

折旧是固定资产折旧的简称。所谓折旧就是将固定资产的机械磨损和精神磨损的价值转移到产品的成本中去。折旧费就是这部分转移价值的货币表现，折旧基金也就是对上述两种磨损的补偿。

折旧费的计算是产品成本、经营成本估算的一个重要内容。常用的折旧费计算方法有如下几种。

（1）直线折旧法　亦称平均年限法。是指按一定的标准将固定资产的价值平均转移为各期费用，即在固定资产折旧年限内，平均地分摊其磨损的价值。其特点是在固定资产服务年限内的各年的折旧费相等。年折旧率为折旧年限的倒数，也是相等的。折旧费分摊的标准有使用年限、工作时间、生产产量等，计算公式如下

$$固定资产年折旧费＝（固定资产原始价值－预计残值＋预计清理费）/预计使用年限 \qquad (7-4)$$

（2）曲线折旧法　曲线折旧法是在固定资产使用前后期不等额分摊折旧费的方法。它特别考虑了固定资产的无形损耗和时间价值因素。曲线折旧法可分为前期多提折旧的加速折旧法和后期多提折旧的减速折旧法。

① 余额递减折旧法。即以某期固定资产价值减去该期折旧额后的余额，以此作为下期计算折旧的基数，然后乘以某个固定的折旧率，因此又称为定率递减法。计算公式如下

$$年折旧费＝年初折余价值×折旧率 \tag{7-5}$$

其中， $$年初折余价值＝固定资产原始价值－累计折旧费 \tag{7-6}$$

$$折旧率＝1－(固定资产净残值/固定资产原始价值)^{1/n} \tag{7-7}$$

式中，n 为使用年限。

② 双倍余额递减法。先按直线折旧法折旧率的双倍，不考虑残值。按固定资产原始价值计算第一年折旧费，然后以第一年的折余价值为基数，以同样的折旧率依次计算下一年的折旧费。由于双倍余额递减法折旧，不可能把折旧费总额分摊完（即固定资产的账面价值永远不会等于零），因此到一定年度后，要改用直线折旧法折旧，这是西方国家的税法所允许的。双倍余额递减法的计算公式如下

$$年折旧费＝年折余价值×折旧率 \tag{7-8}$$

其中， $$年折余价值＝固定资产原始价值－累计折旧费 \tag{7-9}$$

年折旧率为直线折旧法折旧率的 2 倍，用平均年限法时有

$$折旧率＝2/预计使用年限$$

③ 年数合计折旧法。又称变率递减法，即通过折旧率变动而折旧基数不变的办法来确定各年的折旧费。折旧率的计算方法是：将固定资产的使用年限的序数总和为分母，分子是相反次序的使用年限，两者的比率即依次为每年的折旧率。如果使用年限为 5 年，则第一年至第五年的折旧率依次为 5/15、4/15、3/15、2/15、1/15。年数合计折旧法的计算公式如下

$$年折旧费＝(固定资产原始价值－净残值)×年折旧率 \tag{7-10}$$

④ 偿债基金折旧法。把各年应计提的折旧费按复利计算本利之和。其特点是考虑了利息因素，后期分摊的折旧费大于前期。计算公式如下

$$年折旧费＝(固定资产原始价值－净残值)×i/[(1+i)^n－1] \tag{7-11}$$

式中，i 为年利率；n 为使用年限。

上述不同的折旧费计算方法对项目财务的影响见表 7-1。

从表 7-1 可以看出，运用不同的折旧费计算方法，五年的折旧费总额都是一样的（18445元）。但加速折旧法前几年分摊折旧费多，后几年分摊折旧费少，因而前几年抵消应税收益多，少交税金；后几年抵消应税收益少，多交税金。实质上是将前几年少交的税金推迟到后几年补足。而偿债基金法的情况正好与加速折旧法相反。直线折旧法则对税款计算没有影响。

表 7-1 不同的折旧费计算方法对项目财务的影响

年数	折现系数 ($i=10\%$)	直线折旧法		余额递减折旧法		双倍余额递减折旧法		年数合计折旧法		偿债基金折旧法	
		年折旧费	现值	年折旧费	现值	年折旧费	现值	年折旧费	现值	年折旧费	现值
1	0909	3689	3354	8000	7272	8000	7272	6148	5589	3021.29	2746
2	0.826	3689	3047	4800	3965	4800	3965	4919	4063	3323.42	2745
3	0.751	3689	2770	2880	2163	2880	2163	3689	2770	3655.76	2745
4	0.683	3689	2521	1728	1180	1728	1180	2459	1679	4021.34	2747
5	0.624	3689	2291	1037	644	1037	644	1230	764	4423.19	2747
合计		18445	13983	18445	15224	18445	15224	18445	14865	18445	13730

注：固定资产原始价值为 20000 元，预计使用年限为 5 年，预计净残值为 1555，银行年利率为 10％。

因此，尽管不同的折旧费计算方法所得五年的折旧费总额都是一样的，但考虑到利息因素，加速折旧法对项目财务有利。表 7-1 中余额递减折旧法和双倍余额递减折旧法较为可取。

在项目经济要素的估算过程中，折旧费的具体计算应根据拟建项目的实际情况，按照有

关部门的规定进行。我国绝大部分固定资产是按直线法计提折旧，折旧率采用国家根据行业实际情况统一规定的综合折旧率。根据国家有关建设期利息计入固定资产价值的规定，项目综合折旧费的计算公式如下

年折旧费＝(固定资产投资×固定资产形成率＋建设期利息－净残值)/折旧年限

$$(7\text{-}12)$$

7.4　制药企业组织与管理

7.4.1　企业组织构架

组织结构有职能制和事业部制两种形式，职能制是指企业按照生产、销售等功能划分部门的组织结构。事业部制是指以产品、地域或客户分类将产供销整合在一个部门里的组织结构。由于企业发展的阶段和面临的具体情况不同，通常又会衍生出集团控股型组织结构、网络型组织结构、混合制组织结构三种形式（图 7-3）。

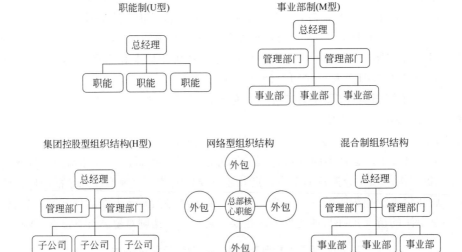

图 7-3　企业组织构架

7.4.2　企业的发展阶段与组织结构的对应关系

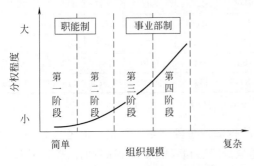

图 7-4　企业发展不同阶段的经营模式

美国学者钱德勒曾指出，企业的发展具有明显的阶段性，不同的发展阶段具有不同的战略和经营规模，因而也有着不同的组织结构。如图 7-4 所示。

第一阶段：企业往往执行某个单一的职能，常见的是直线型的简单结构。

第二阶段：随着企业经营规模的扩大，逐渐产生了具有分工协调和技术管理作用的职能组织结构，适用于环境稳定、产品和服务单一

集中的企业。

第三阶段：此阶段的企业已具有了较大的规模和多种经营体，各经营体是一种半独立的分支机构，可分为事业部型、区域型等多种形态。

第四阶段：企业发展多元化，采取独立经营体与职能部门共存的结构或集团控股型组织结构。

7.4.3 医药行业集团企业常用组织结构

这里以集团控股型组织结构为例，来说明企业的组织结构。如图 7-5 所示。

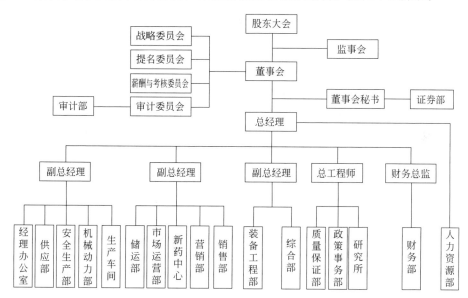

图 7-5 集团控股型组织结构

部门主要职能介绍如下。

经理办公室负责决策信息的收集、传递和分类处理；协助经理处理日常事务性工作；负责公司重大活动的筹备；负责行政事务及后勤接待。

供应部根据生产经营计划，负责编制月度物资供应计划；负责物资采购及供货厂家的动态管理；负责对购进物资的使用情况进行调查，对有质量问题的供应产品进行处理。

安全生产部全面负责产品生产过程控制及生产过程中的安全工作；组织处理生产中出现的重大问题；组织贯彻执行生产工艺规程；负责生产的组织调度、协调管理工作；负责组织制定安全体系方面的纠正和预防。

机械动力部负责生产设备的管理和企业设备大修、更新、改造等工作；负责计量器具的管理及计量事故的调查分析；负责环保工作；负责公共系统的管理。

生产车间负责保证物料生产供给；合理安排员工每天的生产任务，车间作业现场的整顿；生产设备的维护和管理，确保正常生产。

装备工程部负责编制新建、扩建、技术改造、基建工作的中长期规划和年度计划；负责基建和技术改造项目的设计及施工过程管理，保证工程设计要求和进度；负责基建、技改项目的竣工验收、结算和试车；负责项目保质期后续相关整改和修缮工作。

综合部负责公司后勤保卫工作；负责公司工会、党务办公室的工作；负责公司合同管理，参与公司重要合同的草拟、谈判、审核；参与企业合并、分立、投融资、租赁、产权转让、招投标等涉及公司权益的重要经济活动，负责处理相关法律事务。

质量保证部负责审核、批准工艺规程、产品、工艺用水、原辅料、中间体质量检验规程；负责产品生产、检验过程的监督检查；负责用户质量投诉、药品不良反应管理及用户回访工作；负责公司 GMP 等认证管理工作。

政策事务部负责公司对外的政策事务工作；负责公司营业执照、商标、专利的管理工作；负责企业物价管理，药品定价及药品价格的备案工作；负责公司技术项目管理与评奖工作；负责工程技改项目的立项、备案及进口设备免税手续工作。

研究所负责新产品开发前的市场调研工作；负责新产品开发、投产的工艺技术指导，推行应用新技术、新工艺；负责公司工艺技术管理；负责新产品的报批工作。

储运部负责原材料、五金电料、备品备件的接收、保管等工作；负责公司所有成品的入库、储存、保管和发放等管理工作；负责公司成品的运输工作及运费管理；负责对公司仓库的现场管理。

市场运营部根据公司销售目标拟定市场开发计划；进行市场调研、现有市场分析和未来市场预测；制定营销、产品、促销、形象等企划方案；负责对各销售部门进行考核；负责销售客户资质资格审查等工作。

新药中心负责相应销售区域新药的销售管理工作；制定新药销售工作实施方案，积极拓展市场，提高市场占有率；定期走访客户，建立客户档案，并进行资信评审；负责新药产品的广告宣传工作等。

营销部负责公司周边市场的销售工作；负责本部门市场调研、分析和商品信息的收集工作；负责本部门退货管理，招投标工作等。

销售部负责基本药物销售经营管理工作；负责组织市场调研，及时向生产部门和分管经理反馈；负责签订产品销售合同，建立客户档案，进行资信评审工作；负责所销售产品资金的回笼和清理欠款工作。

人力资源部负责公司人力资源的规划管理；负责对公司员工进行培训；负责公司各部门人员编制的制定、调配管理与控制；负责公司绩效管理和实施；负责公司档案管理、企业文化塑造和对外品牌的宣传工作。

财务部负责组织编制年度财务收支计划，并进行计划管理；负责公司的税收筹划工作；负责资金的筹措、借贷与归还，以及各项开支的支付与结算；负责对会计核算管理和财务管理；负责财务年度、季度、月度决算等。

审计部负责对公司的财务收支及其相关的经济活动进行审计；负责对公司内部控制制度的健全性和有效性进行评审；对公司建设工程、重大技改等立项、预算、决算等情况进行审计监督；对公司重要经济活动和经济合同进行审计监督；负责公司采购物资价格的审计等。

证券部主要履行市场信息收集；负责公司信息披露；负责与政府部门的沟通；负责股东大会、董事会、监事会的筹备；负责募集资金投入项目的跟踪及参与公司其他证券事务相关的工作。

7.5　QC/QA 的运行模式

7.5.1　QC/QA 的定义

质量控制（quality control，QC）包括相应的组织机构、文件系统以及进行取样、检验工作等，确保物料或产品在放行前完成必要的检验，确认其质量符合要求。担任这类工作的人员叫做 QC 人员。药品质量控制的一般顺序：①明确质量要求；②编制标准文件（生产管理文件、质量管理文件）；③实施规范或控制计划；④按判断标准（药典、产品的注册标准）进行监督和评价。质量控制的范围涉及产品质量形成全过程的各个环节。

（1）质量控制的基本要求如下。

① 应当配备适当的设施、设备、仪器和经过培训的人员，有效、可靠地完成所有质量控制的相关活动。

② 应当有批准的操作规程，用于原辅料、包装材料、中间产品、待包装产品和成品的取样、检查、检验以及产品的稳定性考察，必要时进行环境监测，以确保符合本规范的要求。

③ 由经授权的人员按照规定的方法对原辅料、包装材料、中间产品、待包装产品和成品取样。

④ 检验方法应当经过验证或确认。

⑤ 取样、检查、检验应当有记录，偏差应当经过调查并记录。

⑥ 物料、中间产品、待包装产品和成品必须按照质量标准进行检查和检验，并有记录。

⑦ 物料和最终包装的成品应当有足够的留样，以备必要的检查或检验；除最终包装容器过大的成品外，成品的留样包装应当与最终包装相同。

质量保证（quality assurance，QA）致力于提供质量要求得到满足的信任。质量保证的关键是信任，内部保证是向组织管理者提供信任，外部保证是向顾客或他方提供信任。

药品生产企业的质量保证包括供应商审计，生产过程的质量监督，生产记录、质量记录审核，工艺、设备、环境及质量控制活动的验证等。

（2）质量保证系统应当确保如下方面。

① 药品的设计与研发体现本规范的要求。

② 生产管理和质量控制活动符合本规范的要求。

③ 管理职责明确。

④ 采购和使用的原辅料和包装材料正确无误。

⑤ 中间产品得到有效控制。

⑥ 确认、验证的实施。

⑦ 严格按照规程进行生产、检查、检验和复核。

⑧ 每批产品经质量受权人批准后方可放行。

⑨ 在贮存、发运和随后的各种操作过程中有保证药品质量的适当措施。

⑩ 按照自检操作规程，定期检查评估质量保证系统的有效性和适用性。

7.5.2　QC 人员的职责内容

QC 人员隶属于质量管理部门，负责进厂物料、制药用水和成品质量的检验。QC 人员的职责内容如表 7-2 所示。

7.5.3　QA 人员的职责内容

QA 人员隶属于质量管理部门，企业必须建立质量保证系统，同时建立完整的文件体系，以保证系统有效运行。QA 人员的主要工作是设计体系、现场监督及验证，负责药品生产质量管理体系运作。QA 人员的职责内容如表 7-3 所示。

表 7-2　QC 人员的职责内容

职责	工作内容	工作标准
理化检测方面	1.负责对进出厂产品、工艺用水、留样、稳定性考察样品进行理化检验(包括性状、溶液颜色和澄清度、可见异物、硫酸盐、薄层、炽灼残渣、抽针试验、比旋度、透光率、氯化物、铵盐、重金属、其他氨基酸、装量差异、亚硝酸盐等); 2.负责西林瓶、胶塞、铝盖、纸箱等包装材料的取样及检验; 3.负责化验室试验台及玻璃器皿的定置管理、维护保养及卫生; 4.负责试剂柜以及分析纯试剂、检验用有毒品的管理; 5.负责各品种检验方法验证,如液相检验和紫外检测方法的验证、红外检测法验证等; 6.负责异常情况汇报; 7.负责填写检验记录、台账等; 8.负责异常情况报告,配合 OOS 调查	1.确保严格按标准检验;确保检验数据准确、可靠,控制好检验周期(2 天); 2.确保严格按标准检验;确保检验数据准确、可靠,控制好检验周期,胶塞检验周期 2 天,其余为当天; 3.定置管理,记录及时,卫生干净整洁,做到每天检查; 4.标识清楚,账物标识一致,到用时有可用; 5.完善操作规程和检验记录,满足 GMP 的需求; 6.及时汇报; 7.及时填写; 8.如实反映,认真落实
仪器分析检测方面	1.负责对进出厂产品、工艺用水、留样、稳定性考察样品进行仪器检验(包括红外、紫外、液相、水分、pH 等); 2.负责仪器、样品及标准品菌种管理(定置、使用登记以及卫生等); 3.负责天平、烤箱、冰箱等公用仪器设备的日常管理(包括使用记录、维护保养、环境保证以及卫生等); 4.负责仪器备品备件的登记管理; 5.负责检验仪器电子数据及原始数据的保存和归档管理等; 6.负责各品种检验方法验证,如液相检验和紫外检测方法的验证、红外检测法验证等; 7.负责异常情况汇报; 8.负责填写检验记录,台账等,审核记录及台账; 9.负责异常情况报告,配合 OOS 调查; 10.根据台账出具检验报告	1.确保严格按标准检验;确保检验数据准确、可靠,控制好检验周期(2 天); 2.定置管理,记录及时,卫生干净整洁,做到每天检查; 3.定置管理,记录及时,卫生干净整洁,做到每天检查; 4.定置管理,记录及时,卫生干净整洁,做到每天检查,到用时有可用; 5.做到规范保存,方便查询; 6.完善操作规程和检验记录,满足 GMP 的需求; 7.及时汇报; 8.及时填写; 9.如实反映,认真落实; 10.及时,准确
生物检测方面	1.负责对进出厂产品、工艺用水、留样、稳定性考察样品进行微生物检验(无菌检验和菌落鉴别等); 2.负责检品的内毒素检验; 3.负责检品的异常毒性及降压物质等检验; 4.负责检品的抗生素效价检验等; 5.负责菌种的传代、保存,以及一般菌种的鉴别等; 6.负责各品种检验方法验证,如无菌检验和限度菌查方法的验证、内毒素检查法验证等; 7.负责检验用物品器具的日常管理,做好检验准备及使用登记记录,异常情况汇报; 8.负责填写检验记录,台账等	1.确保严格按标准检验;确保检验数据准确、可靠,控制好检验周期(14 天); 2.确保严格按标准检验;确保检验数据准确、可靠,控制好检验周期(7 天); 3.采用委托检验,做到及时请验和报告接收; 4.确保严格按标准检验;确保检验数据准确、可靠,控制好检验周期(7 天); 5.做到规范传代、保存,对检验中遇到的细菌及时进行鉴别和溯源; 6.完善操作规程和检验记录,满足 GMP 的需求; 7.保证物品无菌化处理,废弃物处理得当; 8.及时填写
管理工作	1.设备、仪器设施管理; 2.标准品、菌种、试剂的管理; 3.取样、留样的管理; 4.成品稳定性的留样的管理	1.确保设备、仪器使用正常; 2.建立使用记录,确保记录可追溯性; 3.逐批取样、留样; 4.日常观察,到期检验

表 7-3　QA 人员的职责内容

职责	工作内容	工作标准
体系方面	1.负责获得各类药品管理及相关法律、法规和技术要求,并作归档管理和通报管理; 2.负责监督质量管理体系自检,确保其有效运行; 3.负责体系文件管理和变更控制;参与工艺规程及标准操作规程的制定; 4.负责供应商审核; 5.负责用户对产品的质量投诉和不良反应监测及报告的具体工作; 6.负责质量管理体系的培训工作; 7.负责验证文档、批记录以及其他档案日常管理; 8.负责偏差处理、纠正和预防措施以及年度产品质量回顾分析	1.熟悉掌握涉药法律法规,及时准确传达; 2.每年至少进行一次全面的体系内审,每月进行一次单项内审整改活动; 3.按照 GMP 要求完善文件管理,旧版归档,现场只能是现行版; 4.每年至少对供应商审计一次,对供应商进行区别化管理; 5.按要求进行登记、汇总和报告;按档案化管理,完善借阅流程; 6.落实全员的 GMP、TQM 及涉及质量岗位技能的培训; 7.完成验证项目,文件体系化、变更及时,协调好合法委托生产、检验,落实好产品召回,每年至少一次 GMP 系统自检; 8.做好变更控制,完成供应商质量体系审计,对影响质量的设备、人员等因素行使否决权
现场监督方面	1.生产洁净区内环境菌落及分装人员手指菌落检测; 2.消毒后胶塞、消毒后小瓶的水分、无菌检测; 3.消毒后胶塞的洁净度检测; 4.洗后、消毒后小瓶的可见异物检测; 5.胶塞洗后水样的可见异物的检测; 6.工艺用水的 pH、电导率的测定; 7.生产过程中执行工艺纪律情况的监督(各岗位)及各工艺参数的监督; 8.生产过程中粉针剂的装量抽查监督; 9.生产过程中粉针剂的外观、轧盖、贴签情况的监督; 10.包装岗位贴签、装盒、装箱等外包装质量情况的监督; 11.洁净区风速、悬浮粒子的检测; 12.监督原料药进洁净区的消毒情况; 13.生产指令审核,物料放行,生产批号结束后的清场监督,及生产批号结束后的批报装订整理检查; 14.外包装材料的销毁监督; 15.消毒剂配制监督	1.每班一次; 2.每班一次; 3.每班两次; 4.每班四次; 5.每班两次; 6.每班四次; 7.生产全过程监督; 8.每小时称量一次; 9.生产全过程监督,每批记录两次; 10.生产全过程监督,每批记录两次; 11.每月检测一次; 12.每周小消毒一次(12h 以上),每两周大消毒一次(36h 以上); 13.合格物料和中间体才能放行到下一工序,每批清场监督,每批批报检查; 14.每批监督; 15.每批监督
验证方面	1.负责制订企业验证总计划,包括验证管理组织机构职责、验证对象、验证项目及验证内容等,进行药品生产验证; 2.根据要验证对象建立验证小组,提出验证项目,制定验证方案,并组织实施; 3.协调和推动验证过程中的分析,验证完成后完成验证报告; 4.生产一定周期后,再验证管理; 5.负责验证评价和建议; 6.负责验证月总结、年总结,验证过程中的数据和分析内容以文件形式归档保存; 7.负责验证结果确认和状态的标识; 8.计量器具检定、校验及校准后的确认	1.按时按要求完成验证总计划,验证内容全面,包括空气净化系统、工艺用水系统、生产工艺及其变更、设备清洗、主要原辅料变更等,并组织实施及进程监控; 2.完善的验证指导规程,验证方案内容充实、操作性强,验证数据应及时准确记录; 3.过程中数据分析及时科学,结论明确,验证报告按时完成审批; 4.再验证及时充分; 5.针对性强,具有可操作性; 6.按时按要求完成总结,归档验证文件应包括验证方案、验证报告、评价和建议、批准人等; 7.及时准确,对生产和检验有指导意义; 8.及时准确,确保其正常使用

注:TQM 为全面质量管理。

7.5.4 QC 和 QA 的区别与联系

QC 即质量控制，产品的质量检验，发现质量问题后的分析、改善和不合格品控制的相关人员的总称。一般包括来料检验（incoming quality control，IQC），过程检验（in-process quality control，IPQC），成品检验（final quality control，FQC），出货检验（out-going quality control，OQC），也有的公司将整个质量控制部全部称为 QC。QC 所关注的是产品，而非系统（体系），这是它与 QA 的主要差异，目的与 QA 是一致的，都是"满足或超越顾客要求"。

QA 即质量保证，通过建立和维持质量管理体系来确保产品质量没有问题。一般包括体系工程师，供应商质量工程师（supplier quality engineer，SQE），客户技术服务人员（consulting and technical support，CTS），6 sigma 工程师，计量器具的校验和管理等方面的人员。QA 人员不仅要知道问题出在哪里，还要知道这些问题的解决方案如何制定，今后该如何预防，QC 人员要知道的是有问题就去控制，但不一定要知道为什么要这样去控制。

综上所述，QC 主要是以事后的质量检验类活动为主，默认错误是允许的，期望发现并选出错误。QA 主要是事先的质量保证类活动，以预防为主，期望降低错误的发生概率。质量控制与质量保证的活动内容比较见表 7-4。

表 7-4 质量控制与质量保证的活动内容比较

质量控制（QC）	质量保证（QA）
(1)确定控制对象	
(2)规定控制标准	(1)确定质量目标
(3)制定具体的控制方法	(2)建立质量保证体系
(4)明确所采用的检验方法	(3)制定质量保证的制度及工作程序
(5)实际进行检验	(4)建立质量档案
(6)说明实际与标准之间有差别的原因	(5)取得第二方或者第三方认证
(7)为解决差异而采取的行动	

习 题

1. 医药技术经济与管理主要由哪些理论基础共同构建？

2. 如何对医药技术经济进行评价，评价的原则是什么？

3. 产品成本的概念是什么，主要包括哪些方面的费用成本？

4. 折旧费是产品成本中很重要的一部分，折旧费的计算方法有几种？具体是如何进行计算的？

5. QC 和 QA 的定义是什么，试分析两者的区别和联系。

参考文献

[1] 宁德斌，夏新斌，杜颖，等.医药经济与管理学科的内涵及其进展.南京中医药大学学报，2016，17（4）：251-258.

[2] 国家医药管理局上海医药设计院.化工工艺设计手册（上、下册）.北京：化工工业出版社，1986.

[3] 王志祥.制药工程学.第 3 版.北京：化学工业出版社，2018.

附　　录

附录1　《生产实习教学大纲》参考模板

一、基本信息

　　课程名称（中文）：生产实习

　　课程名称（英文）：Specialized Production Practice

　　计划学时：××

　　计划学分：××

　　实习地点：×××公司

　　选用教材：×××

　　开课院系：×××学院

　　适用专业：制药工程

　　课程负责人：×××

二、实习目的和任务

　　1.实习目的

　　生产实习是使学生获得生产实践知识，培养学生理论联系实际的学风，建立起尊重实践、参与实践观念的重要环节。在生产实习中，通过对一个特定的典型制药生产车间的全面了解，使学生对制药的生产和管理有一个系统的概念，同时，锻炼学生发现、分析问题的能力，让学生体验理论知识与实际应用之间的紧密联系，最终具备解决复杂工程问题的能力。

　　2.实习任务

　　掌握药品的生产工艺、流程设计、设备原理、车间布置和非工艺基础，以及GMP，并能有效地理解工艺-设备仪表-管线与车间布局之间的关联性。

三、实习教学要求

　　1.能够应用获得的生产实践知识，按照药物工艺路线及流程，结合专业知识分析复杂工程问题，并能理解药物生产过程，为今后解决复杂工程问题提供手段和方法。

　　2.在工程实践中，理解安全生产、环境保护、职业健康等具有可持续发展的企业行为，拥有工程意识与社会意识，并具有高度的社会责任感和职业道德。

　　3.实习中能有效地与企业员工、指导老师进行沟通和交流，并具有良好的团队协作精神。同时，在不同岗位，具有学习的持续性和适应性。

四、实习内容

　　1.熟悉实习产品的名称，成分，质量标准，用途，包装规格等。

2.熟悉技术安全措施，卫生要求，生产组织和技术管理形式。

3.了解相关技术经济指标，生产规模和主要原料消耗定额。

4.掌握实习车间的生产工艺流程、控制点、主要操作工序、操作条件。

5.掌握各主要设备的结构、尺寸、性能及工作原理、节能措施及安全等。

6.掌握车间布置，尤其是 GMP 车间的设计和布局。

7.掌握实习产品的质量标准，熟悉相关的"三废"防治与综合利用。

8.发现实习车间存在的问题，拟提出合理化建议或改进措施。

五、实习时间安排

第××周：实习前的准备工作，实习动员，校内预实习。

第××周：现场实习及实习答辩。

第××周：实习总结，校内培训，完成生产实习报告。

六、实习方式与指导方法

1.实习方式

由学院统一安排实习单位和指导教师，以班级为单位集中实习，在外实习期间由指导教师与学生干部一起处理实习中各项事宜。

2.实习指导方法

在指导教师的带领下，分预实习（下厂前的资料收集）、现场实习（实习记录及考勤）、实习报告与答辩三个阶段进行。

第一阶段——预实习，通过收集查阅相关文献资料，根据提供的模板，撰写预实习报告。内容应包括所实习企业的基本情况、主要产品的生产原理、工艺流程、相关生产工艺的国内外发展动态和此次实习需要解决的问题及实习期望（由学生独立提出）。独立完成的预实习报告格式应规范，内容要充实，必须同时含有文字和相关图表。

第二阶段——现场实习，根据提供的模板，指导教师应指导学生将整个实习任务分解细化，使学生带着问题去现场，并详细记录学习内容。指导教师每天要对实习笔记进行检查并签名，从中掌握学生每天的实习情况，引导学生及时进行总结，以培养学生观察问题及现场收集资料并进行归纳、整理的能力。实习结束后，附有指导教师签名的实习笔记作为学生实习报告的附件。实习期间指导教师应经常与学生交流、探讨，并不定期现场提问，让学生回答；学生也可就生产过程中的实际问题向工厂技术人员请教。实习笔记必须体现出实习过程提问（疑问）和作答内容（指专业问题，非专业问题不计在内），且不得少于 5 个。

第三阶段——实习总结与考核，现场实习结束后，根据提供的提纲，应按时完成符合要求的实习报告。

学院将在实习结束后对学生的预实习报告、实习笔记和实习报告进行抽查，并随机安排部分实习学生进行答辩。答辩委员会由实习企业相关技术人员，校、院教学督导，本校实习指导教师及本专业其他相关教师组成，实行相互交叉分组答辩（指导教师可参与答辩，但不评分）。答辩时先由学生进行简单陈述，然后老师进行提问，以培养和评价学生的口头表达能力和应变能力，并考查学生实习报告的真实性、合理性、准确性及学生在实习中的收获等。凡答辩中发现学生实习书面材料内容雷同者，雷同学生的实习成绩记为不合格。

七、实习报告要求

1.内容要求

内容应包括实习企业概况，主要产品及质量标准，主要产品的生产原理及工艺流程，实习所在车间工艺流程示意图及设备布置示意图，实习所在岗位的任务、管辖范围、原理、工艺条件、设备参数及作用、常见事故及处理，实习总结等。

2.结构及格式要求

实习成果由实习报告和图纸（工艺流程框图、带控制点的工艺流程图和车间平面布置图）组成，图纸可手绘，也可用 AutoCAD 软件绘制。独立完成的实习报告要条理清晰，能体现内容的完整性、数据的准确性、绘图的规范性，从专业的角度总结实习的收获与体会，要对生产流程、操作控制、技术管理等的先进性、合理性以及存在的问题提出自己的见解。

八、考核与评价方式

序号	考核内容	权重	备注
1	预实习报告	20%	无故不出席动员大会扣 10 分
2	实习笔记及考勤	10%	实习期间违反实习纪律最高扣 10 分
3	实习答辩	30%	具体参见"实习答辩评分标准"
4	实习报告	40%	实习报告发现严重抄袭者直接判定为不及格

九、实习纪律

1.学生必须接受实习指导教师的指导，按时完成分配的工作任务。

2.学生在实习期间必须服从管理，遵守国家法律、法规，遵守实习纪律和实习单位的有关规章制度，遵守实习队（组）制定的作息制度和规定。

3.学生因病、因事不能参加实习，必须办理请假手续，请假在一天以内的由实习带队教师批准，一天以上经带队教师同意后，报学院领导按学校有关规定办理，否则按旷课处理。病、事假累计超过实习时间的四分之一者，不予评定实习成绩；不请假擅自离开实习地点者，按旷课论处；旷课累计超过 3 天，实习成绩按不及格处理。实习成绩不及格者必须重新进行实习。

4.不准占用实习时间进行与实习内容无关的活动。

5.要特别注意在实习过程中的人身安全、财产安全。

十、参考资料

1.××××

2.××××

3.××××

制订人：　　　　　教研室主任：　　　　　学院负责人：

附录 2 《制药工程生产实习教学实施计划》参考模板

一、实习单位名称

二、实习时间

_____年___月___日～_____年___月___日　预实习
_____年___月___日～_____年___月___日　现场实习
_____年___月___日～_____年___月___日　实习总结与考核

三、实习内容和要求

1.熟悉实习产品的名称，成分，质量标准，用途，包装规格等。

2.熟悉技术安全措施，卫生要求，生产组织和技术管理形式。

3.了解相关技术经济指标，生产规模和主要原料消耗定额。

4.掌握实习车间的生产工艺流程、控制点，主要操作工序、操作条件。

5.掌握各主要设备的结构、尺寸、性能及工作原理、节能措施、安全等。

6.掌握车间布置，尤其是 GMP 车间的设计和布局。

7.掌握实习产品的质量标准，熟悉相关的"三废"防治与综合利用。

8.发现实习车间存在的问题，拟提出合理化建议或改进措施。

9.实习成果由实习报告和图纸（工艺流程框图、带控制点的工艺流程图和车间平面布置图）组成，图纸可手绘，也可用 AutoCAD 软件绘制。独立完成的实习报告要条理清晰，能体现内容的完整性、数据的准确性、绘图的规范性，从专业的角度总结实习的收获与体会，要对生产流程、操作控制、技术管理等的先进性、合理性以及存在的问题提出自己的见解。

四、实习日程安排

_____年___月___日　实习前准备　　　　_____年___月___日　现场实习与教学
_____年___月___日　实习动员大会　　　　_____年___月___日　离厂、返校
_____年___月___日　实习队出发　　　　_____年___月___日　完成实习报告

五、实习纪律要求

学生在实习期间应积极宣传和贯彻党和政府的各项方针、政策和法令，遵守实习所在单位的安全规程和各项规章制度，维护社会公德，讲文明，懂礼貌，守纪律，不迟到，不早退，严守作习时间，认真完成规定的实习任务，实习期间的政治思想表现和遵守纪律情况将作为生产实习成绩考核的重要依据之一。

六、实习考核方式与评分办法

根据学院规定，教师将结合学生在实习中的政治思想表现、组织纪律情况、业务能力，记录学生的平时成绩，结合完成实习报告的水平，按照学院制定的评分标准，给出每位学生的实习总评成绩。其中预实习报告部分的成绩占实习成绩的 20％，实习笔记及实习考勤的成绩占实习成绩的 10％，实习报告的成绩占实习成绩的 40％，实习答辩成绩占实习成绩的 30％。

七、实习经费预算

指导教师：

年　　月　　日

附录3　《制药工程生产实习任务书》参考模板

一、实习名称

二、实习地点

三、实习任务

1.熟悉实习产品的名称，成分，质量标准，用途，包装规格等。
2.熟悉技术安全措施，卫生要求，生产组织和技术管理形式。
3.了解相关技术经济指标，生产规模和主要原料消耗定额。
4.掌握实习车间的生产工艺流程、控制点、主要操作工序、操作条件。
5.掌握各主要设备的结构、尺寸、性能及工作原理、节能措施、安全等。
6.掌握车间布置，尤其是 GMP 车间的设计和布局。
7.掌握实习产品的质量标准，熟悉相关的"三废"防治与综合利用。
8.发现实习车间存在的问题，拟提出合理化建议或改进措施。

四、实习要求

学生在实习期间应积极宣传和贯彻党和政府的各项方针、政策和法令，遵守实习所在单位的安全规程和各项规章制度，维护社会公德，讲文明，懂礼貌，守纪律，不迟到，不早退，严守作习时间，认真完成规定的实习任务，实习期间的政治思想表现和遵守纪律情况将作为生产实习成绩考核的重要依据之一。

五、实习进度

　　　　年　　月　　日　　　实习前准备
　　　　年　　月　　日　　　实习动员大会
　　　　年　　月　　日　　　实习队出发
　　　　年　　月　　日　　　现场实习与教学
　　　　年　　月　　日　　　离厂、返校
　　　　年　　月　　日　　　完成实习报告

指导教师：

年　　月　　日

附录4 《制药工程生产实习预实习报告》参考模板

班级：＿＿＿＿＿＿＿ 学号：＿＿＿＿＿＿＿ 学生姓名：＿＿＿＿＿＿

一、实习名称

二、实习时间与地点

三、实习目的与任务

四、实习总体安排

五、实习内容

1.实习单位介绍（可另附页）。

2.实习单位的概况（原料来源、生产工艺、产品性能、规格、用途、质量、产品竞争力等概述，可另附页）。

3.实习单位主要产品生产的工艺流程（反应原理、生产工艺条件、环保解决方案、生产工艺的国内外发展动态、与所学理论知识的联系等，可另附页）。

六、实习过程中需要解决的主要问题

1.通过实际的生产劳动，进一步树立劳动观念、经营观念、现代化生产及管理观念和市场经济观念等。

2.实习中要获取实际生产知识和技能，为学习后续专业理论课程奠定基础。

3.了解现代化生产组织形式、技术管理机制、先进生产技术及经营方式。

4.了解实习单位生产工艺流程及主要生产设备的名称、作用、工作原理和操作条件。

5.了解实习车间主要单元操作过程的工作原理和主要技术经济指标，发现实习车间存在的问题，拟提出合理化建议或改进措施。

6.了解企业的组织构成、生产管理、设备维护、安全技术、环境保护等基本情况。

七、实习期望

1.能够应用获得的生产实践知识，按照药物工艺路线及流程，结合专业知识分析复杂工程问题，并能理解药物生产过程，为今后解决复杂工程问题提供手段和方法。

2.在工程实践中，理解安全生产、环境保护、职业健康等具有可持续发展的企业行为，拥有工程意识与社会意识，并具有高度的社会责任感和职业道德。

3.实习中能与企业员工、指导老师进行有效沟通和交流，并具有良好的团队协作精神。

同时，在不同岗位，具有学习的持续性和适应性。

八、参考文献

1.《中华人民共和国药典》（2015 年版）。
2.《药品生产质量管理规范》（2010 年版）。
3.制药工程专业相关教材及参考书。
4.实习单位网站。
5.实习单位主要产品生产的工艺路线参考文献等。

附录 5　《制药工程生产实习实习笔记》参考模板

班级：＿＿＿＿＿＿　学号：＿＿＿＿＿＿　学生姓名：＿＿＿＿＿＿

一、实习时间：＿＿＿＿年＿＿月＿＿日

二、实习地点（分厂、车间、岗位）

三、实习内容（具体项目）

四、实习问题

五、实习问题的解决方案

六、产品生产的工艺流程（可另附页）

七、主要设备的结构原理、工作条件和功能（可另附页）

八、生产过程中可能出现的环保问题及解决方法（可另附页）

厂方指导教师（签名）：＿＿＿＿＿＿　　校内指导教师（签名）：＿＿＿＿＿＿

附录6 《制药工程生产实习教学质量评估指标体系》参考模板

实习阶段	项目	评估要素	评估标准		分值
			A 级	C 级	
实习教学准备	教学文件	实习教学大纲	实习目的明确,内容方法恰当,程序安排合理。有现场教学参观报告以及生产劳动、学生成绩考核等内容。实习时间安排正确合理	实习目的明确,内容方法较恰当,程序安排一般。有现场教学参观报告以及生产劳动、学生成绩考核等内容。实习时间安排正确合理	10
		实习实施计划	能根据大纲要求,通过调整,结合现场实际条件,拟定实习程序以及具体实习内容、时间、人员安排和过程考核等实习计划	能根据大纲要求,拟定实习程序以及实习内容、时间、人员安排和过程考核等实习计划	10
	实习指导教师	师生比	指导教师人数与学生实习人数比≥1/30	指导教师人数与学生实习人数比≥1/45	3
		专业素质	有教学经验和专业实际经验,责任心强的指导教师。中级以上职称比例为100%;副高以上职称比例≥1/3	有教学经验,责任心强的指导教师。中级以上职称比例为90%	2
	实习地点	实习基地	固定实习基地;满足实习大纲要求的临时实习基地	基本满足实习要求的非基地实习点	5
实习教学状况	实习时间	现场实习时间	现场实习时间≥3/4教学计划规定时间	现场实习时间≥1/2教学计划规定时间	5
	实习内容	讲座报告次数	指导教师与现场工程技术人员进行的讲座与报告达4次以上	指导教师与现场工程技术人员进行的讲座与报告达2次以上	3
		跟班实习时间	跟班实习时间≥1/2实习计划时间	跟班实习时间<1/2实习计划时间	5
		参观项目	参观了相关工段与辅助设施等	未参观相关工段与辅助设施等	2
	学生实习状态	学生出勤率	95%以上	90%以下	2
		校规、厂纪	无违规者	有小的违规,但未给学校、实习单位造成危害	2
		实习笔记	实习笔记详尽	实习笔记一般	6
	教师指导情况	教师到岗情况	现场上岗率95%以上	现场上岗率80%以下	3
		指导报告次数	现场工程师和校内实习教师作报告3次以上	现场工程师和校内实习教师作报告1次以上	2
		实习指导日志	指导日志填写详尽、及时	指导日志填写一般	5

实习阶段	项目	评估要素	评估标准		分值
			A 级	C 级	
实习教学效果	实习质量	实习报告质量	报告能对全过程的实习内容进行系统总结,并能运用所学专业知识对其中某些问题加以分析,并有一定见解	报告能对全过程的实习内容进行系统的总结,并能运用所学专业知识对其中某些问题加以分析	15
		实习报告批阅	指导教师能详细认真批阅学生的实习报告	指导教师能认真批阅学生的实习报告	5
		成绩考核	根据预实习报告成绩、实习报告、实习答辩、实习笔记和考勤按规定比例进行评分	根据预实习报告成绩、实习报告、实习答辩、实习笔记和考勤进行评分	2
		学生评价	学生评教得分 90 分以上	学生评教得分 80 分以下	5
		实习单位评价	实习单位对我校实习评分 90 分以上	实习单位对我校实习评分 70 分以下	3
	实习总结	实习总结内容	总结全面,分析准确,措施有效,建议有建设性	总结一般,分析较浅,无建设性意见	5

注：等级标准栏中，A＝1.0，C＝0.6（系数）；若评分在 A、C 级标准之间，则系数为 0.8。

附录 7 甲醇安全数据表

甲   醇 [1]

第一部分 化学品标识

化学品中文名 甲醇；木精
化学品英文名 methyl alcohol；methanol；wood spirits
分子式 CH_4O **相对分子质量** 32.0

结构式

$$H - C - O - H$$

（H H 结构式示意图）

化学品的推荐及限制用途 主要用于制甲醛、香精、染料、医药、火药，也用作防冻剂、溶剂等

第二部分 危险性概述

紧急情况概述 高度易燃液体和蒸气，吞咽会中毒，皮肤接触会中毒，吸入会中毒
GHS 危险性类别 易燃液体，类别 2；急性毒性-经口，类别 3；急性毒性-经皮，类别 3；急性毒性-吸入，类别 3；特异性靶器官毒性-一次接触，类别 1
标签要素

---

[1] 数据摘自《危险化学品安全技术全书·通用卷》(第三版)。

象形图　

警示词　危险

危险性说明　高度易燃液体和蒸气，吞咽会中毒，皮肤接触会中毒，吸入会中毒，对器官造成损害

防范说明

预防措施　远离热源、火花、明火、热表面。禁止吸烟。保持容器密闭。容器和接收设备接地连接。使用防爆电器、通风、照明设备。只能使用不产生火花的工具。采取防止静电措施。戴防护手套、防护眼镜、防护面罩，穿防护服。避免接触眼睛、皮肤，操作后彻底清洗。作业场所不得进食、饮水或吸烟。避免吸入蒸气、雾。仅在室外或通风良好处操作

事故响应　火灾时，使用抗溶性泡沫、干粉、二氧化碳、砂土灭火。如吸入：将患者转移到空气新鲜处，休息，保持利于呼吸的体位。如皮肤（或头发）接触：立即脱掉所有被污染的衣服，用大量肥皂水和水清洗。被污染的衣服须经洗净后方可重新使用。如感觉不适，呼叫中毒控制中心或就医。食入：漱口，立即呼叫中毒控制中心或就医。如果接触：立即呼叫中毒控制中心或就医

安全储存　存放在通风良好的地方。保持低温。保持容器密闭。上锁保管

废弃处置　本品及内装物、容器依据国家和地方法规处置

物理和化学危险　高度易燃，其蒸气与空气混合，能形成爆炸性混合物

健康危害

急性中毒　大多数为饮用掺有甲醇的酒或饮料所致口服中毒。短期内吸入高浓度甲醇蒸气或容器破裂泄漏经皮肤吸收大量甲醇溶液亦可引起急性或亚急性中毒。中枢神经系统损害轻者表现为头痛、眩晕、乏力、嗜睡和轻度意识等。重者出现昏迷和癫痫样抽搐。少数严重口服中毒者在急性期或恢复期可有锥体外系损害或帕金森综合征的表现。眼部最初表现为眼前黑影、飞雪感、闪光感、视物模糊、眼球疼痛、畏光、幻视等。重者视力急剧下降，甚至失明。视神经损害严重者可出现视神经萎缩。引起代谢性酸中毒。高浓度对眼和上呼吸道轻度刺激症状。口服中毒者恶心、呕吐和上腹部疼痛等胃肠道症状较明显，并发急性胰腺炎的比例较高，少数可伴有心、肝、肾损害

慢性中毒　主要为神经系统症状，有头晕、无力、眩晕、震颤性麻痹及视神经损害。皮肤反复接触甲醇溶液，可引起局部脱脂和皮炎

环境危害　对环境可能有害

第三部分　成分/组成信息

　　　　　　　　√物质　　　　　　　混合物

组分	浓度	CAS No.
甲醇		67-56-1

第四部分　急救措施

吸入　迅速脱离现场至空气新鲜处。保持呼吸道通畅。如呼吸困难，给输氧。如呼吸、心跳停止，立即进行心肺复苏术。就医

皮肤接触　立即脱去污染的衣着，用流动清水彻底冲洗。就医

眼睛接触 立即分开眼睑，用流动清水或生理盐水彻底冲洗。就医

食入 饮适量温水，催吐（仅限于清醒者）。就医

对保护施救者的忠告 根据需要使用个人防护设备

对医生的特别提示 给予乙醇

第五部分　消防措施

灭火剂 用抗溶性泡沫、干粉、二氧化碳、砂土灭火

特别危险性 在火场中，受热的容器有爆炸危险。蒸气比空气重，沿地面扩散并易积存于低洼处，遇火源会着火回燃。燃烧生成有害的一氧化碳

灭火注意事项及防护措施 消防人员须佩戴防毒面具、穿全身消防服，在上风向灭火。尽可能将容器从火场移至空旷处。喷水保持火场容器冷却，直至灭火结束。容器突然发出异常声音或出现异常现象，应立即撤离

第六部分　泄漏应急处理

作业人员防护措施、防护装备和应急处置程序 消除所有点火源。根据液体流动和蒸气扩散的影响区域划定警戒区，无关人员从侧风、上风向撤离至安全区。建议应急处理人员戴正压自给式呼吸器，穿防毒、防静电服，戴橡胶手套。作业时使用的所有设备应接地。禁止接触或跨越泄漏物。尽可能切断泄漏源

环境保护措施 防止泄漏物进入水体、下水道、地下室或有限空间

泄漏化学品的收容、清除方法及所使用的处置材料 小量泄漏：用砂土或其他不燃材料吸收，使用洁净的无火花工具收集吸收材料。大量泄漏：构筑围堤或挖坑收容。用抗溶性泡沫覆盖，减少蒸发。喷水雾能减少蒸发，但不能降低泄漏物在有限空间内的易燃性。用防爆泵转移至槽车或专用收集器内。喷雾状水驱散蒸气、稀释液体泄漏物

第七部分　操作处置与储存

操作注意事项 密闭操作，加强通风。操作人员必须经过专门培训，严格遵守操作规程。建议操作人员佩戴过滤式防毒面具（半面罩），戴化学安全防护眼镜，穿防静电工作服，戴橡胶手套。远离火种、热源。工作场所严禁吸烟。使用防爆型的通风系统和设备。防止蒸气泄漏到工作场所空气中。避免与氧化剂、酸类、碱金属接触。灌装时应控制流速，且有接地装置，防止静电积聚。配备相应品种和数量的消防器材及泄漏应急处理设备。倒空的容器可能残留有害物

储存注意事项 储存于阴凉、通风良好的专用库房内，远离火种、热源。库温不宜超过37℃，保持容器密封。应与氧化剂、酸类、碱金属等分开存放，切忌混储。采用防爆型照明、通风设施。禁止使用易产生火花的机械设备和工具。储区应备有泄漏应急处理设备和合适的收容材料

第八部分　接触控制/个体防护

职业接触限值

中国　PC-TWA：25mg/m³；PC-STEL：50mg/m³〔皮〕

美国（ACGIH）　TLV-TWA：200ppm；TLV-STEL：250ppm〔皮〕

生物接触限值 未制定标准

监测方法 空气中有毒物质测定方法：溶剂解吸-气相色谱法；热解吸-气相色谱法。生物监测检验方法：未制定标准

工程控制 生产过程密闭，加强通风。提供安全的淋浴和洗眼设备

个体防护装备

呼吸系统防护 可能接触其蒸气时，应该佩戴过滤式防毒面具（半面罩）。紧急事态抢救或撤离时，建议佩戴空气呼吸器

眼睛防护 戴化学安全防护眼镜

皮肤和身体防护 穿防静电工作服

手防护 戴橡胶手套

第九部分 理化特性

外观与性状 无色透明液体，有刺激性气味

pH 值 无资料   熔点(℃) −97.8

沸点(℃) 64.7   相对密度(水＝1) 0.79

相对蒸气密度(空气＝1) 1.1

饱和蒸气压(kPa) 12.3（20℃）

燃烧热(kJ/mol) −723   临界温度(℃) 240

临界压力(MPa) 7.95

辛醇/水分配系数 −0.82～−0.77

闪点(℃) 12（CC）；12.2（OC）

自燃温度(℃) 464   爆炸下限(%) 6

爆炸上限(%) 36.5   分解温度(℃) 无资料

黏度(mPa·s) 0.544（25℃）

溶解性 溶于水，可混溶于醇类、乙醚等多数有机溶剂

第十部分 稳定性和反应性

稳定性 稳定

危险反应 与强氧化剂等禁配物接触，有发生火灾和爆炸的危险

避免接触的条件 无资料

禁配物 酸类、酸酐、强氧化剂、碱金属

危险的分解产物 无资料

第十一部分 毒理学信息

急性毒性

LD_{50} 7300mg/kg（小鼠经口）；15800mg/kg（兔经皮）

LC_{50} 64000ppm（大鼠吸入，4h）

皮肤刺激或腐蚀 家兔经皮：20mg（24h），中度刺激

眼睛刺激或腐蚀 家兔经眼：40mg，中度刺激

呼吸或皮肤过敏 无资料

生殖细胞突变性 微生物致突变：酿酒酵母菌 12pph。DNA 抑制：人类淋巴细胞 300mmol/L

致癌性　无资料

生殖毒性　鼠孕后 6～14d 吸入最低中毒剂量（TCLo）20000ppm（7h），致肌肉骨骼系统、心血管系统、泌尿生殖系统发育畸形。大鼠、小鼠孕后不同时间给予不同剂量，可致内分泌系统、眼、耳、中枢神经系统、颅面部（包括鼻、舌）发育畸形。大鼠经口最低中毒剂量（TDLo）：7500mg/kg（孕 7～19d），对新生鼠行为有影响。大鼠吸入最低中毒浓度（TCLo）：20000ppm（7h）（孕 1～22d），引起肌肉骨骼、心血管系统和泌尿系统发育异常

特异性靶器官系统毒性-一次接触　无资料

特异性靶器官系统毒性-反复接触　大鼠吸入 50mg/m³，每天 12h，3 个月，在 8～10 周内可见到气管、支气管黏膜损害，大脑皮质细胞营养障碍等

吸入危害　无资料

第十二部分　生态学信息

生态毒性　LC_{50}：15.4g～29.4g/L（96h）（黑头呆鱼）

持久性和降解性

生物降解性　MITI-I 测试，初始浓度 100ppm，污泥浓度 30ppm，2 周后降解 92%

非生物降解性　空气中，当羟基自由基浓度为 5.00×10^5 个/cm³ 时，降解半衰期为 17d（理论）

潜在的生物累积性　根据 K_{ow} 值预测，该物质的生物累积性可能较弱

土壤中的迁移性　根据 K_{oc} 值预测，该物质可能易发生迁移

第十三部分　废弃处置

废弃化学品　用焚烧法处置

污染包装物　将容器返还生产商或按照国家和地方法规处置

废弃注意事项　把倒空的容器归还厂商或在规定场所掩埋

第十四部分　运输信息

联合国危险货物编号（UN 号）　1230

联合国运输名称　甲醇

联合国危险性类别　3，6.1

包装类别　Ⅱ类包装

包装标志　

海洋污染物　否

运输注意事项　本品铁路运输时限使用钢制企业自备罐车装运，装运前需报有关部门批准。运输时运输车辆应配备相应品种和数量的消防器材及泄漏应急处理设备。夏季最好早晚运输。运输时所用的槽（罐）车应有接地链，槽内可设孔隔板以减少震荡产生静电。严禁与氧化剂、酸类、碱金属、食用化学品等混装混运。运输途中应防暴晒、雨淋，防高温。中途停留时应远离火种、热源、高温区。装运该物品的车辆排气管必须配备阻火装置，禁止使用易产生火花的机械设备和工具装卸。公路运输时要按规定路线行驶，勿在居民区和人口稠密区停留。铁路运输时要禁止溜放。严禁用木船、水泥船散装运输

第十五部分　法规信息

下列法律、法规、规章和标准，对该化学品的管理作了相应的规定。

中华人民共和国职业病防治法　职业病分类和目录：甲醇中毒

危险化学品安全管理条例　危险化学品目录：列入。易制爆危险化学品名录：未列入。重点监管的危险化学品名录：列入。GB 18218—2009《危险化学品重大危险源辨识》（表1）：列入。类别：易燃液体，临界量（t）：500

使用有毒物品作业场所劳动保护条例　高毒物品目录：未列入

易制毒化学品管理条例　易制毒化学品的分类和品种目录：未列入

国际公约　斯德哥尔摩公约：未列入。鹿特丹公约：未列入。蒙特利尔议定书：未列入

第十六部分　其他信息

编写和修订信息	缩略语和首字母缩写
培训建议	参考文献
免责声明	